ΕΤΥΜΟΛΟΓΙΚΟΝ FÜR PHYSICA LEARNERS CHINOISES

物理学咬文嚼字

卷一

增补版

曹则贤 著

中国科学技术大学出版社

图书在版编目(CIP)数据

物理学咬文嚼字. 卷一/曹则贤著. —增补版. —合肥:中国科学技术大学出版社,2018.5(2023.12 重印)

ISBN 978-7-312-04442-7

Ⅰ.物… Ⅱ.曹… Ⅲ.物理学—名词术语—研究 Ⅳ.O4

中国版本图书馆 CIP 数据核字(2018)第 067072 号

出版 中国科学技术大学出版社
安徽省合肥市金寨路 96 号,230026
http://press.ustc.edu.cn
https://zgkxjsdxcbs.tmall.com
印刷 安徽国文彩印有限公司
发行 中国科学技术大学出版社
开本 710 mm×1000 mm 1/16
印张 17
字数 296 千
版次 2018 年 5 月第 1 版
印次 2023 年 12 月第 4 次印刷
定价 78.00 元

献给我的亲人们
他们一直默默地分担我求学和生活的艰辛

Je pense donc je suis.
—— René Descartes(1596—1650)

我思故我在。
——笛卡尔(1596—1650)

前言

《物理学咬文嚼字》系列的撰写始于 2007 年 7 月,前 30 篇承 World Scientific 出版社于 2010 年 8 月出版,为《物理学咬文嚼字.卷一》。2015 年 2 月中国科学技术大学出版社出版了《物理学咬文嚼字.卷一》的增补版。令作者喜出望外的是,去年中国科学技术大学出版社慨然允诺,拟出版此系列共四卷的彩色版。借此次彩色版出版之机,作者再次对全书进行了校订,并以补缀的形式增补了大量内容。希望彩色版在讲述物理的同时,也能给读者带去更美的享受。

2018 年 2 月

作者序

> 这里面有很多的故事,有很多了不起的人付出思想最精粹的部分,付出心血,甚至感情。
>
> ——笛安《西决》

《物理学咬文嚼字》专栏写到 2009 年底,算来已有三十篇。承蒙 World Scientific 出版社抬爱,有意将之结集出版。虽然,从内容上说这绝不是什么专业的 masterpiece,从篇幅上看也不是什么鸿篇巨著,然于了无成就的物理学门外汉如我者,这却也算得上值得珍视之敝帚。当此时也,不免感慨良多。

首先,这是一本写给我自己的书。在我从入大学之日算起修习了二十余年之后,我对物理学这门科学仍然是茫然无知。这种笛卡尔式的"发现我在每一个方面都很无知"的情绪,一度让我非常焦虑,甚至惶恐,这在我曾写过的一篇名为"哪里是物理学的入门处?"的短文里可见一斑。于是,我决定从头学起,从细微的概念处、从具体的事件中试着理解点什么。在此过程中,我逐渐积累了一些读书笔记,也就有了写点散文的冲动,后来变成了习惯。这个系列有人认为是科普,其实它不足以是。它真实的发生源于我想读懂普通物理的努力,只是一些零散的笔记和感想而已。倘若非要给其找个体面的说法的话,算是"寂寥时的试遣愚衷"吧。

撰写《物理学咬文嚼字》专栏的提议,来自时任《物理》杂志副主编的刘寄星教授。在2006—2007年初的一段时间里,作者有幸多次同刘老师同聚一饭局,席间倾听刘老师纵论物理学,果真是"正史共轶事一色,外语与中文齐飞",殊为过瘾。听的次数多了,不免偶尔插几句,刘老师遂建议我在《物理》杂志上开专栏,专门就中文表述的物理学之字面上的问题做些抛砖引玉式的探讨。专栏开设后,刘老师一直承担着审稿的责任。说是审稿,实际上包括挑错、提供资料、把握文章的格调等诸多事务;此专栏之诞生和得以勉力维持,以及本文集之卷一(我将努力使之有续篇)历经曲折最终得以出版,一多半都是这老先生的功劳。

物理学是除数学以外所有自然科学之理论与技术的基础,虽说数学语言能精确表达物理学的精髓,但物理学终究是要用我们日常说写的语言文字来表达的。不同语言文字表达的同一个物理学概念,因了字面和字面背后文化背景的不同,其向操不同语言的学习者所传达的物理图像上的差异是惊人的。所以,物理学咬文嚼字的工作,其意义所在自不必说。然意义之重大并不保证事情的顺遂。当初同意开设这个专栏,原不过是中年人之残留少年意气的不慎膨胀。几期写下来,先前多年的思考存货售罄,作者顿感压力倍增。想那物理学博大精深,其任意一个概念所携带的思想、演化的历史、背后之人与事,都是难以全面掌握的。检视已经发表的部分,不仅文章内容难免有错,就是论及某个概念的不同侧面也时常是挂一漏万,不觉英雄气短。幸而其间时常能得到一些好心的前辈、同事与朋友——前辈中有我国物理学界的耆宿,朋友还包括许多年轻的研究生和本科生——的鼓励和帮助,作者才能一路艰难行来,不曾误了一期。曾经鼓励和帮助过我的人很多,恕我不能一一列举他们的姓名。我在得到他们的鼓励时心中升起的感激之情,当时有语无伦次的表达,今日已晶化并将被永久地珍藏。

本系列原文发表在《物理》杂志36卷第7期(2007)到38卷第12期(2009)上。原文发表后,许多读者指出了其中的一些瑕疵。此外,在这期间作者自己在阅读中又发现了许多应该注意的内容,有必要添加到适当的文章中去。借此次结集出版之机，笔者以文后补缀的形式补充了许多内容。

一个专栏的维持和最终结集出版，没有编辑的热心参与和细致雕琢是不可想象的。感谢《物理》编辑部的几位编辑，几年来他们一直不停地鼓励作者、不厌其烦地修饰雕琢匆匆交去的草稿。World Scientific 出版社做了精美的装帧设计，为本书增色不少。

最后，我谨向我的家人致以诚挚的谢意。在我趴在书桌上搜肠刮肚的时候，他们给了我宝贵的谅解和照料。

2009 底于北京家中

我为什么要写《物理学咬文嚼字》?

谁能理解不得不将普通物理课程用中文、英文、德文学习三遍的痛苦?谁能明白这是怎样的生命的浪费?

我于1982年进入中国科学技术大学物理系学习,延宕到1997年才在德国Kaiserslautern大学拿到物理学博士学位。十五年不间断的迷茫中的执著,再加上工作后迷茫中的执著之继续,我对物理学仍一无所知。为什么,怎么会这样?天资不足,是的;努力不够,sure;学习环境中尚待建立学术传统,ja,stimmt。还有呢,encore quelque chose?

那些思想,那些伟大的思想,不是从我们的前辈或同时代人头脑中流露出的,不是用我们祖先的语言表述的。有一份隔阂,认知上的隔阂,心理上的隔阂。那些创造者的名字,那些思想发生的时间、地点与过程,对我来说都是完全陌生的。Pour moi, ils sont etrangerères totalement! 面对这些陌生,如何追寻那种物与我浑然一体的感觉?

物理学是关于存在的客观认识,是抽象的、严格的。但物理学的记载和传承却需要语言——来自我们日常生活的、掺杂了我们情感的、承载了我们的历史和思维习惯的语言。物理学家为了找到一个合适的字眼来描述他的观念和事物,也要在文字上下工夫。倘若,您的学问已经超越了已有的学问而到了不得不用新词的时候,您还要充当语言学家的角色,自己去创造、打磨新词。薛定谔的 aperiodic,Weyl 的 coordinatization,Gamow 的 wavicle,这些同具体创立者联系的词,是那些科学思想的不可或缺的一部分。这里面,创造时有迷茫与一知半解,传播时有误解与曲解。倘若能够系统地检视一番,或于愿意理解之人能节省一份往前沿赶路的时间?

当然,物理学落实到具体的字面,乃为表象,非其本色。如若过于纠缠文字,于理解物理学早已落了下乘。诚如禅宗五祖弘忍所言:"汝作此偈、未见本性;只到门外、未入门内。"则贤每念及此,辄冷汗淋淋。读者诸君,不可不识!然六祖慧能固然不识字也得开悟,其开悟过程中,仍免不了需要识字之张别驾。故此,这咬文嚼字的下乘,仍不失为其乐融融的活计。

而我,就这样乐在其中。

2009 秋于北京家中

目录

i | 前言
iii | 作者序
vii | 我为什么要写《物理学咬文嚼字》?

1 | · 开篇词
4 | 之一 · 关于物理学
7 | 之二 · 量子与几何
11 | 之三 · 万物衍生于母的科学隐喻
14 | 之四 · 夸克,全是夸克!
18 | 之五 · 谱学:关于看的魔幻艺术
23 | 之六 · "半"里乾坤大
28 | 之七 · 那些物理学家的姓名
33 | 之八 · 扩散偏析费思量
39 | 之九 · 流动的物质世界与流体的科学
48 | 之十 · 心有千千结,都付画图中
60 | 之十一 · 质量与质量的起源

68	之十二	• 各具特色的碳异形体
77	之十三	• 缥缈的以太
85	之十四	• 正经正典与正则
91	之十五	• 英文物理文献中的德语词（之一）
99	之十六	• 荷（hè）
106	之十七	• 英文物理文献中的德语词（之二）
119	之十八	• 平、等与方程
128	之十九	• 体乎？态乎？
134	之二十	• 准、赝、虚、假
149	之二十一	• Dimension：维度、量纲加尺度
164	之二十二	• 如何是电？
171	之二十三	• 污染、掺杂各不同
180	之二十四	• Duality: a telling fact or a lovable naïveté?
193	之二十五	• 无处不在的压力
201	之二十六	• 阳、光
208	之二十七	• 熵非商——the myth of entropy
222	之二十八	• 温度：阅尽冷暖说炎凉
238	之二十九	• 探针、取样和概率
246	之三十	• 载
255	外一篇	• 作为物理学专业术语的 Plasma 一词该如何翻译？

开篇词

子曰:"……名不正,则言不顺;言不顺,则事不成;……君子于其言,无所苟而已矣。"

物理学,实际上所有的自然科学,是全人类的普适的精神财富,它不应该因为语言载体的不同而产生任何差别。数学是物理学思想的可靠载体,但一种叙述性的语言作为物理学的载体仍然是必要的。这一现实,决定了因为载体语言,以及该语言所表达的文化,的不同所造成的对物理学理解上的差异。不同的语言可能呈现给学习者不同的物理图像,而不同的文化塑造了研究者不同的风格从而将物理学导入不同的方向。比较一下德语物理学教科书之有板有眼注重现实细节和法语教科书之轻灵飘逸注重数学理性,你会恍惚觉得这是来自两个世界的物理学,你也就能理解为什么高分子材料的研究德国收获的更多是产品而法国收获的是 De Gennes 的诺贝尔奖。就科学的传播来说,虽然科学的发展让专业词汇变得精致脱俗,但略微仔细考察其起源就会发现它们大多依然是世俗世界中土得掉渣的交流单元。在向公众,包括未来的专业科学家们,传播科学的过程中,专业词汇依然是作为其本来世俗面目为公众所理解的,而那些远远脱离实际生活的新词汇在当前的专业人士中间并没有共识。就科学的严谨性而言,真理和谬误有时就象实数轴上的有理数和无理数,比邻而居;稍许的理解偏差就会造成是非颠倒的局面。而语言的灵活性与科学严谨性的不协调正是歧义产生的地方,是科学理解与科学传播的敌人。因此,对于研习物理学的人来说,从语言的角度准确理解一个物理概念的演化多少是有些助益的。

人类社会的主导性语言是随着文明变迁而改变的。中文、希腊文、阿拉伯文、埃及文与拉丁文都曾作为不同时期人类文明顶峰的载体而成为科学的载体。物理学初现于古希腊。所谓经典物理,其中经典的意思就是"源自古希腊和古罗马之文化艺术标准、原则和方法的或以其为特征的"的意思。希腊语和拉丁语就是西欧文化艺术的根基。近代科学产生于欧洲,开普勒、牛顿时代的作品基本上都是用拉丁语写成的。在相当长的历史时期以至今天,拉丁语对欧洲人来说都意味着品味和学养,法国小说《红与黑》中的男主角木匠之子 Julien Sorel 就是因为会流利的拉丁语而得以混迹上流社会的。二次世界大战结束以前,德语是科学语言,至少是数学和物理的语言;德国的哥廷根、海德堡和柏林都曾是世界科学的中心。二次世界大战后,世界科学的中心转移到美洲的美利坚合众国,英语也随之成为科学的语言。当今世界一个有成就的科学家不会英语,不能说严格的不可能,至少是非常稀罕的例外。当然,英语的前身为古德语(Protogermanic),是德语的条顿化。所谓的盎格鲁-撒克逊,不过是德国北部两处向英伦三岛移民的发源地。而英伦三岛上各岛的方言则属于凯尔特语(Celtic),演化的路线为自瑞士(Conföderatio Helvetica,语言为 Celtic Helvetica)经法国西部北上而至英伦三岛。因为英语和德语、法语的血缘关系,因为历史上法德两国物理学家、哲学家和数学家对物理学的贡献,今日英语物理文献中时常闪现法语和德语词汇的身影就容易理解了。基于以上事实,对于我们中国的物理学习者来说,一个物理学词汇的大致演化路径就清楚了,即自希腊语和拉丁语,途经德语、法语(并不总是如此)到英语,再被翻译成中文(早期的部分中文翻译来自日文译法)呈现到我们的书本上。学习者若能略知上述外语,于物理学概念理解上或许能少入歧途。

笔者自少年起修习物理,虽经二十余载孜孜以求,于物理一道仍不得其门而入。自责之余,常感叹未能究物理学概念之微言大义于初学时。物理学发祥于西方,其开山立派、自成一家者多为西洋人士却鲜我族类,这与他们是使用自家语言大有关系。我们以中华文字为修习物理之载体,讹错误解之处难免。传道者含糊其辞,修习者望文生义,不知毫厘之差,谬误之根早种。无数中华热血聪颖少年投身物理学之研习,虽穷经皓首而得以登顶览胜如李翁杨翁者几稀,诚可惜哉!笔者已过不惑之年而对于物理学基本问题(我指的是 basic problems 不是 fundamental problems)依然是迷惑重重,近年来总想将诸般迷惑说出来,一来略舒胸中块垒,二来或有益于同辈及后进学子。遂决意付诸笔端,撰几篇断续文字,且就咬文嚼字始。然一个人内禀的学问,恰如外套的衣服,刻意抖落就难免有出乖露丑的时候。物理学词语之计较,平常三五知己者饭后闲谈尚可;白纸黑字印出来,于方家眼里固然不成体统,若是出现常识性错误那笑话可就大了。然既已承蒙刘寄星老师抬爱,《物理》杂志编辑们又这般大度,将宝贵的页面匀出一角来让俺开专栏咬文嚼字,则贤敢不殚精竭虑,全力以赴?怕只怕能力所限,到头来终不免真知灼见鲜有,错误纰漏不断。所以事先恳请宅心仁厚的读者,只将这豆腐块大小的文章当成引玉之砖。是为序。

Quod Scripsi,Scripsi(那些我写的,也就写了)!

之一　关于物理学

　　何谓物理学？按字典上的解释，物理学是研究大自然现象及规律的学问。详细一点说，物理学是关于物质和能量以及它们之间相互作用的科学（参见 free online dictionary）。当我们谈论关于某事物，比如飞行，的物理时，它包括相关物质的物理性质、相互作用、其中的过程，以及定律等。物理学的定义还可以参考对物理学家工作的定义来理解。Carroll 写道："物理学家的工作就是构造世界的数学模型，然后用观测和实验验证模型的预言。"（原文为"Our job as physicists is to construct mathematical models of the world, and then test the predictions of such models against observations and experiments."参见 S. M. Carroll, *Spacetime and Geometry*, Addison Wesley, San Francisco（2004），p. 51）按照这个说法，物理学就是（达成）关于世界的数学意义上的理解。

　　那么物理学的字面本意是什么呢？英文 physics（physis）来自希腊语 φυσικη，意思是"关于自然存在的事物"。亚里士多德把科学理论分为 physics，数学和神学三部分。他所谓的 physics，又被称为自然哲学，实际上不仅包括我们今天称为物理学的东西,还包括生物学、化学(我总以为今天的化学仍然是原子、分子层次上的物理学之一部分。Walter Kohn 教授作为理论物理学家曾为获得诺贝尔化学奖郁闷过。他对我此说法略感欣慰。)、地质学、心理学甚至气象学等学科。相应地,形容词 physical (= φυσικος)则有自然的、事物的、形体的等多重意思。当我们读到"physical reality"时,这所谓的物理现实还有自然的这层意思。为了区分"physical"之形体的意思(生理学 physiology 保留了这层意思),英语中特指形体(somatic conformation)时会用 Physique 这个词。但是,这个字却是法语里物理学一词的正确拼法。

物理作为一门学问的名称在中文中出现,最早大约见于明末清初方以智著的《物理小识》。真正与"Physics"对应的中文"物理学"一词的正式使用,现在一般接受的说法是始自 1900 年,那一年由王季烈先生重编、日本人藤田丰八翻译的饭盛挺造著《物理学》中文本在上海刊行。但汉语里的物理,就字面直接理解应为关于一切自然存在之道理,则正如《物理小识》一书所表现的那样(该书 12 章涉及物理学、化学、历算、医学、水利、火器、仪表等多门自然科学知识和工艺技术),是自然科学之统称。若要翻译成英文,我想应是 the laws and principles of matters and the world they make。这一层意思,诗圣杜甫在其作品中多有阐明,如"我何良叹嗟,物理固自然""挥金应物理,拖玉岂吾身""我行何到此,物理直难齐""高怀见物理,识者安肯哂"等。"高怀见物理"一句被后人敷演成对联"高怀见物理,和气得天真",是赠送物理学家的高雅礼品。而含有物理一词的最佳诗句当属《曲江二首》中的"细推物理须行乐,何用浮名绊此身"。读物理的人,从名满天下的李翁杨翁到籍籍无名之众都愿意用此句自勉或自我安慰。此外,唐时张说为上官婉儿诗集作序,誉其"敏识聆听,探微镜理……",其中探微镜理一词可为当前实验物理的绝佳写照。

汉语里另一个与物理有关的词叫格(gé)物致知,谓研究事物原理而获得知识。语出《礼记·大学》:"欲诚其意者,先致其知,致知在格物,物格而后知至。"汉字格的原意为长枝条,动词引申为分格(隔)、规范之意。格物,即了解事物先从表象的地方开始,最简单的是分类。这倒确实是早期自然科学(博物学)的研究范式。

说到物理学,就不能不说哲学,因为物理学本身即是自然哲学。今天欧洲的许多大学,物理系颁发的依然是自然哲学博士(Dr. rerum naturalium)学位。亚里士多德死后，古希腊罗德岛的哲学教师安德罗尼柯将亚里士多德的著作收集起来，在物理学之后的是他关于存在的哲学思考。安德罗尼柯名之为 metaphysics，即在物理学之后。后来，这一部分的哲学思想成了"first philosophy"，是关于"存在之作为存在"的学说。"Metaphysics"后来确实是欧洲哲学非常重要的流派，传入中国时被翻译成了形而上学，语出《易经》"形而上者谓之道，形而下者谓之器，化而裁之谓之变。"Metaphysics 作为哲学，与中文的"道"有点近似，但就字面上的意思和西方同行交流，难免产生误解。因为对他们来说的，"道"或哲学的东西大约是 underlying the reality（在存在的深处）的。形而上学的哲学流派后来被简单地理解为"只讲形式，不究实质，这就是形而上学"，其中难免有生解字面的成分。这一话题的讨论远超作者能力之外，就此打住。

后 记

本篇为《物理学咬文嚼字》第一篇。将交稿时，心中不免打鼓。毕竟咬文嚼字非关高深学问，就算人家提笔忘字，未必就会影响对物理学的创造性研究。然文字一事，至少对教人的导师和初学的后生来说该是重要的吧。想起一则故事，说的是从前有个人喜欢咬文嚼字，但又不肯深究其义。一日家中有客人来访，苦于房间太小，于是给邻居写了个纸条借房子用，上书"家室太小，欲借令堂一用！"结果被邻居大嘴巴扇出。此处家室和令堂如果只按字面理解为"自家的屋"和"您家的屋"，倒也没什么错；只是约定成俗，家室和令堂各有其它意思，笑话就闹大了。可见文字一事，却也马虎不得。聊博一笑。

补 缀

1. 物理（Physis）有自然的和生长的意思。
2. "敦伦者，当即物穷理也（见王永彬《围炉夜话》）。"言就物质之存在究天地之至理！
3. 物理学的对象可以说是包罗万象，故可理解为万物之理。万物之理这个词，庄子在其著作中多处提及，如"圣人者，原天地之美而达万物之理"。——《知北游》
4. 晋朝杨泉有著作《物理论》，此书有 1984 年印刷本。

量子与几何

之二

中文"量子"是对西文"Quantum"的翻译。"Quantum"（复数形式为Quantus）是拉丁语，意思为多少（how much）。拉丁语古谚语云："Res in tantum intelligitur, in quantum amatur"，译成中文就是"事物被爱到什么程度（置于多少爱之下），才会被理解到什么程度"，可看作是对"quantum"的应用举例。源于 Quantum 的词在日耳曼语系和拉丁语系罗曼语族的几种语言中都保留了"多少"的原意。如 Quantitative（英语，法语）和 Quantativ（德语）都是指"数量上的"意思，汉译"定量的"。

Quantum 和 mechanics 联系上构成 quantum mechanics 一词，是以德语Quantenmechanik 的面貌出现的，始于1924年玻恩和海森堡发表的《分子的量子理论》(M. Born, W. Heisenberg, Zur Quantentheorie der Molekeln, Ann. d. Phys. 74(4), 1-31(1924)) 一文。到1926年玻恩自己发表《碰撞过程的量子力学》(Max Born, Zur Quantenmechanik der Stoßvorgänge, Zeitschrift für Physik 37, 863-867(1926)) 一文时，量子力学已成为最时髦的话题了。

是何人把"Quantum Mechanics"翻译成量子力学，笔者未能确认。据说郑贞文(1891—1969)1918年自日本留学回国，进商务编译所做编辑后，就积极译介当时自然科学的新思潮和新成就。为了介绍20世纪新出现的相对论和量子力学的新学说，他从英文翻译了《原子说发凡》（罗素著），从日文翻译了《化学本论》和《化学与量子》(1933)。这里量子一词据信最早是日文翻译，但用日文相关的词组Google未能找到明确的始作俑者或其它线索。另，有文献云何育杰先生1913年曾在北京大学主编物理学教科书，讲授普通物理、原能论（又称原量论，即量子论）、电学、热力学、气体动力论等课程。不知何先生依据哪本书或哪些文献，1913年的原能论或原量论该是对哪个西文词的翻译？不过，何育杰先生后来翻译了Leopold Infeld 1934年所著的 The World in Modern Science: Matter and Quanta，取名为《物质与量子》（上海商务印书馆，1936）。因此，可以断言，至少在20世纪30年代，量子一词作为对quanta的翻译已为中国学者所接受。应该说，量子一词是个比较巧妙的翻译，其中"子"字是个小词。以"子"字结尾的名词有小的意思，如孩子、刀子、凳子、桌子等。小词这种结构也存在于德语和罗曼语族的几种语言中，如德语München（小教堂，慕尼黑为对其英文词Munich的音译）、Mädchen（小姑娘）中的"chen"；罗曼语族的小词形式较多，Mosquito（蚊子）是Musca（蝇类）的小词，Murette（胸墙）是Muro（墙）的小词，等等。物理学中的中微子一词是由费米（Enrico Fermi）构造的，就是采用意大利语的小词结构，neutrino，即中性的小东西。1900年普朗克引入能量子一词时，这个应该呆板的德国学者使用的是阴性的Quanta（der Energie）这个词；有趣的是，生性风流的意大利人却选用了阳性形式quanto（di energia）。

在许多介绍量子力学的文本中，量子力学都被说成是描述微观世界的学说。下面这段话比较有代表性："Elle nous permet d'accéder au monde de l'infiniment petit peuplé d'atomes, de photons, de neutrinos, de quarks et autres particules aux noms exotiques"（她（量子力学）让我们得以进入无穷小的存在如原子、光子、中微子、夸克和其它奇异粒子所组成的世界）。笔者不才，以为量子力学虽然是关于"小量"的物理，但这"smallness(小)"并不是以物理体系的广延尺度为标准的，而是以所考虑问题的特征物理量为考量的。它很大程度上是一种处理问题时的哲学态度和实践方式：对于存在最小单位的物理量，如角动量，如果体系的该物理量接近于其最小单位值时，我们描述这个物理量所用的值应是整数值而非任意的实数值，关于该物理量的计算会取一些分立值。

如何理解上面的观点，请大家考察下面三句话：

(1) 我国去年 GDP 比上年增长了 9.4725671%；
(2) 某事业单位去年各部门的工资增长率在 3.4215% 到 8.9745% 之间；
(3) 某家庭(典型的小家庭)今年人口增加了 13.217%。

如何看待这三句话呢？关于第一句，人民币最小物理单位为"分"，而国家的 GDP 以万亿元计，所以 9.4725671% 一值未必精确，但不会造成物理上的困难，用 9.4725671% 乘上 GDP 总量应是一个会计能够接受的数字。理解第二句要加点小心。因为涨工资是按级别涨的，绝对增长量是有限的几个级别(整数)；相应地，增长率也是分立值，如果在增长率上限和下限之间随便取个值，就算算出来的绝对增长量是个以元为单位的整数，也可能实际上根本就没有这一档。也就是说，这样的计算遭遇到了物理上的困难。第三句根本就是句浑话。我们当前的一般家庭成员数一般很少超过十人，增长 13.217% 是不可能的。此时，正确的表述应该是明确给出增添了几个人，这就是"量子力学"的处理问题方式。我想说的是，即使对人之家庭这样的大物理体系，量子力学式的处理问题的方式也是必要的。

"Quantum"的意思是多少，文绉绉一点的中文翻译按说应是"几何"才对。曹操《短歌行》中名句"人生几何，对酒当歌"就是此意。可惜的是，"几何"一词早被占用了，成了对"geometry"的翻译。几何一词早在明朝的时候就有了。1607 年，意大利传教士利马窦(Matteo Ricci)和徐光启共同翻译(前者口述，后者笔录)了《几何原本》——即 13 卷的 Euclid's Element (希腊文为 Στοιχεία，成于公元前三世纪)——之前 6 卷。Geometry = Geo + Metry，希腊语为 Γεωμετρία，是大地测量的意思。其实，略为想一想，几何学的起源可不就是大地测量这项工作。Geo(汉译该亚)是希腊神话中的大地之母，西语中以 geo 作为与"大地"有关词汇的词头，如 geology(地质学)，geography(地理学)，geodesic(测地线)，等等。几何学是物理学的重要基础，无论怎样评价几何学在物理学中的地位都不过分。实际上自广义相对论起，物理几何化(geometrization)的思想就已经初露端倪。广义相对论很大程度上可以理解为关于时空的几何学；就是经典力学，也一样可以从几何学角度进行阐述。此论题对笔者来说太深，容后再论。

几何的双关寓意(几何学和多少)经常为中国文人提供逗闷子的话题。有一副绝佳的上联就是："《三角》《几何》共八角，《三角》三角，《几何》几何?"不知有人对出下联否？另有一联，云"人生几何，恋爱三角"，趣甚。一笑！

增 补

1. 几何之于物理学的重要性，怎样强调都不为过。终身未娶的 D'Alambert 曾云："几何是我妻！"，可见其对几何学的热爱。D'Alambert 以法国百科全书派之重要启蒙著作《百科全书》的副主编、虚功原理提出者的身份，对级数、概率论、微积分都做出过重要贡献，其对几何学的理解之深度是有保证的。

2. 欲对几何量子化有了解的读者，建议阅读 Norman E. Hurt, *Geometric Quantization in Action*, D. Reidei Publishing Company, Dordrecht, Holland (1982)。其实，笔者相信整个物理学都可以用几何（同代数高度结合的？）的语言来描述。Mermin 的用平面几何对狭义相对论的阐述就是很好的成功范例。

3. Quantum 作为多少的意思在一些日常表达中能见到，比如 the quantum of rain fall 就是降雨量。007 系列电影 *Quantum of Solace*，字面上的意思是舒适度、安全感。如邦德自己的解释：the amount of comfort…when the other person not only makes you feel insecurate but actually seems to destroy you, it's obviously the end. The Quantum of Solace stands at zero（安全感……如果别人不仅让你感到不安，而且还试图毁了你，那就没啥好说的了。此时的安全感为零）。中文翻译为《量子危机》，哪儿跟哪儿这是。

4. 从几何的角度研究自然古已有之，应该说在物理学出现之前，近年的物理几何化不过是返本归原。考察一下 Kepler 三定律，会发现它们完全是几何的。

5. Quantum 的不同变化形式在意大利语中常见，都事关多少，如 "Quanti anni hai（贵庚几何）?" "Da quanto tempo（好久不见）!"

6. 宋芝业《"几何"曾经不是几何学》一文对几何一词的历史渊源作了详细的考察。"几何"一词取自中国传统数学中求解某数量或多少的含义，对应拉丁文 Magnetitudo 和 Quantitae；"几何府"对应西方逻辑学中的数量范畴，"几何家""几何之学""审形学"的含义是西方的数学，对应拉丁文 Mathematicarum（马得马第加）；"量法家""度学"才是今天的几何学，对应拉丁文 Geomitria。有兴趣的读者请参阅原文（《科学文化评论》第 8 卷第 1 期，77(2011)）。

之三　万物衍生于母的科学隐喻

"……语言为一切知识之本。"
——伏尔泰

　　物理学研究的关键对象是各种自然现象之所以发生的原因,即因果关系(causality)。因此,物理学在许多场合下表现为描述一个存在的体系对外加激励(excitation, stimulus)的响应(response),则关于这个体系的物理学就浓缩在相应的响应函数中。母子关系大概是对因果关系最自然的、最直观的比喻,因此与母亲有关的词汇以各种面目出现在物理学语汇中。生者为母,孕育者为母,包裹物为母,发源处为母,与这些相关的情景中都可能出现源于"母亲"的词汇。当然,母亲是女性,源于希腊文的妇女(γυναικα, geneca)一词更是常见的科学词汇。

　　母亲一词在西语中的形式有 mother(英),Mutter(德),la madre(意),mater(拉丁)等形式。与养育、生成有关的事物的描述,常常和母亲有关,如祖国英文为 motherland,母语英语为 mother tongue,Alma mater 一词本意为养母,被引申为母校,等等。在英文科学文献中,以英文 mother 面目直接出现的与母亲有关的词汇都比较直观,较易理解,如主板(motherboard),珍珠母(mother-of-pearl,即 nacre),母相(mother phase)等。母相一词指的是某物理系统发生相变前的结构,如 Ni_2MnGa 合金自室温下开始冷却,它的结构很快就会从立方晶系变化到四方晶系,则开始时的立方晶系结构就被称为该材料的母相。

西文物理学文献中,一般读者会忽略其"母亲"本意的一词是 matrix(复数为 matrices)。Matrix 来自拉丁语 mater,有母亲、子宫的意思。矿物学上把包含着我们感兴趣的矿物(一般是晶体)的其它矿物质称为 matrix(图1)。笔者曾研究过 silicon nanoparticles in a silicon compound matrix,指的是分散在硅化合物如 SiC, SiO_2 中的硅纳米颗粒,这里的硅化合物因为包裹着硅颗粒,所以也被称为 matrix,汉译为基质。当然,我们最熟悉的 matrix 是我们称为矩阵的一个数学概念。中文矩阵——矩形的阵列——一词描述的是 matrix 括号里数学元素的排列形式,而 matrix 要表达的则是数学元素如胎儿之置于母腹中的形象,强调的是括号(母腹)包裹元素(婴孩)这样的整体存在。比较一下矩阵的表示

$$\begin{bmatrix} a_{11} & a_{12} & a_{13} & a_{14} \\ a_{21} & a_{22} & a_{23} & a_{24} \\ a_{31} & a_{32} & a_{33} & a_{34} \\ a_{41} & a_{42} & a_{43} & a_{44} \end{bmatrix}$$

和图2中剖开的石榴形象,感觉它们象吗?

图1 此处包含着这颗祖母绿宝石的矿物就统称为 Matrix。

图2 剖开的石榴。

更深层次的隐含因果关系的词汇源于妇女一词的希腊文(γυναικα, geneca),相应的英文科学术语有特殊函数的生成函数(generating function of a special function),群的生成元(generators of a group),基因(gene),遗传学(genetics)与基因组(genome),等等。特殊函数的生成(generating)函数是这样的函数,它的级数展开的系数包含要研究的特殊函数,因此从生成函数出发,特殊函数的许多性质可以容易地得到证明。实际上,生成函数技术(generating functionology)是一项专门研究函数性质的数学方法。提醒一句,了解特殊函

数之生成函数的性质对量子力学的学习具有特殊的重要意义。Generator 意为生产者,出现的场合很多,汉译经常根据语境(context)将之翻译成不同的词,实在是为中文学习科学者带来许多不必要的麻烦。比如,generators of a group 被译成群的生成元,hydrogen generator 被译成氢气发生器,electric generator 则译成发电机,等等。此外,常见词汇 general 也是来自同一个词源,具有母亲相对于子女们那样的意思,因此是"一般的、普适的、广泛意义上的",如 general relativity 就译为广义相对论。有时,我们还会问一个物理问题是不是"generic",就是考察它是否是关于、涉及或适用于一类事物的整体,是否具有广泛的、一般性的意义。

后 注

提到矩阵,禁不住想说一说矩阵的中文表示。往日读书,时见议论言中文不是符号化的语言,妨碍了近代科学在中国的出现和传播,未有切身感受。近日见清末数学家华蘅芳(1833—1902)介绍行列式,采用的是汉字代替西算符号的做法,如

$$\begin{vmatrix} 甲 & 乙 & 丙 \\ 丁 & 戊 & 己 \\ 庚 & 辛 & 壬 \end{vmatrix} = 甲戊壬 \perp 丁辛丙 \perp 庚乙己 - 庚戊丙 - 辛己甲 - 壬丁乙。$$

原文中的加号我没法输入,为"下"字少逗点(顿号,承周鲁卫老师指正)。一个人如何能够用这套表示学会矩阵理论并加以应用?妈呀,真不是所有的 mother tongue 都适合表述 matrix 的,想来令人不胜唏嘘。

补 缀

1. 马氏体相变前的母相,英语也称为"parent phase"。
2. 中文的磁石,对应 maternal stone,取其吸引之意,试同慈母的形象相比较。
3. *Genesis*,《圣经》的第一章,讲述世界的创生,所以汉译为《创世纪》。其字面意思就是产生、发生,如 genesis of the Universe(宇宙的创生)。
4. Matrix (womb, uterus),强调的是包裹的形象。中文矩阵强调的是长方形排列,类似军队的方阵!
5. 常见的名词 material, matter,也和 mother 同源(来自拉丁语 mater),指构成事物(things)的主体,相对于事物它们是 substance(下一个层面的)。

之四　夸克全是夸克

科学为学者而存,诗歌为知音而作。

—Joseph Roux

夸克和量子、相对论一样,是那种知道的人非常非常多而懂得它的人又非常非常少的物理学名词。它指的是构成包括质子、中子,K-介子等许多基本粒子的更基本的组成单元。基本粒子的种类比物理学家原先设想的要多得多,所以英文文献常有 zoo of elementary particles(基本粒子动物园)的说法,可见基本粒子种类之繁多。粒子物理学家相信这纷乱杂芜的基本粒子世界在更深的层次上一定是对称的、简单的。1964 年,美国加州理工学院的研究生 George Zweig(茨威格。德文姓氏,树枝的意思。为更多人所熟悉的茨威格是奥地利的 Stefan Zweig,他未获得诺贝尔文学奖成了人们攻击诺贝尔奖缺乏权威性的理由)和教授 Murray Gell-Mann(盖尔曼)各自正式提交了关于这种更基本的粒子的论文。茨威格提议的名字是"Aces"——即扑克牌中的"爱斯",而盖尔曼提议的名字是夸克(Quark)。Gell-Mann 的文章是应杂志编辑的邀请发表在欧洲核子研究中心(CERN)的新杂志 Physics Letters 上的,而人微言轻的茨威格投向同一杂志的文章却未能发表。茨威格后来转行研究神经生物学,盖尔曼则因对基本粒子分类包括夸克概念的提出获得 1969 年度的诺贝尔物理学奖。相应地，这类更基本的粒子现在通用的名字就成了夸克。（与夸克有关的研究，中国物理学家在1960年代也做出了相当的贡献，曾于1966年提出强子的"层子"模型。此处不做深入介绍。）夸克的存在虽然有足够的实验证据和理论基础，但人类并没有观察到自由的夸克。David J. Gross 和 Frank Wilczek 于1973年用强相互作用理论的渐近自由度解释了夸克禁闭现象，他们因而分享了2004年度的诺贝尔物理学奖。那么，夸克（quark）到底是什么意思？

如果把 quark 当成一般的英文词，字典的解释是 to croak, of echoic origin，指的是乌鸦或蛤蟆的叫声。把这么个叫声同基本粒子联系起来太需要想象力了。杂志和书本里流行的说法是，1963年3月的一天，盖尔曼在阅读爱尔兰作家詹姆斯·乔伊斯（James Joyce）的小说 Finnegans Wake 中的一句 "Three quarks for muster mark" 时想到的。盖尔曼觉得 Three quarks 的暗喻非常好，暗合当时所知的三种抽象的未知存在，于是把这三种粒子命名为 "quark"（夸克）。夸克在 Finnegans Wake 一书中具有多种含义，其中之一是一种海鸟的叫声。盖尔曼认为，这适合他最初认为"基本粒子不基本、基本电荷非整数"的奇特想法，同时他也指出这只是一个玩笑，是对矫饰的科学语言的反叛。另外，也可能是出于他对鸟类的喜爱（老年盖尔曼是个不错的鸟类专家）。读者且慢以为到此算是理解了夸克的字面含义，略知乔伊斯和他作品的人知道，现在下此断言太早；如果还能略微了解一下盖尔曼的工作和性格上的一些特点，就更不敢遽下结论了。

乔伊斯何许人也？他是小说《尤利西斯》（Ulysses）和 Finnegans Wake 的作者，这两本书号称是世界上最难懂的书。笔者试着读了一段《尤利西斯》，服气！Joyce 把道听途说的一些相对论、量子、场、时空、宇宙等现代科学概念，还有一些哲学概念，按照自己的理解，加入几种语言的作料且多采用双关语，编排入他自己的文学作品（似乎哪个国家都从来不缺这类作家，但能达成如此高度的罕见），这就造成了他的作品之奇异怪诞晦涩难懂的特色。（一点也不）奇怪的是，越是莫名其妙难以理解的东西，越有人认为高明！乔伊斯有多难懂，看看对小说 Finnegans Wake 的书名和这句 "Three quarks for muster mark" 的中文翻译，大家就能找到一点感觉。Finnegans Wake 被翻译成《芬尼根彻夜祭》《芬尼根守灵夜》《为芬尼根守灵》和《菲尼根们的苏醒》，更有不负责任者将其翻译成《菲尼根斯·威克》，让人奇妙莫名。其实，Finnegan 是一个小城的名字，乔伊斯故意把 Finnegan's 写成 Finnegans；而 Wake 来自德语动词 Wachen，其名词为 Wache（哨兵，哨所），形容词为 wach，都与"醒""警醒"有关。它要描写的是这个小城的败落和再生（fall and resurrection），败落后的崛起（arise after falling），而两者背后的原因都是威士忌（Wiskey，爱尔兰语"生命之水"），所以，"Wake"有宿酒后将醒未醒之乏力、败落后欲起未起之艰难的寓意，含义相当丰富。至于对"Three quarks for Muster Mark"的翻译，更是千奇百怪，有趣的有"给穆萨·马克 3 个夸克""向麦克老大三呼夸克""给穆斯特马克的三声夸克"，以及比较文绉绉的、富于想象力的"为马克检阅者王，三声夸克"。此处我想提醒读者好好体会一下何以翻译不能简化为查字典这样的体力活的道理。至于这句到底该如何翻译，笔者未读过这本书，不敢造次。现把那一段原文和翻译之一种誊录于此，请读者自己斟酌。原文是"Three quarks for Muster Mark! Sure he hasn't got much of a bark. And sure any he has, it's all beside the mark."有译文为"冲马克王叫三声夸克！他一定没有从一声吼叫得到什么，他所有的东西肯定是在这个痕迹之外。"

这一段关于夸克来自最难懂的文学作品所点燃的灵感的描述，有编故事美化名人的嫌疑。实际上，盖尔曼自己对他的传记作者说过，quark，英文发音 Kwork，是他自己创造的词！笔者以为这话处于可信与不可信的量子叠加态。首先说可信。盖尔曼有给别人造名字的习惯，他自己的姓氏就让传记作者花了相当的工夫。盖尔曼的西文拼法有 Gelman, Gellman, Gelmann 等，Murray Gell-Mann 的传记作者发现把它拼成 Gell-Mann 的只此一家，最后认定是这位诺贝尔奖得主的老爸 Arthur Isidore Gell-Mann 开始这么干的。为了尊重这家人的独树一帜，我建议应将 Gell-Mann 中文译名写成盖尔-曼。Gell-Mann 是犹太人，老家在奥匈帝国（这个信息很重要）靠近俄国的一个小镇。老盖尔曼造出这个姓氏的动机不好评说，但会造词的天赋传给了他两个儿子，基本粒子的"奇异性"这个词也是 Murray Gell-Mann 造的。有趣的是，另一位犹太裔著名科学家 von Neumann（冯·诺依曼）也是自造的姓，"von"是德语贵族标识，"Neumann"是"新人"的意思，其含义不言自明。再说不可信。我以为盖尔曼肯定是知道 quark 这个词的其它意思的。Quark，作为德语词，是凝乳（牛奶变酸后凝结的物质），转意为废话、胡闹、鸡毛蒜皮小事的意思，德语短语有 So ein Quark（真无聊、胡扯、太胡闹了！），Das ist doch alles Quark（Quatsch）（全是胡扯！），等等。考虑到盖尔曼的习惯、脾气、出身背景和对夸克未敢深信的态度，我倒愿意相信他在构造夸克这个概念时是用了其"胡闹,扯淡"的意思的。有趣的是，茨威格就说他从不相信盖尔曼在夸克变得对他有用以前（before quark becomes expedient to him)真正相信过它。其实,所有的物理概念,在它们能够被确立之前又有几个人会确信不疑呢?

Quark,das ist alles Quark!(夸克(胡扯),全是夸克(胡扯)!)

补 缀

被翻译成大爆炸的 Big Bang,也是个不成体统的词。

建议深入阅读

1. George Johnson. *Strange Beauty*:*Murray Gell-Mann and the Revolution in Twentieth-Century Physics*. Vintage Books,New York,1999. 中译本为《奇异之美——盖尔曼传》,朱允伦等译,上海科技教育出版社,2002.
2. Murray Gell-Mann. *The Quark and the Jaguar*:*Adventures in the Simple and the Complex*. Owl Books,1995. 中译本为《夸克与美洲豹——简单性和复杂性的奇遇》,杨建邺译,湖南科学技术出版社,1999.
3. Frank Wilczek. *The Lightness of Being*. Basic Books,2008.

之五　谱学：关于看的魔幻艺术

> 一切含义模糊的外来词都是误读的根源……
>
> ——摘自李淼的博客

谱（spectrum）的概念是为数不多的贯穿整个物理学的重要概念之一，它频繁地出现在科学的各个分支，并融入日常生活的表达中。谱分析（spectral analysis）既是一门数字或理论分析的技术，也是一门花样繁多的实验技术。前者的应用实例包括统计学中的 Bayesian 谱分析、经典力学中可积系统的谱函数和量子物理中的算符的谱理论，等等，而后者涉及的则包括光谱、质谱、能谱等技术。理解谱和谱学的概念无疑会有助于我们深入地学习物理学的许多理论和实验方法。非常有趣的是，谱作为一个贴近生活现实的词，其在中文和西文中的表述、用法与延伸有许多微妙的共通之处。

中文的谱，从言，本义为记载事物类别或系统的书。《说文新附》云："谱，籍录也。"所以有家谱、食谱、歌谱、棋谱的说法，这里指的都是"书籍"。而中文谱学的专门意思是研究氏族或宗族世系的学科。俗话说的"摆谱"，其原意就指的是摆家谱以显示出身的高贵不凡。谱转为动词则为按照事物类别或系统安排记录的意思，所以中文有谱写、谱列的说法。乐谱的英文为 music book，score， text,家谱的拉丁文为 stemma(复数为 stemmata),强调的都是写的或画的籍录。家谱的英文说法 family tree 强调的也是谱系籍录的视觉结构,另一说法 genealogy 本意就是出生记录。注意,这里中文的谱(作为贴近生活的概念)对应的不是西文的 spectrum。

《释名》对谱字的解释为:"谱,布也。布列见其事也……",这里明显地强调了其作为动词的成分。在这个意义上,谱字是对 spectrum 及相关字词的绝妙翻译。Spectrum(复数为 spectra)来自拉丁语 spectare,specere,本意就是"看"的意思。基于这个词之"看"的意思的西文词汇很多,字面上较明显的有 spectacle(可观看的事物;帮助观看的家伙,即眼镜),spectator(观看的家伙;观察员),inspect(往里看;检查,挑剔),expect(往外看,往远处看;希望),retro-spect(往回看;提供马后炮式的观点,科学文献中常用 in retrospect),respect(再看;转义为尊敬、关切),circumspect(转着圈看;转义为审慎的、小心的),specter(不敢看,捕风捉影;转义为鬼、幻影),等等。而 specter(法文拼法 spectre)正是 spectrum 的本义,意为 phantom(幻影)、apparition(怪异、怪影)。不太显然的词有 despite(来自 despicere),意思为向下看,即看不起、厌恶;其同义短语为 in spite of。另一个不太显然的词是 spy(间谍。同源词为 espy)、Spionage(德语,间谍案),间谍的任务可不就是去看人家不让看的东西吗。有趣的是,中文的谍和中文的谱同义,有"太史公读春秋历谱谍(谱牒)"之说,是书札的意思。中文间谍一词中,谍的意思不仅是偷看,还有偷听,还得打报告(谍、牒);而间,即离间,使反间计的干活,可见中文间谍的任务可能比西方 spy 的任务复杂一点。

Spectrum 一词正式用作科学名词始于 1671 年,牛顿用棱镜实现了对可见光的分剖。那原来白色的一团光里面竟然变出了多彩的、顺序排列的不同颜色(见图 1),不是 phantom(幻影)、ap-parition(怪异、怪影)又是什么?所以,牛顿将之命名为 spectrum,从此开创了光谱学的研究。早先的光谱研究依赖于直接观察的成分较多,spectrogram(看+写)一词指的就是把光谱拍成照片或以别的形式记录成可视的文件。现代的光谱学研究已经得

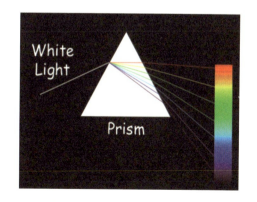

图 1 太阳光经过棱镜后被分解成多彩的光谱。对第一个观察者(spectator)来说,这个现象真的具有 spectrum, specter, phantom(幻影、诡异)的色彩。

到了高度的发展,光谱仪(spectrophotometer)成了标志性的现代科学仪器,对光线的操纵以及记录过程也更复杂。光谱学的研究对现代物理的促进作用,无论怎样评价都不为过。对物质的吸收谱和发射谱的研究可以说是原子物理的基础,对原子光谱的分立谱线特征的解释导致了旧量子力学的产生。光谱分析还是研究宇宙中化学物质的重要手段,而引力红移现象的测定则从实验上从一个侧面证实了爱因斯坦的广义相对论。

基于谱(spectrum)的"布列见其事"的思想又发展了其它众多的谱学方法,包括能谱、质谱、扫描探针谱等,即按照研究对象的能量、质量或控制参数的不同将所关切的研究内容分离开来以便辨析。细心的读者可能注意到,众多的汉语笼统地称为谱学的学科,其英文表达分为 spectroscopy 和 spectrometry 两种。这两者很多时候是通用的,具体使用哪个仅仅是习惯而已,但它们之间的细微区别却是存在的。Spectroscopy = spectro(拉丁语,看) + skopein(来自希腊语,还是看),而 spectrometry = spectro(拉丁语,看) + metron(来自希腊语,量),所以偏重直接观测或转化成图像的多用 Spectroscopy,而转化后才可见且结果偏重于计算的宜用 spectrometry。比如我们说拉曼谱学用 Raman spectroscopy,而说质谱学则用 mass spectrometry,当然也有人用 mass spectroscopy,但较罕见。同样是光谱学,能量色散 X 射线谱学被称为 X-ray spectrometry,因为 X 射线是不能直接看的。但是,象光电子能谱学可能由于部分使用的光源能见到可见光,所以是 photoelectron spectrometry 和 photoelectron spectroscopy 两个词随便混用。而此技术的另一个名称光(电子)发射谱学则几乎只采用 photoemission spectroscopy 的说法。

到底有多少种现代谱学方法在使用中? 笔者一直未能得其大概。笔者先前的一篇短文《材料化学分析的物理方法》(参见《物理》(2004),33(4),282 - 288;33(5),372 - 377)就涉及谱学近二十种,谱学方法种类之多由此可见一斑。每种谱学方法都涉及物理原理、仪器设计制造以及数据的分析与诠释,因此它不仅是一种有效的方法,其本身也是物理,至少是应用物理,的研究对象。与谱学相关的诺贝尔奖相当多,如 Raman 的拉曼光谱学,Siegban 的 X 射线光电子谱学,Bloembergen 的激光光谱学,Ernst 的核磁共振谱学以及相关的 Lauterbur/Mansfield 的磁共振成像,等等。而与质谱学发展有关的诺贝尔奖得主则有五个之多,包括 Thomson(气体放电),Aston(同位素的质谱图),Paul(离子阱技术)和 Fenn/Tanaka(软性去吸附离化方法)。实际上,不仅发展谱学原理和技术本身是诺贝尔奖级的工作,一些对谱学的简单应用都能促成这样的工作。比如,1996 年的诺贝尔化学奖奖励的是 C_{60} 分子的发现,而 C_{60} 分子发现的关键就是一个质谱。Kroto 原本要解释空间中一些大气的微波谱,他希望在地面上合成一些碳的长链分子,研究它们的微波和红外光谱。Smalley 为 Kroto 合成了一些碳的团簇沉积物。在碳团簇的质谱图上(图 2),对应于 60 个碳原子处的突兀的尖峰提出了为什么 C_{60} 分子特别稳定以及它到底是什么样的结构的问题,从而导致了碳的又一种同素异形体的发现。

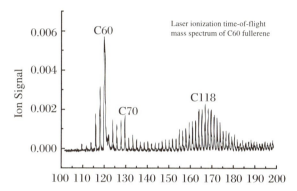

图 2　碳团簇沉积物的典型(飞行时间)质谱。对应于 60 个碳原子处的突兀的尖峰引导人们发现了一种新的碳同素异形体。

谱学,一门关于"看"的魔幻艺术,还有更多的可能性等待人们去开拓。

补　缀

1. 英文有"看"的意思的词很多,且来源各别。其一为"regard",用于"with regard to",regarding,regardless(不顾及,汉语的顾即是看),来自法语 regarder。其它的,see 来自德语的 sehen,behold 来自德语的 halten(如同 observe,是用眼锁定的意思),look 来自德语词 gucken 之方言发音 lugen,view 来自拉丁语的 videre(参见法语的 au revoir(再见))。大概 gaze,stare 之类的词可能略有一点同英国的血缘?请方家指教。又,我们辛辛苦苦写好的文章投给杂志(法语 Revue),编辑会请审稿人给 review,从这两个词(实际上是同一个词)大家就明白了为什么我们的投稿那么不顺利,原来人家杂志和审稿人的本分就是要"看了又看,很挑剔地看"。当然,象 *Nature*,*Adv. Mater.* 等杂志只 review 极少部分的投稿,我估计那里专门初审稿件的编辑大人们之工作状态该是 disregard(懒得看,厌看)吧?

2. Insight = in + sight，看到里面，汉译洞见。对科学问题是否有 insight 是评价一个科学家、一件科学作品的重要指标。

3. Kaleidoscope = kal + eidos + scope，能看到各种美妙（kal）形状（eidos）的东西，汉译万花筒。

4. Suspect，从底下往上看，有 admire（景仰）的意思，但现在基本上都用作猜测、怀疑、认为有罪/有错等意思，假定猜测有一个不好的品质（I suspect there's no problem（in physics）— Feynman）。

5. Spectrogragh = spectro + graph，把看到的画下来（以前的科学家，尤其是博物学家，都有这个本事），指的是谱记录设备。

6. 有"谱"是一件很爽的事情。倘若家谱上有一个大佬，几十辈子的子孙都能蹭到便宜。人如此，马如此，犬亦如此，一切"谱"能带来附加值的地方都讲究摆谱。相应地，没谱、不靠谱这些词就成了贬义词。

7. Telectroscope，能看到很远的家伙，但有别于望远镜（telescope）。这个概念可追溯到1878年，是一种指望其能够让"世界上任何地方的人和物都能在别地被看到"的设备。

8. 荷兰的眼镜制造商 Hans Lippershey 的店铺里发生了一件事。一个淘气的小学徒（有的文献说是两个小孩）把透镜拿来把玩，如果把两块透镜安置在眼前不同的距离，则远处的风景变得又大又近。Lippershey 敏锐地意识到其应用价值，他把两块透镜安置在金属筒里。后来，希腊人 Giovanni Demisiani 在1611年建议把它称为 telescope。伽利略用自制的1.2米长、直径为4.4厘米的望远镜指向月球，发现了月球表面的不完美。进一步地，他设想，月球和地球那么相象，月球有轨道，地球也是沿着轨道运动的吧？两个透镜，把左右放置改为远近配置，就引发了一场深刻的革命！另一个例子是，有了压电陶瓷我们才实现了原子分辨，才有 scanning tunneling microscope（扫描隧道显微镜）。所以，不要小瞧任何一样小物件可能对物理学的影响。

9. Spectator，看客。鲁迅先生描述过中国人的看客心理。关于 spectator 一词的用法，参看："Mathematics is not a spectator sport（数学不是一种看客的体育）。The spectacles are less thrilling than barehand fight（旁观总不如徒手相搏来得刺激）。"信矣哉，别的学科也是。

之六 "半"里乾坤大

我们鄙夷文字表达的轻率与不负责任。
—— Ernst Bloch in *Geist der Utopie*
（乌托邦精神）

　　将某个物事,比如天上掉下来的一块馅饼,一分为二,则得到两半。中文"半"字,从八,从牛,是把牛分解的意思。这里的"半",比如用在圆的半径、半斤八两等语境中,等于数学上的1/2。牛以及其它的高等动物外观上容易分成较严格意义上相等的两半,是因为它们的结构都具有镜面对称性,这是动物生存在三维空间中（物理学第零定律）因受重力约束（对称性破缺,动物的自由发育空间变为二维）从而只能在二维球面上运动（运动又将自由发育的空间降下一维）的必然结果。然而,更多的时候,"半"并不等于1/2,而只表明是某个整体被分成两份中的一份,是部分的、不完全的意思,比如半壁江山、半月、半明半暗、半吊子、半瓶子醋等。有时"半"仅用来表示少,比如一星半点（点如何半分?）。"半"不仅用于具体的带有划分痕迹的情景,也被用于许多抽象的表述中,如徐娘半老、酒至半酣、半仙、婿乃半子（千万别译成 half-son）等。"半"字可以说是中文最具文学色彩的字眼,含"半"字的韵文随处可见,"清幽半掩月迷朦""犹抱琵琶半遮面""莫云花事总伤神,半为伤春半感春"等。清人李模曾作《半字歌》,有"饮酒半酣正好,花开半时偏妍"等句,简直就是对中庸之道的诗意诠释。

"半"字是非常贴近生活的词,因此西文中"半"字的用法与中文几无二致。然而因了源流众多的特点,英文中表示"半"字的词很多,其在物理学中的应用也易引起歧义,应当放到相应的物理图像中考察。英文中表示"半"字的词头包括 semi,demi(源自拉丁文),hemi(源自希腊文),而作为单词用的有 half(来自德语 halb)。德语的 halb 有关联的动词 halbieren,一分两半的意思;与英语 half 对应的动词为 halve,但似乎罕用,许多人宁愿用"bisect"或"divide into two pieces"。表示"半"字的词头 semi,demi 和 hemi,以我的粗浅理解,并无本质上的不同;但可能由于历史的原因,各有习惯用法,容易混淆。比如半圆为 semicircle 常见,hemicycle 罕见,而半球则是 hemisphere 常见,semisphere 罕见(Webster 字典就没有)。Demi 用于半神(demigod,希腊神话中父母中一方为神的一类存在;中国神话里也有,如劈山救母的沉香),悲惨世界的人(demimonde,来自法文的半个世界)等少数几个词,而鲜用于科学词汇(也有。比如半群,英文 semi-group,法文就用 demi groupe)。英文"半"字有三个不同词头也有好处,比方要表示半分后又半分时,就可以用不同的词头堆垛来构词,如 semi-demi primal algebra,demisemiquaver $\left(三十二分音符,\frac{1}{2}\times\frac{1}{2}\times\frac{1}{8}\right)$,hemidemisemiquaver $\left(六十四分音符,\frac{1}{2}\times\frac{1}{2}\times\frac{1}{2}\times\frac{1}{8}\right)$。

英文科学名词中"半"字用"semi-"词头的居多,数学上有 semi-analytical(半解析的),semilog graph(半对数绘图,即一个数轴用对数标度,而另一个数轴用线性标度),semi-empirical calculation(半经验计算),等等。对学物理的人来说,重要的含"半"的概念当数半导体(semiconductor)。半导体是这样一类材料,从能带的角度来看,它和绝缘体具有同样的特征,即在绝对零度时价带全被电子占据而导带全空(图1)。

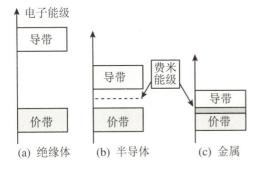

图1 依据能带结构区分材料:(a)绝缘体,导带全空,电子占满价带,且导带-价带间的带隙较大;(b)半导体,电子占据态同(a),但带隙较小;(c)导体,价带和导带交叠在一起,整体效果为一个部分占据的能带。如果交叠非常少,则是半金属(semimetal)。

在有限温度下,比如室温下,如果材料的能隙较小,通过热激发或掺杂可以实现较高的载流子浓度,材料有较好的导电性,则被称为半导体。重要的半导体有硅、锗等,它们是信息时代的材料基础。反过来,若能隙较大,无法实现较高的载流子浓度,则材料导电性很差,这样的材料被称为绝缘体。由上述定义可见,半导体和绝缘体之间并没有清晰的边界。而最近,似乎界定一个材料是半导体还是绝缘体更多的是看实际的目的。比如,金刚石是典型的绝缘体(带宽达 5.5 eV),但人们在研究其掺杂可能性和导电行为时,常常称其为宽带半导体或极限半导体;而砷化镓(GaAs)是常见的半导体(带宽仅为 1.43 eV),但若掺入的杂质形成深能级使得其导电率很小时,它可以作为绝缘层使用,因此又被称为半绝缘体(semi-insulator)。有趣的是,英文 semiconductor,仅从字面上可理解为 semi-conductor(半吊子乐队指挥),于鑫和 Cardona 合著的 *Fundamentals of Semiconductors*(《半导体基础》,国内有原版翻印)一书中就有一幅调侃的插图 "A semi-conductor"(图 2)。

图 2　A semi-conductor(一个半吊子乐队指挥)。

我们谈到了半导体和半绝缘体,这些概念的基础都是以导电性能对材料加以分类的,因此就不可避免地要谈到半金属。注意,此时我们所说的半金属,英文为 semimetal。它指的是这样的一类固体,其能带结构同半导体、绝缘体类似(见图 1),但其导带和价带有非常小的、一般地是在不同的 k-点上的交叠。这样就有很少的一部分电子是处于导带中的。即使没有掺杂,材料也会表现出很高的导电率,但同良导体如 Cu、Zn 相比其电导率又很低,所以称为半金属。典型的半金属有石墨和铋。石墨的价带和导带有约 0.04 eV 的交叠,有的文献就写成 $E_g = -0.04$ eV,即带宽为负的 0.04 eV。好的石墨晶体有金属光泽,人们印象中的石墨是黑乎乎的,这是因为结晶不好的缘故。

如果用中文半金属谈论 semimetals,就会发现时常会同一类称为 half-metal(中文译法想当然的也是半金属)的材料混淆。Half-metals 是一类铁磁体,多为金属氧化物或 Heusler 合金,传导电子占据的费米能级以下的部分只是某个自旋极化(向上或向下)的子带。典型的 half-metal 有 CrO_2、Fe_3O_4、$NiMnSb$ 和 Co_2MnSi 等。自 half-metal 材料发射的电子有 100% 的极化率,可以表现出巨磁阻效应,因此是当前固体物理、材料科学的重要研究对象。

如上所见，semimetal 和 half-metal 指的是用截然不同的两种物理性质作标签的材料，但中文语境下的讨论一概称之为"半金属"，这为相关问题的讨论带来诸多不便（其实，添乱的还有 demimetal 的说法，好象是与重金属乐队相区别的乐队的名称。商业领域经常把带金属饰品较多的商品冠以 demimetal。此外，配位化学里还有 hemimetal 的说法）。这样的混淆总不能任其发展下去吧？笔者斗胆建议，不妨把 semimetal 称为半电导金属，把 half-metal 称为半极性金属（或干脆称为极性金属），不知方家以为然否？但愿能引起专家的讨论。

以"半"字对应的另一个英文词头"hemi"构成的生物学词汇很多（此处不论），用于物理方面的较少，象 hemihedral（半面体，指晶体的外形只出现其对称性要求的一半的晶面）和 hemimorphic（半形，异极的，指晶体的两端具有不同的形状）等词，一般物理学文献中也是少见。但这丝毫无损于含"半"字的科学词汇众多的事实。那么多纷乱的词汇以 semi，demi，hemi 开头或加 half 予以修饰，到底选用哪种形式，对西洋人来说，也许只是习惯问题吧！只是苦了我们用中文学习这些概念的人，当有一天需要用英文确切表述那个"半"字时，不免又得一通忙乱。读者诸君以后遇到此类概念，不妨加点小心！

唉，一知半解，苦啊！

后 记

此文写成不久，有幸接复旦大学的王迅院士来信讨论半金属的翻译问题。王迅老师认为，将 semimetal 称为半电导金属，把 half-metal 称为半极性金属（或干脆称为极性金属）确实是一种办法。但考虑到人们习惯用两个字的词语，也许用半导金属和半极金属较好。兹转录于此，供方家讨论。

补 缀

中山大学的关洪教授来信指出:"'量子力学'这一名词首次出现在玻恩和海森堡合著的、1924 年发表的《分子的量子理论》一文中($Ann.Phys.$,74(4),1-31,1924)。我觉得这是一个缺乏根据的结论。"关洪老师的说法是对的。在上述文章中,量子力学(Quantenmechanik)一词确实未出现,但在该文中,量子力学的关键术语象量子理论(Quantentheorie)、量子数(Quantenzahlen)、量子跃迁(Qauntensprünge)和量子化条件(Quantenbedingungen)都已经出现。如果用该文标志量子力学的诞生,似也说得过去。令笔者深为愧疚的是未能对关洪老师的批评早作回复。日前聆讯,谓关洪教授已于不久前驾鹤西归了。关洪教授的逝世,让中国物理学界少了一位严肃求真的学者,我辈后进少了一位良师益友。

之七 那些物理学家的姓名

子曰:"必也正乎名。"

    物理学中同概念一样需要细加关注的还有物理学家的名字,毕竟物理学是和物理学家相联系的。可惜的是,除了杨振宁(C. N. Yang),李政道(T. D. Lee),丁肇中(C. C. Ting)等少数几个中文名字外,其他响亮的名字都来自别的国家,于是在中文语境下的物理学(实际上,别的学科也一样)就不免遇到人名翻译的问题。如何将物理学文献涉及的重要人名忠实优雅地翻译成中文名,便成了问题。我个人的观点是不译(省心呀!),但依然有如何尽可能忠实地把人名的音发对的问题。后一点,在我国物理学界同世界物理大家庭交流不断加强的今天,显得尤为重要。

    20世纪早期西风渐进,我国的一些著名学者如傅雷、林纾等为我们遗留下许多经典的美妙翻译案例。现举对法国小说家 Alexandre Dumas 之名字的翻译为例。Alexandre 俩父子都是著名的小说家,法国人以 Dumas pére(父亲,1802—1870),Dumas fils(儿子,1824—1895)加以区分。Dumas 中 Du 的发音,写成汉语拼音,应为 dü,可中文没有这个音。注意到法文二(Deux)的发音与

dü 相近，而二按中文里兄弟排行（伯仲叔季）对应"仲"字，于是 Dumas 被翻译成仲马。这里采用的是半转译半音译的做法。另一个有名的例子是 Cambridge 被翻译成剑桥。这样的翻译如何就是好，怕是没有确切的标准来支持；但是，翻译者的用心良苦以及译文的美感却是跃然纸上的。

而今的天下处于英语霸权的时代。联合国里有个笑话，说会两种语言的人为 bilinguist，会三种语言的人为 trilinguist，只会一种语言的是 American。这种以一门美国化的英语来对付所有文化对象的现象在中国恐怕也是有的。昨日（2007 年 10 月 18 日）夜读，见有人说"薛定谔"是对 Schrödinger 这个名字很差的翻译，中文读起来也拗口，正确的翻译应是"许丁格"，不禁骇然。联想起有人将 Hugo（法国作家 Victor Hugo 的中译姓乃为大家所熟知的雨果）念成"胡狗"，觉得有必要就著名学者的名字翻译啰唆几句。

在稍早些的文献中，我们的前辈学者对人名的翻译，音也罢，意也罢，都是非常严谨、经得起推敲的。至少，他们知道不是所有西文写出来的都是英语。现举几例。

其一，薛定谔（1887—1961），奥地利物理学家（图 1），因其 1926 年给出了量子力学的波动方程而于 1933 年获得诺贝尔物理学奖。原名全称为 Ervin Schrödinger，德语。Schrödinger 读法为 Sch-rö-ding-er，其中"g"并不和其后的"er"连读，薛定谔是非常贴近其德语发音的中文译法。类似

图 1　薛定谔（Ervin Schrödinger）

的词有德国城市名 Göttingen（发音近似"哥廷恩"），汉译"哥廷根"就是一个错误翻译。

其二，德布罗意（1892—1987），法国物理学家，因提出物质波的概念获得 1929 年的诺贝尔物理学奖。原名全称为 Louis Victor Pierre Raymond duc de Broglie，一般简写为 Luis-Victor de Broglie，或者 Luis de Broglie。从全名看，duc de Broglie，法文本义为"Broglie 的大公"，是其家族世袭的爵位，到 Luis de Broglie 父亲那一辈还顶着这个爵位。据 Emilio Segre 所著 *From X-ray to Quarks* 第八章所述，de Broglie 家族原居意大利，自 18 世纪后在法国历史上地位显赫，出过元帅、大臣、大使之类的大人物。Luis de Broglie 出生时，他家的封地应在法国北部上诺曼底地区（Haute-Normandie），该地现有 Château de la ducs de Broglie(布罗意大公城堡),是当地的重要景点,Luis 就出生在此城堡里。Broglie,其中的"gl"按意大利语发音为很硬的"意",音标为倒写的"y"。所以,笔者以为中文"德布罗意"是对 de Broglie 相当好的翻译。另外,有些文献中会写成 prince Luis de Broglie,强调其是大公儿子的贵族身份。但笔者以为随便译成德布罗意王子的做法似乎不妥。欧洲的所谓 duc(Duke)和中国的公爵是无法对等的。有些所谓的大公国,其面积基本上是中国原先一个生产大队的面积,其城堡也就相当于日本侵华期间在华北占领区修建的那种炮楼。他们的儿子女儿就是 prince,princess,但中文不分青红皂白地就翻译成王子、公主,以至于《格林童话》中译本给人的印象是莱茵河畔发生的尽是王子与公主的爱情。其实,那里的王子、公主实际上未必有今天中国乡长之儿女的派头。Luis de Broglie 本人第一次世界大战中被征入伍参战,可资见证。

其三,拉格朗日(1738—1813),法国数学家(图 2),以其名字命名的物理量 Lagrangian 和相关的分析方法是现代物理学的理论基础。其全名为 Joseph-Luis Lagrange。法文 Lagrange 的发音近似为"拉格昂热""拉格朗日"应算是不错的翻译。不过,中文物理和数学文献中仍时常能见到"拉格朗奇"的写法,算是"用英文解读一切"的一个例子。

图 2　拉格朗日
(Joseph-Louis Lagrange)

其四,海森堡(1901—1976),因对创立量子力学的贡献(其中包括 1927 年提出的不确定性原理)获得 1932 年的诺贝尔物理学奖。原名全称为 Werner Heisenberg,德语。Heisenberg,汉译海森堡,我以为较妥,但有所谓的出版标准译法规定必须写成"海森伯",笔者很难接受。一般地,对"berg"和"burg"中文译法都用"堡"字。德语"Berg"是山的意思,如曾经的世界科学中心 Heidelberg 就是个小山城,中文译名为海德堡。而著名物理学家 Steven Weinberg 的姓 Weinberg,本义是"种葡萄的山坡"的意思,汉译温伯格意义全

图 3　海森堡
(Werner Heisenberg)

失。"Burg"本身就是城堡的意思,德语的 Habsburg(哈布斯堡王朝),法语的 Bourgeoisie petite(小资,小市民)都是这个意思。可见把"berg"和"burg"译成中文的"堡"字较好。"堡"字在中国的山西、河北等地的发音为 bǔ,本身就同 berg,burg 相近。

上述的例子所涉及的人名皆为德语或法语人名,因为英语和它们的亲缘关系,所以就算用"用英文解读一切"的心态来翻译、发音应该不会太离谱。象泊松(Poisson,法语"鱼")分布,勒让德(Leg-endre,法语)函数,伽罗华(Galois)理论,洪德(Hund,德语"狗")定则,诺德(Emmy Noether)定理等短语中的人名,都是一定程度上照顾到法语、德语的发音特点的翻译。只要不是坚持用英语发音把 Galois 读成"夹落一丝",把 Noether 读成"诺色",就不会在交流和传播上造成困难。

易于造成偏离较远、甚至面目全非翻译(假如仅依赖英文文献的话)之人名来自同英语相差较远的其它语言,如俄语、阿拉伯语、印度语以及中国附近的汉藏语系的语言等。俄语人名在科学文献中出现较多,但俄语同日耳曼语系和拉丁语系的语言较近,只是西里尔字母的另类外形使得其显得疏远点而已。遇到写成英文字母的俄文名称翻译,应照顾到俄文的发音特点或参照直接的俄文翻译,如将 Fadeev 译成法捷耶夫,Stepanov 译成斯捷潘诺夫(和 Steve,Stefan,Stefennie 等不同语言中的人名同源)。只要不把 Lev(列夫,朗道的名)译成"莱芜"就行。让未学过俄语的朋友感到困惑的是俄国人英文姓名之名的简写经常出现双字母的"Yu",这对应的是俄语里的单个字母"Ю",发音"Eu",为俄语男子名尤里、尤金的第一个字母。更麻烦的是来自中国周边国家的人名。日、韩、越南等中国周边国家,由于受中华文化浸淫日久,其姓名一般有对应的汉字写法。如果我们把他们姓名的西文拼写硬音译过来,就会造成混乱,甚至闹出笑话。日本的科学技术较发达,对近代物理的进展有较大的贡献,日本人名在西文科学文献中常见,且是按照其读音的罗马拼音给出的,而在日文文献中则用日文汉字写出。象给出强相互作用的 Yukawa potential 的 Hideki(名) Yukawa(姓),他的姓名的日文汉字是"汤川秀树",如按读音音译成中文汉字,无论如何不太妥当。遇到这种情况,最好就是找出他的日文姓名的汉字写法。如果找不到,千万保留其姓名的罗马字拼音,不要音译成中文汉字。而朝鲜人常见的姓名如朴(发音 piáo),西文拼法 Park;金,西文拼法 Kim;越南人常见的姓阮,西文(法文)拼法为 Than,我个人以为实际上可能是按中国方言的发音来拼写的,大家不妨也了解一点。

实际上，翻译学术文献中人名的最大陷阱怕是来自中文本身。倘若在物理学英文文献中遇到 Frank Yang，Samuel Ting 之类的可能与华人有关的名字，最好的办法是多找些旁证的材料来确认他们到底是谁。千万别将之随便翻译成弗兰克·杨或萨谬尔·丁什么的，他们就是杨振宁和丁肇中。几年前，国内某著名文化学者有把孔孟两位老夫子的拉丁文译名 Konfucius（Confucius）、Mencius 音译回中文的笑话，无它，不认真（认真不起来）而已。

把物理学家们的姓名正确地翻译成中文，尽可能用忠于其本来的发音说出来，也算是对物理学以及那些物理学家们的一点尊重吧。此外，在面对面交流时，这样做会无形中拉近交谈者之间的距离。设想一下，在人头涌动的国际会议上，一个外国同行用你母语的标准发音喊出你的名字，那该是多么亲切的感觉。当然，如今越来越多不同文化背景的人进入了物理学领域，而我们的外文知识却非常有限。这种时候，保持一点不用英文发音呼叫一切的警惕，稍作一些背景调查或向当事人请教一下，总是可以做到的。

题外话

我儿子出生在德国一个飘雪的早晨。在把他们母子都安顿好以后，我疲惫地坐在产房外的走廊里，努力想回过神来。这时，一个高大的白人（后来知道是英国人）向我走过来，老远就来了一句："嗨，生了吗？"标准的京腔京韵啊，好不亲切！

另：上述文中出现的许多优雅译名，其始作者谁我却不知。有识者，盼见告（发送至 zxcao@iphy.ac.cn），我这里先谢了。

又：本文审稿人刘寄星老师指出了文章中一些不恰当的地方。关于日文名字翻译问题，他特撰写一小节说明，我觉得直接附上最佳。原文是"这是因为日文名字的困难之处在于日文汉字有音读和训读两种读法，一般人难以区分。如 Yugawa 的两个汉字都是训读，故写成'汤川'；Arima 头一个汉字训读，第二个汉字音读，故其汉字为'有马'；Kyoto 两个汉字都音读，故其汉字为'京都'。日本人极为忌讳把他们的姓名用其它汉字写出，而按罗马拼音音译，一定会写成其它汉字。"

之八 扩散偏析费思量

"学者须从最上乘,具正法眼悟第一义……"
——[宋]严羽《沧浪诗话》

扩散是一个常见的物理过程。将一滴牛奶滴入咖啡,看牛奶慢慢散开,就是液体中的扩散过程。隔壁花园飘过来一缕花香,加热硼覆盖层使之进入硅材料以改变后者的电导率,凭借的则分别是气体和固体中的扩散过程。扩散这样的常见物理过程,自然很早就引起了科学家的注意。那么,科学家是如何描述扩散的呢?

翻开一般的大学物理教程,就会遇到描述扩散的所谓 Fick 定律。Fick 是一位学识渊博的德国学者(图1),他于 1855 年提出了所谓的 Fick 第一定律

$$J = -D\nabla C \qquad (1)$$

这个公式的意思是说,如果某个事物的空间分布

图1 Adolph Fick (1829—1901). 他于 1856 年出版了 *Medical Physics*,被誉为医学物理第一人。

是不均匀的,就会造成流动(再分配),而引起的物质流正比于该事物的梯度。梯度是物质流动的驱动力,当然其平衡态(驱动力为零)就是均匀分布的(图2)。这样,梯度成了梯度的消解者,有点象北岛的诗句"高尚是高尚者的墓志铭"的味道。实际上,提出这个所谓的定律,其目标指向是平衡态的均匀分布,而这种"目标指向"的特征在别的唯象模型中也能见到。

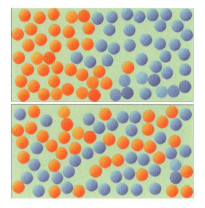

图2 扩散过程。两种起始时各占一边的原子经过一段时间后变成统计意义上均匀的分布。

将 Fick 第一定律同一般处理输运问题时所采用的连续性方程(equation of continuity)

$$D \cdot J + \partial C/\partial t = 0 \qquad (2)$$

相结合,就得到了著名的、几乎是随处可见的扩散方程(又称 Fick 第二定律)

$$D \nabla^2 C = \partial C/\partial t \qquad (3)$$

这个方程不仅被用于许多物理现象,它还有多种伪装版(in disguise)。注意到如果将扩散方程右边乘上一虚常数,比如 $-i\hbar$,扩散方程就成了薛定谔方程。这个虚系数的扩散方程允许 $\sin(kx - \omega t)$ 形式的解,而 $\sin(kx - \omega t)$ 函数据说能描述水波(还知道 KdV 方程和 Boussinesq 方程的人心里可能有点含糊),所以薛定谔方程就被用来描述光子、电子所表现的波动现象,成了近代物理两大支柱之一量子理论的支柱。笔者在薛定谔自己后来的著作中未读到这种观点。1931 年,薛定谔自己写到"Analogie superficielle qui existe entre cette théorie de probabilité classique et la mécanique ondulatoire, et 'n'a probablement échappé aucun physicien qui le connaît toutes des deux(经典力学与波动力学这两种理论表面上的类比不会躲过任何对两者都熟悉的物理学家的注意)。"薛定谔并且注意到 for the distribution $w(x,t)$, if $w(x,t_1)$ and $w(x,t_2)$ are known, the $w(x,t)$, $t_1 < t < t_2$, $w(x,t)$ is a product of two factors like $\Psi * \Psi$(关于分布 $w(x,t)$,如果 $w(x,t_1)$ 和 $w(x,t_2)$ 已知,则 $w(x,t)$, $t_1 < t < t_2$,的表示中含有类似 $\Psi * \Psi$ 的乘积项),同量子力学的 Born 诠释显示出了一致性。进一步地,Reinhold Fürth,1933 年导出了关于扩散方程的不确定性关系,$\Delta x \Delta v > D$,再再显示了所谓的海森堡不确定性原理并非什么原理性的东西,其在量子力学直到量子场论和宇宙学中的滥用实属胡闹。

  然而事情远没那么简单。象 Fick 第一定律这样的<u>定律</u>(law)是不可以作为物理学的<u>基本定律</u>(fundamental law)的。它的可指责处就是其过分的<u>天真</u>(naïvity)。实际上,多元体系混合后的平衡态未必是均匀分布的;此外,这个定律不仅忽略了扩散体同扩散介质(matrix)间具体相互作用的不同,也忽略了扩散过程造成的扩散体系本身空间上的改变。除了连续性方程,Fick 第一定律本身也利用了连续性假设,即空间分布的不均匀可以用数学概念梯度描述。这些都是这套描述扩散理论的致命伤。

  首先,混合体的平衡态未必是均匀分布的。实际上,把不同材料混合做成均匀的单分散体系一直是材料科学的一大难题。设想如图 2 所示那样把小学高年级男女生从两侧撒到操场上,你会发现平衡态时他们极可能形成单一颜色的小集团,女孩子跳皮筋,男孩子踢足球。在冶金学上我们管这叫相分离。相分离不一定形成单一的泾渭分明的边界,而是还可能出现复杂的、意想不到的微结构[1]。其次,看连续性问题。在浓度 C 特别大或特别小的时候,或空间出现结构突变(在晶粒间界、位错附近,表面附近)或有限(薄膜结构)的地方,浓度的空间变化用梯度 ∇C 来表示都可能是不合适的。再者,若扩散的物质通过扩散介质的表面溢出(osmosis),比如某些元素作为杂质会到达金属表面形成覆盖层(overlayer。这个性质被用来辅助生长外延薄膜,此时该杂质元素被称为 surfactant,中文译名为表面活性剂),自青春痘里溢出(spillage)的皮脂盖住了皮肤,等等。上述这些场合下用 Fick 第一、第二定律描述扩散行为都是不恰当的。

  为了应付在界面、表面处明显出现的分布不均匀的事实,人们引入了偏析(segregation,冶金学领域的学者有将其译成分凝的,都对 segregation 一词带来额外的限制。这几乎是中文科技词汇翻译的通病!)的概念。很大程度上,文献里把扩散和偏析处理成两个不同的物理概念。我在德国作博士论文期间,研究的课题为低能离子束同二元固体表面相互作用产生的成分分布轮廓的机理与实验分析技术(即 depth-profiling technique)。低能离子的持续择优溅射会引起多元体系不同于热平衡态分布的深度成分轮廓。1995 年当我开始解释我的实验数据的时候,阅读了大量文献。我发现把扩散和偏析处理成两个不同的物理概念就要相应地引入两个物质流(material flux)来描述原子的运动。这让我很困惑。我实在不知将一个原子的迁移事件(migration event)划入扩散还是偏析。这促使我翻遍了当时系里图书馆(研究生都有钥匙)的藏书来研究扩散和偏析这两个词的来源。我喜欢对物理学咬文嚼字的病根可能就是那时落(lào)下的。

扩散是对 diffusion 这个词的翻译。按 MicGraw-Hill 物理学字典[2]，作为物理学名词，扩散指的是"the spontaneous movement and scattering of particles (atoms and molecules), of liquids, gases, and solids(气体、液体和固体中粒子自发的运动和散射)"，而偏析(segregation)划归冶金学词条，其引入是为了强调"the nonuniform distribution of alloying elements, impurities, or microphases, resulting in localised concentration(合金元素、杂质或微观相区域的非均匀分布)"。从字面上看，偏析指的也是原子重新分布过程(扩散)的结果，扩散的结果可以是均匀分布，也可以不是均匀分布，偏析更强调了后一种情况。如果再深究一下词源，我们发现动词 diffuse 的本义是"to pour in different directions, to mix(往四下里泼撒，混合的意思)"。前一个意思体现在这一句"... power be widely diffused among many conflicting government and private institutions....(Steven Weinberg)(权力被广泛地分散到许多利益相冲突的政府部门和私立机构里去)"里，这里 diffuse 是分散，撒(盐、胡椒面)的意思。原子轨道标记的"d"(所谓 d-波超导体)就是来自这个词的形容词形式 diffusive(将另文介绍)。而 segregation，其拉丁语动词由 se + gregarius 组成。Gregarious 作为英文词是成群的意思，而 segregation 的本义应是分开，离群的意思。这和 segregation 在英文物理文献中的应用语境是一致的。理解了上述内容，我就在我的模型中使用了单一的不同于 Fick 第一定律的物质流，算是糊弄了一篇学位论文(还是唯象模型的结果，很无奈!)，并在其基础上发表了四篇研究论文[3-6]。因为摈除了梯度 ∇C 就能驱动再分布的想法，因此解就不是简单的 erfc(x) 函数的形式，而是包含 e^{α}erfc($\sqrt{\alpha}$) 函数这样的形式。复杂了点，但是对于描写杂质向金属表面的聚集成层以及皮脂溢出或其逆问题覆盖层向体材料的扩散等过程，是相当有效的，同许多不同类型实验的数据的拟合都符合得很好。

然而，1997 年 7 月布达佩斯技术大学的 J. Giber 教授到我所在的德国 Kaiserslautern 大学访问。他在读了我的博士论文后，作了如下评论："Dr. Cao，你这里犯了个错误。扩散是一个动力学过程，而偏析是一个热力学概念，它强调的是平衡态下扩散的结果。在平衡态下扩散过程依然在一个用扩散系数表征的速率下进行着。扩散与偏析不是一件事，而是一件事的两个方面。"他是对的。他的关于元素表面自由焓测量的文章一直是关于如何设计外延膜——表面活性剂体系的指导性文献。

把 segregation 译成偏析或分凝，很大程度上固化了其物理或材料过程的色彩，而实际上 segregation 是一个很社会化的词。对南非实施多年的种族隔离政策（apartheid）的解释是 the policy of strict racial segregation and political and economic discrimination against nonwhites as practiced in South Africa，其中 segregation 指的是不同特征的人自动或被动聚集成堆的现象（图3）。

图3　社会生活中的偏析现象：胆小的市民们自动躲到车厢的一端，剩下三个骗子留在原地。图片截自电影《疯狂的石头》。

这时中文用偏析或冷凝似乎都缺乏人情味。此外，水作为大地上最丰富的矿藏，其在大地中的 segregation 行为承载着更多的文化内涵（图4）。

此文的大部分内容为我博士学位论文的后记部分（postscript）。关于择优溅射引起的扩散偏析问题的处理，详细内容，包括概念的辨析、模型建立、解微分方程、设计实验和数据分析，都体现在我的 JPCM（2001）论文中[3]。其结论是表面分析常用的溅射轮廓剖析方法是一条件不足的逆问题，只在某些特殊条件下才可以获得近似可靠的结果。虽然至今我已经在象 PRL，APL，Science 等国际杂志上发表了五十余篇研究论文，我认为我做得最系统的、也是最具学术价值的仍是那一篇，虽然很少有人注意到它。

图4　油画：大地与水的结合（鲁本斯，the Union of Earth and Water，1618）。水在大地中的 segregation 的形象扎根于人类早期对生命起源的思考。

谨以此文祭奠我虚掷年华的十年研究生岁月。

后 记

此文撰写时（2007年11月25日），媒体报道陆克文（Kevin Rudd）在大选中获胜，不久将出任澳大利亚总理。这是第一个能讲一口流利普通话的西方领袖。笔者以为这至少对中澳关系，如果不是对整个的中国-西方关系，具有特殊的意味。此可作为语言之威力（Power of language）的研究案例，庶几可以成为语言以其独特方式影响文化、科技、政治之论调的佐证。让我们拭目以待。

补 缀

1931年，薛定谔就推导出了扩散方程对应的 uncertainty relation（不确定关系），参阅 Max Jammer, *The Philosophy of Quantum Physics* (1974)。所谓 Heisenberg 不确定性原理是量子力学的基本原理之说，是量子力学发展史上非常吊诡的一个现象。笔者为纠正这种说法，更多地是为批判 uncertainty principle 之于物理学的滥用，一直努力宣讲相关的数学与物理，见笔者所著本系列之 044：Uncertainty of the Uncertainty Principle。实际上，对应许多方程都可以有所谓的 uncertainty relation。

参考文献

[1] Wang C P, Liu X J, Ohnuma I, Kainuma R and Ishida K. Formation of Immiscibel Alloy Powders with Egg-type Microstructure[J]. *Science*, 297, 990 (2002).

[2] Lapedes D N. *MicGraw-Hill Dictionary of Scientific and Technical Terms*[M]. 1978.

[3] Cao Z X. Equilibrium Segregation of Sulfur to the Free Surface of Single Crystalline Titanium[J]. *J. Phys.: Cond. Mater.*, 13, 7923 (2001).

[4] Cao Z X and Oechsner H. On the Formation of Concentration Profiles by Low-energy Ion Bombardment and Sputter Depth Profiling[J]. *Nucl. Instrum. and Meth. B*, 170, 53 (2000).

[5] Cao Z X and Oechsner H. Concentration Microprofiles in Iron Silicides Induced by Low-energy Ar^+ Ion Bombardment[J]. *Nucl. Instrum. and Meth. B*, 168, 192 (2000).

[6] Cao Z X. Auger Electron Spectroscopy Sputter Depth Profiling Technique for Binary Solids[J]. *Surf. Sci.*, 452, 220 (2000).

之九　流动的物质世界与流体的科学

Πάντα ρεϊ（万物皆流动）．
——Heraclitus

不废江河万古流。
——杜甫《戏为六绝句》

摘要　与"流"有关的中西文专业词汇都非常多，与流体有关的学科名词就包括 Fluid Mechanics，Fluid Dynamics，Hydrodynamics，Aerodynamics，Rheology，Magnetohydrodynamics，等等。由于学科发展和向中文转译方面的历史原因，这些词汇的中文字面容易引起歧义。电流变液（电-流变液）一词就经常被误读为电流-变液。

古希腊文明是西方近代文明的精神支柱与思想源泉。古希腊哲人的语录在西方科学、哲学与文学艺术文献中随处可见。非常有影响力的、也为我国人所熟知的有毕达哥拉斯的"万物皆数"（英文有"everything is number"和"the whole thing is a number"的说法），强调的是物理世界在规律层面上的数学本质！类似的还有赫拉克里特［Heraclitus of Ephesus（536—475 BC）］的名言"万物皆流动（Πάντα ρεϊ）"，这里"流动"的最贴切的意思是指变化（becoming），即变化是万物存在的形式。赫拉克里特哲学的中心思想更全面体现在这句"All things flow, everything runs, as the waters of a river, which seem to be the same but in reality are never the same, as they are in a state of continuous flow."——就是我们常引用的"人不能两次踏入同一条河流（you cannot step in the same river twice）。"这里就引出了本篇的主题：流动的物质世界和关于流动的科学。本篇题头的万物皆流动这两个希腊字 Πάντα ρεῖ 还被写到国际流变学会的会标上。原文完整的句子是"Πάντα ρεῖ και ουδεν μενεῖ（万物皆流动而无一物不变）"。

流动描述物质世界时空上的变化，毫不奇怪与流动相关的词汇在物理学中随处可见。流动当然也是非常贴近生活的词，这样与"流"有关的词难免缺乏明显的科学术语与日常用语间的界限。与流有关的中文词汇俯拾皆是，如流通、流氓、流行、流程，科学点的有电流、对流、交流电、流体、流量、物流管理等。英文词汇与"流"有关的有 flow, flux, fluid, fleet, fluctuation, fly, flood, river（Fluß），current, currency, fluent（influence, confluent），fluxon, rheology, rheometer（黏度计），等等。因我的办公室没有窗户，几年来一直象厌氧菌一样生活着，记忆力基本消失，所以一时想不起那么多，肯定还有遗漏。这些词汇同中文的对应问题参差不齐，容慢慢辨解。

英文流动最常见的动词为 flow，相连接（contiguous）的名词和动词形式有 fluid, flux, fluency, flood, fly, flee, fleet, float，等等。这个词的前身是拉丁语的 pluere（下雨），fluere（流动），[①]我猜测其中间应通过德语的 fließen（直陈式过去时为 floh，发音与 flow 同）。这些词多少会在科学文献中出现。比如，flood 是 flow 的名词形式之一，大水的意思，但它本身也是动词。Flood 也用在物理学中，如表面分析仪器中会用到 electron flood gun。其发射的电子能量只是几个电子伏特，未刻意地加以聚焦，因此象洪水一样漫过（带正电荷的）绝缘体样品，以消除其上因受带电粒子轰击引起的荷电效应。很奇怪的是，中文将之翻译成电子中和枪，只强调设备功能而对原文字义视而不见（从原文能直观地想象设备的工作方式而中文却不能）。倘若中文科技翻译者不熟悉这套仪器，估计"中和"二字就直奔 neutralization 去了。

流动的最直观图像是河里的水流。因此可以想象流动一词可能会和河有关，中文干脆就有河流的说法。英语 river 一词经常被翻译成河，但它的动词形

[①] 西语中 v, b, p, f 几个字母是相通的。——作者注

式是rive,riven(德语reißen),实际意义是同开挖、撕扯、切割(to slit,to cut)相联系的,更好的中文对应应是沟壑、沟渠,所以它字面上和flow,fluid离得较远。和flow形近的河流一词是德语词Fluß,它还有熔液、流出物的意思。注意到水基本上是理想流体,黏滞系数小,有轻灵明快的形象,所以有某人可以说一口流利(fluent,fließendes)的中文(English,Deutsch)的说法。当然,如果水流能充分利用重力的话会流得更快,所以说话流利的高境界为"口若悬河"。而流动的水面不能保持平静,会起波纹(ondulate),所以又由此衍生出fluctuate一词(图1),其名词形式为fluctuation,中文译为涨落。涨落在中文语境中同潮水相联系,动静有点儿大。涨落是近代物理学关键概念之一,应当好好体会。

图1 流动(flowing)的水面起伏荡漾(fluctuating),波光潋滟(ondulatory)。

以Fluß,fluency为基础衍生出来的词,其中的influence,influenza,confluence几个词值得多说几句。Influence(影响)源自in + flow,流入的意思,把意志、想法注入,即所谓施加影响。Influenza(流感),来自意大利语的Influencia,意思比影响多一点,是按照星相学的观点,认为中世纪时常造访意大利的流感是自灾星(disaster = 灾 + 星)流入的,类似中文的命犯太岁。The influenza现在一般简写为"the flu"。我印象中好象有influenza因1743年流感侵扰Florenza(佛罗伦萨,早先的文学作品中有译成翡冷翠的。好象港台地区仍沿用此译法)城造成大量人口死亡,所以有influenza来自地名Florenza的说法。实际上,Florenza来自flora,是"花"的意思。而confluence = flow + together,流到一起,有同流(未必一定要合污)的意思。数学上有confluent hypergeometric functions,汉译合流超几何函数。这里"合流"指的是该函数依赖于两个参数的事实。以此函数作为解的方程,即合流超几何方程,随两个参数可以变化出 28 种形式之多。著名的贝塞尔函数、厄米特函数、拉盖尔函数都是合流超几何函数的特例。

中文含"流"的重要词汇包括电流(electrical current)，流通物(currency，就是钱)，这里"流"的对应词 current，currency 与 flow 看起来就不一样。这个词来自拉丁语 currere(跑)，中间有古法语形式 curant。跑虽然和流动形式上有区别，但本质上都是时空变化的意思。与 current，currency 同源的词有 curriculum(拉丁语，课程表。英语直接继承了这个词)，它本身还是 running (流动变化)的意思，强调的是它要随时更改的本性，我个人觉得还是翻译成流程表比较恰当些，因为一个"课"字把它限死了。Curriculum vitae(生命流程)对应中文的个人简历，非常好，简历里列的可不就是生命的流程。又，英文个人简历的另一个表达是捡的法语词 resumé，是重新拾起的意思，中文较形象的对应为"翻老皇历"，当然这个词本身也有"简单的，概括的"的意思。

人类在对"流"的认识基础上发展了关于"流"与流体的科学。当然，第一步需要建立对"流"的度量，所以引入流量的概念是必需的。流量的定义为荷载某个性质的个体(分子、原子、电子等)在单位时间内通过单位面积的数目。比如电流表征的就是单位时间内通过单位面积的基本电荷的数目。测量电流的电流计是以科学家的名字命名的，为 Ampere meter，这里没有与"flow"相关的字。而电荷是被电子带着跑的，所以电流是 current！量通过一个管路的气流流量的设备为质量流量计(mass-flow meter)，气流量的单位为 SCCM (standard cubic centimeter per minute，每分钟标准立方厘米)，这里的流量应为 flow rate。类似的流量一词还有 flux，但汉语一般称为通量，以示区别。磁通量(magnetic flux)定义为磁感应强度 B(magnetic field)乘上面积，其实如认定磁通量是基本的，磁感应强度 B 则是单位面积的磁通量，这样和其它各种流量的定义就回归到字面上的统一了。电磁学由浅入深的发展过程，造成了许多错误认识，且一些错误依然顽固地出现在文献中，具体讨论超出本文范围，从略。

对流体的研究产生了流体力学这门学科。流体力学英文有 Fluid Mechanics, The Mechanics of Fluids 两种不同表述。流体(fluid)一般意义上是指液态的物质，但在物理学的范畴内，流体也包含气体。因此，流体力学研究的是静态的和运动中的气体与液体。流体力学又分为流体静力学(Fluid Statics)和流体动力学(Fluid Dynamics)，前者研究的是稳态(stationary)流体的行为,后者研究的是流体的流动行为。流体动力学进一步地又分为水动力学(Hydrodynamics,研究水流,实际上是研究所有的理想流体)与空气动力学(Aerodynamics,研究空气流)。但是,Hydrodynamic(水 + 力,来自希腊语)这个词用法比较混乱,在中文语境里经常会被翻译成流体力学的、液压的、水力的等不同词汇。在西文中,Hydrodynamics 有时和 Fluid Dynamics 也没有区别,比如磁流体力学就有 Magnetohydrodynamics 和 Magnetofluiddynamics 的写法。

水可以看作是理想流体,即不可压缩的、黏滞系数为零的流体。但这只是理想化的产物。真实物质的流动性由其应力-形变关系来表征。简单的流体,其应力-形变关系满足牛顿黏性定律 $\tau = \eta \dot{\gamma}$,即剪切速率 $\dot{\gamma}$ 随剪切应力 τ 线性地变化,其比例常数 η 称为黏滞系数,是材料的本征特性。满足牛顿黏性定律的流体则称为牛顿流体。典型的牛顿流体包括水、酒精、蜂蜜等。其行为特征是,只要施加一不为零的剪切力就能引起液体的流动。这类液体的大面积液面在重力场下是平直的,故有"水平"的说法。与水、酒精这类简单液体不同,许多易形变的材料会表现出复杂的应力-形变关系;这类复杂流体包括高分子材料、悬浮液、各种膏、糨糊,等等。这些复杂流体需要一个大于某个临界屈服应力的剪切力才能够引起流动。临界屈服应力的存在,使得复杂流体会表现出许多非常奇异的、甚至是意想不到的行为来。如果临界屈服应力的值足够大,不能由重力提供,则该液体在重力场下能够保持其液面的形状不变(图2)。这就是为什么孩子偷吃巧克力酱容易被发觉的原因[1]。

图2 牛顿流体同流变液体的区别。水(左图)是典型的牛顿流体,其表面在扰动后很快会恢复原状,而乳酪则不行。

复杂流体的形变与流动行为就是流变学(Rheology)的研究内容。Rheology 这个词来自希腊语,就是题头中的 ρεῖ(Rhe),流动的意思。西文用 Rheology 不用 Fluid dynamics,中文用流变学而非流体力学,都是为了突出这

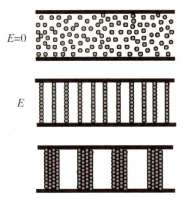

图3 电流变液中颗粒在逐渐增强的电场下形成链状和柱状的结构。

类流体不同寻常的地方。流变学的研究无论对日常生活还是高科技领域都具有重要的意义。20世纪50年代,人们相继开发出了磁流变液(Magnetorheological fluid)和电流变液(Electrorheological fluid),即分别由磁性微粒和纳米介电颗粒加入载液中所形成的复合材料体系。电(磁)流变液中的颗粒在外加的电(磁)场下会聚集,使得材料表现出液体-类固体相变行为(图3)。这样,这类流变材料的剪切强度能通过外加电(磁)场连续、快速和可逆地调节[1,2]。这种软硬可调的奇特性质,可以用来实现机电一体化智能控制,具有广泛的应用前景。电(磁)流变液的一些典型应用包括通过电控阻尼实现的主动或半主动减振、对机械传动装置的离合和制动的控制、流体阀门控制,等等。可以说,电(磁)流变液在几乎所有的工业和技术领域,包括军事与航天领域,都有重要的应用。中国科学院物理研究所陆坤权研究员领导的课题组率先获得了屈服应力高于200 kPa(远高于实用化所需的30 kPa)的极性分子型电流变液,相关研究结果一直处于国际领先地位。

行文至此,想起了翻译中常犯的只知某个事物在一种文字的表达而向另一种文字硬译(实际上硬凑)的毛病,有点要对实函数进行解析延拓的味道。这里正好籍与"流"有关的词汇作一说明。中文"物流管理"就是一个容易让人往 flow 或者 flux of materials 方向想的词,而其英文为 logistics,许多人对此表示困惑。科学上与 logistic 有关的词是 logistic equation,有人将之翻译成逻辑斯蒂方程。方程的形式为 $dx/dt = rx(1-x)$,它描述群体数量的变迁(population growth)。这是一个同牛顿万有引力方程、爱因斯坦质能方程、薛定谔方程齐名的几个最具科学之美的世纪方程之一[3]。但是,将之翻译成没有任何意思的"逻辑斯蒂方程"有失之匆忙的嫌疑。Logistic 实际上与 logic(逻辑)没有关系。翻译者如此草草,可能是一般字典里找不到这个字的正确解释的原因。Logistic 来自 lodge,是木屋、棚屋的意思,是供猎人狩猎、过往商旅驻足的地方。其延伸的意思包括现代意义上的兵站,管吃管住,负责物资的堆放、发送等;所以,logistics(后勤学)现代意义还指军事科学里与物资、装备、人员之管理、仓储、运输等内容有关的专门分支。从这个意义上我们就理解了为什么

logistics 同物流管理有关了。

最后,笔者想强调一下,物理概念的中文翻译容易让人从中文语境对概念加以牵强附会的理解,所以应该格外当心。当然,所有的语言都有这个问题。解决这一难题,笔者个人的建议是用物理图像和数学公式说话,类似全世界的医生用拉丁文开药方。现举对流一词为例。先前笔者头脑中一直有冷热流体对着流动的图像。实际上,对流(convection),英文原意是"携带一起走"的意思,指的是物质在一处吸收热量,流动,然后在别处释放热量的过程,整体上造成了热流的结果!文化随人口迁徙所造成的传播就是convention;一群有某种文化特征的人移居到一个陌生的地方,把风俗习惯带到当地并改变了当地的文化构成,这是convention但不是一定需要空间上的"对流"。当然,如果有粒子的对流会使得convention更容易开展。与convection上述意思同源的有vector一词,中文译为矢量或向量,但一般文献和教科书对此概念的介绍是错的。在微分几何和代数几何的框架中理解vector,更有助于理解"万物皆流动"的意境,容另文介绍。

后 记

《物理学咬文嚼字》写了几期,一直不知道如何看待这咬文嚼字,是无聊的怪癖,拟或兼有别的真实的意义。2007年12月17日在Druid Journal上读到下面这句话"Not just a word. A guided tour of a tiny piece of the human experience!(不仅仅是一个字。(是)带你游历一小段人类的经验!)",我才有茅塞顿开的感觉,算是为自己的这段忙忙碌碌找到了一个体面的理由(justification)。是啊,每一个字词后面都有一小段,甚至一大段,关于人类文明进步的历史故事。诚盼读者诸君,时常将目光自书本处延长,看一看科学词汇的背后人类文明艰难前行的踽踽脚步。

补 缀

1. 流的概念在物理学中的角色是怎么强调都不过分的。运动不过是时间中的流动,或看作关于时间的变换。电磁场作为一种连续介质的观念就是从fluid flow的类比中来的。记得读书中遇到一句话"Even space was devoid of some subtle matter, effluvia, or immaterial matter."其中effluvium的解释是" a real or supposed outflow in the form of a vapor or stream of invisible particles",参阅 *Conceptual Developments of 20th Century Field Theories*,Cao Tianyu,Cambridge University Press,1997。字面上,effluvium(复数形式为 effluvia)的意思是 ethereal fluid(以太液体、天上的液体)。具体到物理上如何理解,笔者不甚明了。

2. Floe,即浮冰,也写成 ice floe。
3. 关于"流"这个词,还有一个不可忽略的概念是"fluxion"。牛顿认为运动物体的轨迹应该被看作是持续的。一个持续并有限的运动等于无穷小路程与无穷小时间的商。这个运动的点被称为"fluent",所谓的流数(fluxion)就是速度(参见牛顿 1671 年撰写的 *Method of Fluxions and Infinite Series*,该书初现于 1736 年)。流数概念的引入可看作是微积分的起点。所谓的 method of fluxions,实际上就是 differential calculus(微分);所谓的 inverse method of fluxions (which is the method of finding fluents),就是积分。
4. 建议阅读 *Flow*(Philip Ball,Oxford University Press,2009)。
5. 动量不过就是质量流。相对论量子力学方程 $p_{op}\psi = mc\psi$ 也是一个关于流的方程。
6. 希腊语 λογιστη's,logistis,会计也。
7. 拉瓦锡认为燃素说(phlogiston theory)同实验结果不符,于是提出一种称为 caloric 的 "subtle fluid" 代表热物质。
8. 愚以为,远在所谓的"生命"开始前,地球已经是活的了。是流,气流、水流让地球活动起来。太阳-地球这样一个整体产生了生物学意义上的生命,是因为首先有流动的环境——一潭死水的局域环境中可能不会产生生命。关于气圈、水圈对气候的影响,对生命的意义,可参阅 Philip Ball 著 *Life's Matrix*,University of California Press (2001)。

参考文献

[1] Faith A. Morrison. *Understanding Rheology*[M]. Oxford University Press,2001.

[2] 陆坤权,刘寄星. 软物质物理学导论[M]. 北京:北京大学出版社,2006.

[3] Graham Farmelo (ed.). *It Must Be Beautiful:Great Equations of Modern Science*[M]. Granta, UK, 2003.

之十　心有千千结，都付画图中

> A picture says more than a thousand words.
> ——西谚
>
> 凡所有相，皆是虚妄。
> ——《金刚经》

摘要　图像可以帮助表述难以言传之意，所以它一直是物理学以及其它众多学科之重要表现工具。英文物理学中常遇到的与图像有关的词汇包括 chart, map (mapping), histogram, scratch, sketch, image, plot, inset, painting, drawing, illustration, depict, delineation, profile, graphics, figure, picture, diagram (schematic diagram), graph, photograph, micrograph, cartoon, portrait, 以及最近也可以作为稿件部分的 film, flash, video, 等等。研究者要善于选择最有效的图形表现工具，并要明了这些不同方式间的细微差别。然而，对物理学渐进境界之理解却又要求研究者心中不能着相。此中微义，愿读者诸公参详。

爱因斯坦某次在普朗克生日上讲了以下这段话："人们总想以最适合于他自己的方式，画出一幅简单的和可理解的世界图像，然后他就试图用他的这种世界体系来代替经验的世界，并征服后者。这就是画家、诗人、思辨哲学家和自然科学家各按自己的方式去做的事。"自然科学家认识世界，并要向世界传达他们的认识,靠语言,靠数字,还要靠图像。言可以达意,然不可穷尽一切欲表达之意。数据有说服力,但一长串数字具有致人晕眩的效果。如果把要表达的内容绘(指任何制图的动作)出图,把取得的数据画成曲线或者图形,一来可以节省唾沫与笔墨①,二来可以迅速向读者强化自己的意思,即图片具有建立信任(trust building)的功能。在拥有机械复制图像以前,手工的图像制作甚至有"反映"制作者自身形象的功能。在不久前的中国,姑娘们会努力将自家百千纠结的心事仔细地倾注于荷包、鞋垫、手帕之类物品上精美的绣活,其图案会被当作姑娘是否心灵手巧、面目姣好的判据。今天,高度发达的科技让图像制作产生了革命性的飞跃,人类能提供的图片空前复杂,因此科技文献基本上都能做到图文并茂。图片在自然科学研究中,除了用于表"无言之意"外,还有更深刻的影响。早在照相术刚出现的时候,Walter Benjamin 就提醒人们以照相机为标志的机械复制时代对人类艺术创作和欣赏情趣的破坏作用(参阅 *The art in the age of mechanical reproduction*)。

而今天,基于计算机技术之上的各种图形化技术不仅改变了自然科学的表现方式,也改变了自然科学的研究模式(尤其是实验科学。一套房子如果不配备计算机,计算机不装图形软件,怕是难以让人相信是实验室了),更改变了研究者对自然本身之图像(如果有的话)的构思。在以计算机图形学为标志的当下,我称为数字化复制时代,数字化的图片在带来科学繁荣的同时,也对读者的辨别水平提出了难以胜任的要求。精美的数字图片相比于手工的简图,前者更易于造成忠于实际(true to nature)的印象。图像上做手脚是当前科技不端行为的多发症,但也是末流的勾当。本文无意就上述问题作深入探讨,而是依《物理学咬文嚼字》的本意,谈谈与"图"有关的英文字在物理学文献中的应用。

检点一下物理学文献中与图像、绘图相关的词汇,可以发现以下众多选择,包括 chart, map (mapping), histogram, scratch, sketch, image, plot, inset, painting, drawing, illustration, depict, delineation, profile, graphics, figure, picture, diagram (schematic diagram), graph, photograph, micrograph, cartoon, portrait, film, DV, flash and video, 以及 3D 形式的 holograph, tomograph。这些词相互间有一定的交叉,但确实反映了图片形式

---

① 西谚云"一幅图抵得上一千句话",此其是也。其实,现在的文字,原本就是早先简单图画的残迹。今天汉语里的许多词语依然借助"象"来强化其意义,如"雪白""笔直"等。——作者注。

的多样性。不同的图形方式具有不同的表达功能,传达的是不同情景,在读者心中会引起不同的共鸣(图1)。如何选择合适的图形工具清晰有力地表达自己的思想是科研工作者必备的修养。近年来,国际出版界对多媒体稿件的认可更是推动了科技文献对新图形方式的采用。*Science* 等高等级杂志一直强调对科学问题的图像表达,现 *Science* 杂志正在举办视觉挑战赛(Visualization challenge),征稿范围包括 photographs/pictures,illustrations/drawings,informational/explanatory graphics,interactive media(交互式媒体),以及 non-interactive media 五大类。

图1　Ophelia 之死(取材于莎士比亚戏剧《哈姆雷特》)。左图为油画(英国,Millais),右图为剧照。一样的悲剧情节,不一样的艺术效果。

下面,笔者将分别就前述提及的英文词略作详细一些的探讨。

1) **Figure**。Figure 是文献里关于"图"的通用说法,缩写为 Fig.,复数缩写形式为 Figs.,用来作为图的标识和引导对图片的说明。Figure 一词在句子开头,尤其是段落的开始处,宜全拼。常见的应用形式有主动式的"Fig. 1 displays (represents,shows,illustrates) this or that...",作介词短语的"In Figs. 3a–3d plotted are...",或者被动形式的"as shown(depicted,presented,...) in Fig. 1A...",等等。Figure 这个词词义很多,在阅读英文文献时应注意体会它的许多微妙处。Figure 本意是形状、线形的意思,所以几何中的什么三角形、锥体、十二面体等几何形状都称为 figure,人的形体也是用这个词(英语语境下似乎不多用,而德语 gute Figur(体形真好)似仍是口头语)。Figure 还代指数字(进而引申为数目),这不奇怪,因为"0,1,2,3,4,5,..."就是阿拉伯人发明的指称数字的图形符号。Figure(来自拉丁语 fingere,to form)也可以作动词,现多指图示、想象出形状或计算出数据来。

2) **Sketch**(图2)。Sketch(to hold fast),原意是抓住、固定住,作为动词指快速潦草地写画,名词指的是那种简单、粗略的、缺少细节的画或设计图,中文

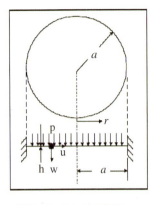

图 2　A sketch（草图、简图）。

翻译为简图、素描。在没有照相机的年代，博物学家遇到新的动植物或矿物，全靠手中的铅笔 sketch 下来作为观测记录，所以那些年代久远的科技书籍里面多是"sketch"类的插图。现在，机械制图因为线条简约仍被称为 sketch，虽然它可能包含非常繁琐的细节。与 sketch 同源的词是 scheme，指显示了某个物体或系统之构成元素的简图（方案、规划图），或者给定设计或体系里不同事物之间有序的组合，如 a color scheme（色彩调配）。而与 sketch 意义接近的一个词是 scratch（原意用指甲抓挠），指用带尖的或锋利的东西在面上刻划，做标记。

3) **Picture**（来自拉丁语 pictus，pingere）。同源的词有 paint(painting) 和动词 depict（名词形式为 depiction），指的是在（平）面上涂抹出人物、风景来，所以有 oil painting（油画）的说法。名词 picture 常和动词 depict 合用，完成某"画"描述某事物的叙述，如"The pictures depict women cleaning their homes（这些画表现妇女们在打扫房间的情景）"。Picture 并不一定指画，如对事物生动的、详细的字面描述也称为"picture"，所以"to depict(to picture in words)"有描述得有鼻子有眼的意思。此中范例有司马相如和扬雄的汉赋，"写物图貌，蔚似雕画"。实际上，任何同事物相象和可作为事物特征的东西都可以称为"picture"，量子力学中关于动力学的表述就有 Schrödinger picture 和 Heisenberg picture 的说法，实际上就是两种处理问题的方式，中文有人将之翻译成薛定谔绘景和海森堡绘景，就是不了解 picture 的意思造成的。一般的教科书中会理所当然地说这两种绘景应该给出对问题等价的描述，但是 França 等人（*Physics Letters A*，305（2002），322-328）给出过一个反例。

4) **Histogram**（图 3）。Histogram（Histo + gram）是统计上常用的竖条状的图，每一竖条同相应事件发生的频率或频率密度成正比。汉语将 histogram 译成直方图，是只看到了外观，而未肯究其深意。Histo 是 history 的词干，它同汉字历史或故事的对应只是浅层的，其本意是讲述或通过问究的方式学习，当然学习者是 historia(ιστορία) 的，即有学问的。这个词同说唱（narrative）艺术全面关联，说唱的人、说唱的内容、说唱这种艺术形式都是 historia。想想文字出现以前，过去的事情只能靠某些人的说唱来延续，说唱的人自然显得学问，说唱的真事是历史,说唱经过长期的添油加醋就成了故事了。这方面典型的例子有古希腊的《荷马史诗》,我国藏族的《格萨尔》、蒙古族的《江格尔》等,当然我们最熟悉的还是《西游记》。《西游记》是如何从唐朝的历史(history),添加天竺、西域诸国以及本土的各种传说(legend)终于形成了神话故事(history)的过程,胡适先生有详细的考证。Histogram,笔者以为翻译成叙事图可能更贴切。

叙事图(histogram)的画法是很有讲究的。若水平轴是无关联的分立值(如一组城市,某单位的员工姓名),则它们之间没有顺序(ordinality)的问题;相应

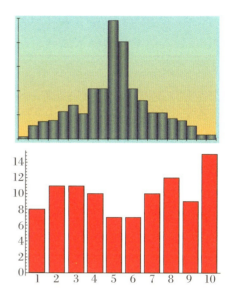

图3 Histogram(叙述图)。长条形的画法根据要表现的内容是有讲究的。

的标记为高度同取值成正比的长条形,但宽度没有定则,甚至可以是窄窄的细线条(这就是直方图翻译不准确的原因),且长条形的位置不会被错认为对应邻近的变量就行。如果水平轴的变量是可比较的,比如统计家庭人口数分布,则变量的安排一般来说要按顺序。长条标记的画法既可以骑在对应的变量值上,也可以在变量在数轴上的标签(label)的一侧。这个时候的纵轴的值可以是绝对数值,也可以是相对的或严格的概率。但如果水平轴的变量是连续的,哪怕是可含含糊糊看作是连续的,比如按1000元为一档统计职工收入的分布,则histogram所用的长条形一定是单位宽度的,且要位置准确,比如放在对应1000元和2000元两个数轴标签中间的直方图,其高度代表的是收入在1000到2000元之间职工的比例。此时的纵轴为概率密度。许多时候,我们想由对分离数值段的统计结果得到连续的分布函数,这是由仪器计数来推算物理量分布的一般范式,只要变量分段的数目足够多,足够密,就可以将上述方法得到的叙事图的包络线(envelope)直接当作分布函数。但是有时仪器对一个物理量取不同数值时的响应是不一样的,则对得到的叙事图还要用仪器的响应函数加以修正。一个极端情形是,由仪器测量物理量 x 在 $(x_1, x_2, \cdots, x_i, \cdots)$ 点上的计数来得到它的分布函数,但仪器在每个计数点上的实际工作窗口 Δx 可能(甚至远)大于计数点的间距,则对叙事图进行适当的退卷积计算的结果才能得到真实的分布函数。

又，在横轴上方和下方可以各开辟一个绘图区，绘制两个朝向相反的叙述图，从而方便不同条件下的分布情况的比较。这样的叙述图称为 bihistogram。此外，有时可以在一个横轴的单位间隔内挤入两个甚至多个表示不同量（或者不同条件下同一个量）的分布，当然这时的竖条形应该通过染色或填充图案加以区分。

5) **Drawing**。动词 draw"很吃力"，它来自德语的 tragen，拉丁语的 trahere，和火车（英语 train，德语 Zug）、拖拉机（Tractor）、拖曳（Drag）是同源词，是拖、拉、扯、拽、拎的意思。拽着个能留下印痕的东西所留下的印记的总和就是 drawing，所以 drawing 指幼儿园小朋友胡涂乱画是最贴切的。Drawing 这个词强调运笔时用力的事实，其本意指的是手绘图。

6) **Diagram** 或者 **schematic diagram**。Diagram（dia + graph）强调画线条时将平面一分为二，是那种突出"关系""想法"为目的的简图，我们一般称为原理图、示意图或图解。这样的图一般不表现事物本来的面貌，比如电路图里的电阻、电容并不是真要画个元件（图 4）。物理文献中的 schematic diagram 一般用来阐述某个仪器的工作原理，某个数学证明过程（当然没实物），或者某个物理过程的细节。反映 diagram 本意最妙的词是相图（phase diagram，图 5），那里的线条确实把图面分成不同的区域，每个区域对应物质不同的相。

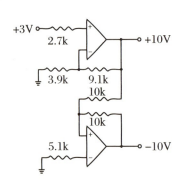

图 4　电路图是典型的 schematic diagram。

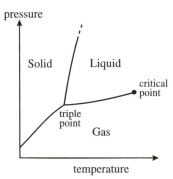

图 5　物质的相图（phase diagram）。这里描绘的是物质的状态随温度和压力的变化。

7) **Illustration**。Illustration，动词形式为 illustrate，和 illuminate 同源，是照明、照亮、使清楚的意思。所以，illustration（汉译插图）不强调是何种图画，而强调其有助于把问题、事物说清楚的功能。物理文献中常用其动词形式，如 Fig. 1a illustrates typical features of the new design（图 1a 显示了新设计的典型特征)。在汉语语境里提起插图,人们可能会想到另一个词 inset,即在一幅图中插入的一个小一点的图。Inset(to set in)强调了其所处的位置是插在一幅大图里面的,因而它的功能一定是从属性的,表达的是对大图的局部放大或补充说明等次级的内容。

8) **Chart** and **map**。Chart 和卡片(card)一词同源,来自"树叶",因此可以想象 chart 是一片一片拼装的,用来将相对分立的一组数值信息做成图片。象组织结构图(organization chart),流程图(processing chart,flowchart),气象云图(cloud chart),关系图(relation chart),海图(marine chart,nautical chart),等等,都予人以分立单元凑成一图的印象(图6)。

Map,来自 mappa,本意是布,围嘴布。地图就是在那上画的,所以慢慢地 map 就等价于地图(汉译)了。但 map 不局限于地图,也可以是 starmap(星图),但要强调所表现的个体间的相对位置。如果其上重要个体(比如城市)间还有路径联系起来,就是 roadmap(路线图),转义为达成某一目标所作的规划、

图6 流程图(flow chart)。

实施方案等。把专门的(地、星、路等的)图集成一本书,这书就是 atlas(汉语似乎想当然地将之译成地图集或册)。

Map 和 chart 同绘图有关,在数学上常会遇到。在数学语境里,map(mapping)被译为映射,如函数 $y = f(x)$ 就将 x 在某空间内的取值区域(即函数的定义域)变换为 y 在另一个空间的一个区域。在这两个区域内,点之间的相对位置是所关切的;这样的变换类似将地球上的村庄河流的相对关系誊写到一块布上,所以是 mapping。在微分几何里,map,chart,atlas 走到了一起。一个 chart,又称坐标系(coordinate system),包括集合的一个子集和将这个子集变换到欧几里得平直空间某个区域的 map;要把一块区域全部变换到平直空间,可能需要一套 chart,则这些 chart 的总和就是 atlas。这实际上是一套绘制

地图的程序:把所关切的地域分成适当的小块(相互间可以部分重合),为每一小块确定将其上的特征誊写到地图(二维的欧几里得空间)上一定区域的映射(算法),则全部小块/映射组合的集合就是 atlas,它包含了地域—算法—地图的所有信息。

9) **Photograph**。照片 photograph(photo + graph)[①]的字面意思是用光写或画。来自物体上的光线将胶片曝光(让胶片上的颗粒物质改变性质从而产生颜色或亮度上的对比)或将存储器激活进行计数,就得到了照片。跟 drawing, painting, sketch 之类的图相比,照片当然更忠实于实物,但是,对这种忠实不可太过迷信。胶片或 CCD 器件都有一定的空间分辨率、波长的分辨率(记录与再现的时候)、强度响应窗口和波长响应窗口,都要经过它自身的方式形成图像才能向人提供照片。认为照片反映了真实是比较天真的看法,一些物理学家拿双缝背后的衍射图案(有时是生硬地转化成数学描述后)去讨论波粒二象性而罔顾表现衍射图案的探测器前端也发生了要理解的相互作用过程,也有探测精度、分辨率、卷积等问题,就是这种天真症。随着数码相机的普及,照片以及其它多媒体形式如 video,film,flash 也成了可接受的稿件组成部分,或作为单独的支持性材料(supporting materials)。但是因为有照片忠实地反映事实的迷信,所以照片也受学术不端者的青睐。有一类故意做成的伪图片(照片),但作者使用时一般都会注明。图 7 中上图为所谓的艺术图片(artistic picture),有照片的成分,也有绘画的成分,放在一起艺术加工而成。而下图是月球的色度马赛克(false-color mosaic),马赛克指图面被分成小区域,所谓的假色意思是指这里的颜色是人为分

图 7　鲜艳的赝照。上图:火星和它的两个卫星的艺术图片。下图:月球的色度马赛克。

---

① Graph,同前述的 gram,都是写与画的意思。Graphite,能写的矿物,即为汉语的石墨。——作者注。

配而来的(如果是黑白的,就用灰度作为量化特征)。此图中的颜色是根据月球土壤中钛成分来分配的。波长越短的颜色对应的钛含量越大,从而将月球土壤中钛元素的分布情况用比较直观的方式(以牺牲精确度为代价)呈现给读者,以期迅速地获得一个大体的印象。对其它物理量的表示也可照此办理。除了相机以外的物理测量设备的图形输出大多都是这类的。这类照片比数据更直接地表达某种态度或观念,对这类照片的诠释应当慎重。

10) **线条类的图**。这类的词包括 delineation，profile，outline，contour，等等。Delineation 的动词形式为 delineate，后三个词本身可作为动词。Delineate 意思较复杂,有画出轮廓、草图、绘声绘色地加以描述的意思。Delineation 是线条图(图 8),但是线条充满整个画面及画面里的实体。早先欧洲书籍里的插图大都是这种用线条画成的,粗看有网格的感觉。

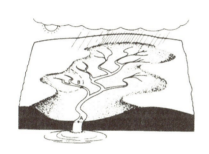

图 8　Delineation。左图,线条型的地面水网轮廓;右图,线条型的人物画。

Outline 和 contour 都是用线条描述轮廓,线条要简明,不加阴影(shading)填充。Outline 的引申有大纲的意思,和汉语"大纲"字面上也相契。Contour 来源于 turning,与转圈有关,所以 contour 一般是闭合的(图 9)。这个词常用于复分析,用来表示闭合的积分路径,有的教科书直接称之为闭路或环路。Profile 和 outline，delineation 意思相近,因为 file(拉丁语 filum)本身就是线的意思。Profile 也是沿事物的外缘画的线条,但这词一定程度上更抽象化了。比如,测定材料成分随深度的分布就称为 depthprofiling。关于人的 profile 除了

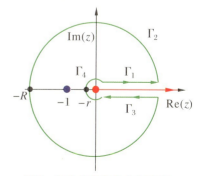

图 9　复分析中常见的闭合积分路径(contour)。

是其脸部或身形的外缘轮廓外，还可能是对其经历的描述，比传记要简要，但比简历(curriculum vitae)要复杂得多。

11) **Plot**。Plot 指的是一块地皮，其上有标记表明其用途，比如建花园。不知怎么让 complot(密谋、策划)的一部分意思附了体，所以还有密谋、策划、作规划的意思。Plot 作为与"图形"有关的词，和 diagram，chart 接近，类似市政建设的规划图。在图上指出某点的位置，用点将方程表示出来，将点串起来形成曲线，就是"plot"所指的动作。所以在科技文献中"In Fig.3a plotted is…"，那"plotted"一般地是指曲线或者板块状(地图)的东西，强调其形成过程包含用点标记，逐点连接等动作。这种方式工作的机器就是 plotter(图形打印机)，虽然打印出来的是各种可能的图形。

12) **Image**。Image 是关于"像"的最重要的词，它和 imitate(模仿)同源，所以强调的是模仿、复制，要求尽可能贴近要表现之人或物。从这点来看，image 和"像"真是太象了。现代技术出现之前最能体现成像功能的是镜子，而镜子出现之前只能靠水面。所以，贵为女神的阿芙洛狄忒(美臀版的，Kallipygos)也只能委屈地站在水边往后扭着脖子自我欣赏，而那个趴在水边欣赏自己容貌的少年(Narcissus)就被淹死而变成了水仙花。没有物理成像工具，我们人自身的思维是可以作为成像工具的，并且具有随时修饰、调用的功能。眼前可观的事物在我们人类头脑中成像(mental picture)；没有的，我们可以在头脑中硬性地构造(imagination)，所谓相(通像)由心生。比方说，从大地测量的实践中，我们看不到任何数，以它为边长的方形的面积是 -1，所以只好 image 有这么个数，其平方为 -1，这个数是个 mental concept，所以是 imaginary number(汉译虚数，意味虚无)。当然关于虚数，或者复数，这样粗浅的理解是非常不合适的。

从形象上看，一个 image 是连续的，充满整个画面的；从功能上看，它被相信是某个存在的复制。这样得到的图片被称为 image，相应的技术为 imaging technique。现在的 Z-衬度的透射电镜和扫描隧道显微镜都已经能为原子造像了。

上面介绍了十二大类不同的图像(此处分类仅为介绍方便，无任何科学性)。另外还有象 portrait(汉译肖像)、silhouette(汉译剪影)等主要关于人的词汇，在科技文献中出现机会较少，就不作详细介绍了！这么多关于图像的词的汉译基本上都不能反映其原意，极易造成使用上的混乱，降低我们自中文学习物理者所撰专业文本的得分。比如 silhouette 一词，来自一任法国财政部长的姓，仅从"剪影"字面上很难看出这个词要强调"业余""不透明"的讽刺意味（图10）。这些与图像有关的词之细微处，笔者也闹不清楚，在此只想略作提醒，惟望读者在阅读文献和写作时仔细体会。

图10　剪影（silhouette）强调业余与不透明的特点。

上述介绍的各种图像，一般是二维的。随着科学技术的进步和对自然了解要求的不断提高，近年出现了许多3D的图形技术与成像①技术，如 holographic techniques（全息技术），tomograph（层析术，切片＋成像），等等。对这些技术的讨论已超出本文的范围。

最后，笔者想说一下，图形样式的选择，选定图形样式后又如何构图，都是非常讲究的事情，有时具有非常深远的意义。可以说，有什么样的视野，有什么样的修养，就有什么样的图。就地图的画法来说，就曾对世界历史的演进、对一些地理地质学的研究产生过决定性的影响。我们居住的地球表面是闭合的球面，如果要在纸面上画地图，就必须采用投影。投影就要引起测度的变化，就有个从何处着眼的问题。欧洲人的地图希望欧洲是中心，中国人的地图当然希望中国在靠近中心的位置。国际地图通用的画法之一为 Mercator projection 法，去除南北极，将地球沿国际日期变更线切开，则美加在视界的中心。长期受地图的画法所传达的思想影响，会引起观念上的问题，进而影响国际政治、经济等诸多领域。非洲和南美在国际事务上没能掌握话语权，反映在地图的画法上，就是它们都处在下边需弯着脖子才能看的地方。如果采用强调南极的世界地图画法（Hobo-Dyer map），情形当然就不一样了。

地图画法还解释了为什么是许多欧洲人发现了大陆的漂移。原因很简单：欧洲流行的世界地图大西洋在中间，两岸正好相对。大陆漂移学说的创立者德国人魏格纳就坦言："我在1910年观察世界地图时，产生了对大西洋两岸吻合

---

① 像，通"象"，但比"象"字出现的晚，强调的是相似性。——作者注。

的直觉印象……"。中国流行的地图(将地球沿大西洋中部切开),右侧能看到太平洋(图 11),但太平洋太大,且太平洋两岸的凹凸相对却不明显,显然不能指望盯着这样一张地图能发现大陆漂移说。

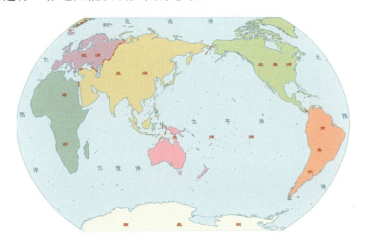

图 11　中国较能接受的世界地图画法。(国家测绘地理信息局监制,审图号:GS(2016)1566 号)

图表是无言的。它要说明什么取决于作者的诠释,它到底说明了什么取决于读者的理解。有趣的是,许多作者在用数据作图时除了采取一些小把戏掩盖数据的缺陷以强化数据对其结论的支持外,其自身还可能受预设目标的暗示而曲解数据的含义。对此现象,张殿琳院士在其学术报告《物理学中的疑邻窃斧》中有深刻的分析。年轻学子在阅读文献时对此现象要有足够的警惕。

然而,图像图像,容易着相,恰是佛家修行最要避免的。佛的眼中,世界是"无色无相"的,所谓"空即是色,色即是空"。佛法离一切相,离文字相,离言说相,离心缘相,当然更要远离"图像"。这个道理愚以为也适用于物理学。"大道无形",基于图像对世界、对事物的理解有很大的局限性。图像容易固化思维,造成对原始问题的误解。一个典型的例子是,关于原子的太阳系模型(所谓的电子云形象)耽误了多少有潜力的物理学修习者。物理学面对的世界,是一片澄明的世界,任何想象出的图像(any imaged images)只能带来对事物本原的曲解。这话笔者说不清楚,不妨借古人言与读者共参详。《五灯会元》卷十七中,有一则青原惟信禅师的语录:"老僧三十年前未参禅时,见山是山,见水是水。及至后来亲见知识,有个入处,见山不是山,见水不是水。而今得个休歇处,依前见山只是山,见水只是水。"如何"见山只是山,见水只是水"太过高深,但若是见个经过无数道复杂工序在屏幕上人为地绘出的图像却以为呈现的是真实的原子世界量子世界,不免天真了些。

补 缀

1. 对许多问题稍作深入的探讨就会滑入学术讨论的范围而偏离本专栏《物理学咬文嚼字》的初衷。因此,许多时候笔者不得不强行打住。这样也好,一来可以遮掩力有不逮的尴尬,二来也避免来回商榷的麻烦。
2. 关于文字的图像(象)成分,文字与象的关系,这两者对文化、政治、生活方式、社会变迁等深层次、大时空尺度现象的影响,笔者寡闻,只知道学者韩少功有详细的阐述并提供了许多独到的见解。有兴趣者可参阅《暗示》一书。
3. 关于黑格尔哲学的中文书籍中常提起历史研究、历史观等词,当年曾让我有黑格尔是历史学家的想法。从"historical studies"的字面来看,应该是"问究式研究"吧?
4. 地图绘制技术的研究直接导致了曲面几何。我以为这也是需求促进科学之一例。
5. 漏掉一个词 Atlas。该词原意是一个被勒令承载天球(heaven)的巨人(Titan)。但是转意指地图集(a book of maps),其封面常常是肩扛地球的巨人形象。后来,任何关于某特定主题的 tables, charts, illustration 的集子都叫 atlas,如 an anatomical atlas(解剖图册)、the atlas of bird migration(鸟类迁徙地图。单张图,这里似乎不用成册)。译成图册(集)、图表册(集)勉强合适。
6. Map,可笼统地理解为图画,如"One can see such wisdom depicted in ancient maps(从古代图画中能看到对这般智慧的表达)"。

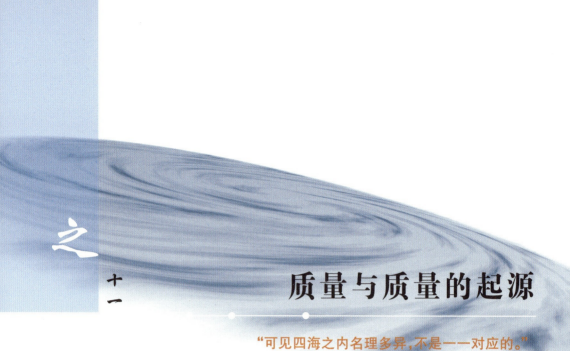

质量与质量的起源

之十一

"可见四海之内名理多异,不是一一对应的。"
——韩少功《马桥词典》

中文"质量"这个词组是个语义含混的组合,只有嵌在特定的句子中,你才好判定它到底指的是质(quality)还是量(quantity)。比如,"这块冰的质量是1 kg"强调的是量,而"这本书的印刷质量很好"强调的则是质地。但显然"质"和"量"是两回事。与质量相比不那么含混但因其隐性的含混而更具危害性的一个中文词是"国家",虽然逐渐地我们都以为国家指的是国而不是家,但是中国历史上的许多问题恰恰可归结为国事被某些人当成了家事才造成的。"家国同构"的社会格局是宗法社会的显著特征,"家国同构"的社会政治模式因其巨大的惯性贯穿了中国历史的始终。其它的类似"质量"这样的中文词汇还有很多,人物指人还是指物?学术强调的是学还是术?科学这东西该鼓励登科呢还是提倡做学问?这些本来不该成为问题的问题就因为这样的词组结构在中国成了一笔糊涂账。

质量这个词在物理学的语境中具有举足轻重的地位。物理学的使命一定程度上可以理解为说明时—空—质量—荷(charge,但并不单指电荷)的起源并给出自洽的数学结构。在英文物理文献中,质量对应的词为 mass。但是,mass 是个相当不单纯的词,简单地将 mass 等价为中文的"质量"会造成对原文献内涵(implication)的严重过滤。

对物体的感知,重量的概念是本原的。在日常生活中,我们关心一个物体的量的常用词是重量、分量。虽然人们早就知道一个重的物体未必意味着更多,但是物理学意义上的质量概念从重量概念的剥离要等到很晚的时候才显得必要。牛顿在其《原理》一书中最早引入 mass(质量)的概念来表示物质的量(the quantity of matter),但他也交替使用了重量 heaviness(不是 weight,那是称量,带入了一个物理的操作,内容更复杂)。那么牛顿是如何描述质量(物质的量)的呢?牛顿认为物质的量为物质的密度乘上其体积。这个说法也许某个中学生都敢讥讽其太简单,但其实大有深意:(1)它指明物质量上的区别应该在致密度(density)这个更深、更抽象的层次上;(2)物质的量是体积那样的广延量,即质量具有可加性且由体积的可加性来保证(或者说把可加性甩给了体积,这是个比广义相对论还难的问题①),并由此向不同物质体系扩展(图1)。在一些物理文献中,质量相加性被誉为牛顿第零定律(诺贝尔奖得主 Wilczek 就持这样的观点),其重要性可见一斑。牛顿还用了 pondus 这个词来描述物质的量,这个字就是称量的意思,至今英国的质量单位还是这个词,pound(磅),一磅合 454 克。相关联的动词 ponder 一般英汉词典会解释为思考,确切点愚以为应翻译成掂量或曰权衡!

图1　质量的可加性。M(猪八戒背媳妇) = M(猪八戒) + M(高小姐)。

在牛顿之前描述物质的量的常用词为 bulk 和 moles。"Bulk"指"size, mass, or volume, especially when great",中文合适的对应应是"大块头",在这个词里体积和质量处于一种含混的统一状态。在物理学、材料科学的语境中,"bulk material"(体材料)被用来强调某个物理性质是大块(宏观的)材料体现出来的,

---

① 读者不妨思考一下如何从集合论的角度给出体积的定义。——作者注。

以区别薄膜、量子阱、量子点、纳米线等结构里可能存在的量子尺寸效应或量子限域效应。另一个词"moles"来自拉丁语,也是一大团、一大块的意思,如果加个小词,变成 molecule(molecula),就成了一小块(类似的词有 article, particle, corpuscle。这几个词涉及光的本质的世俗语言表达问题,容另议),汉语标准译法为分子。现代化学常用词汇摩尔,是对"Mol"的翻译,来自对德语词 Molekulargewicht(molecular weight,称量一小块所得的量,即分子量)的缩写。摩尔作为表述单质物质的量的单位,很容易被误认为是以某个西方学者的名字命名的,尤其是它老和 Avogadro 常数(Avogadro's Constant = 6.0221415 × 10^{23} mol^{-1})一起出现。Mole 一词还有黑痣(痦子)、鼹鼠(引申为间谍)、防波堤等意思,表面看起来没什么关联,其实是密切相关的。比如,防波堤不过是一大堆石头而已。鼹鼠和 mole 有什么关系呢?想必读者早已猜到(图2)。

图2　鼹鼠(mole)。

Mass 一词不管是在世俗语境里还是在物理学语境里理解起来都比较麻烦。Mass,希腊语为 μάζα,拉丁语为 massa,德语 die Masse,都是指一大团、一大块、一大窝(a paste, mass, crowd, lump)的意思。比如,纳米科技常见的表述"en masse(沿用法语形式)fabrication of quantum dots"——量子点的 en masse 制作,这里 en masse 制作翻译成大量制作易误解为制作很多,其实它强调的是那种一下子出现很多的制作方式,比如自组装,区别于生产线上的一个一个的制作方式。一大群人聚在一起,也是 mass,引申意即汉语中的民众、大众、人民。西班牙哲学家 José Ortegay Gasset 在他的著作 *la Rebelión de las Masas*(中译本译为《大众的反叛》)提醒民众:最大的危险是国家(El major peligro, el estado)以及专业化的野蛮(La barbarie del especialismo)。其实,民众聚集在一起才是最危险的。

Mass 的动词形式为 massein，有和面、揉搓、捏泥巴的意思。俺看到这个词，总想起当年徐州周边地区（所谓苏鲁皖地盘）扒煎饼的景象：直径一米多的大鏊子热腾腾地烧着，操作手双手拢住一块二三十斤的大面团（mass），拉开太极揉球架势，将面团在鏊面上迅速滚过（massein），一张大煎饼就成了。想象这个景象，也就明白了为什么按摩是 massage（英语直接采用法语词，发音近似马萨热）。Wilczek 给他论质量起源的文章取名 *The medium is the mass-age*，用的就是双关语（mass-age，massage），此中大有深意。

当我试图对质量这个物理词写点真实的东西时，我感到特别沮丧，因为我根本不懂这个词的内涵。因此，我只能罗列几条我所知道的可能是关于质量的比较重要的认识，聊以塞责。

其一，对质量的认识是科学深度的标识。Antoine Lavoisier（拉瓦锡）注意到反应产物的质量为反应物质量的和，提出了质量守恒律，完成了化学从定性科学到定量科学的转变。实际上，更重要的是人们注意到反应物和生成物的质量比接近小的整数比，这暗示了原子的存在。后来人们在测量原子质量时，发现原子质量比接近一组整数的比，这暗示了原子可能是由更基本的核子（nucleon）组成。这个层次上的对整数比的微小偏离导致了同位素概念的提出。而原子质量同后来发现的核子（质子与中子）质量比对整数比的微小偏离则由爱因斯坦质能关系给出了解释。我们将注意到，质能关系是理解质量起源的关键，而这一组不同层次上对整数比的接近是量子物理的概念基础——至少是哲学上的。

其二，爱因斯坦的质能关系 $E_0 = mc^2$ 是二十世纪的符号。其实，物理学家对质能关系的认识远早于爱因斯坦。牛顿就曾写到："Are not gross Bodies and Light convertible into one another（物体和光之间难道不是可以互相转换的吗）"。其后的岁月，Heaviside 和 Poincaré 都对这个问题作出过回答，Poincaré 甚至在 1900 年得出过质量密度 ρ 同（假想的）辐射流体的能量密度 j 之间的关系 $j = \rho c^2$。这基本上就可以算是后来的爱因斯坦质能关系了。这个关系常见的解释为"The mass is equivalent to energy（质量和能量是等价的）"。但是，Sachs 教授（Mendel Sachs：*Concepts of Modern Physics*）认为这不对。爱因斯坦说的是"The inertial mass of matter is a measure of its energy content（（这表明）物质的惯性质量是其能量内涵的测度）"。对这个关系的理解,许多人是含含糊糊。Lev Okun 教授就在一篇文章中考考读者,关于质能关系,下面四个写法 $E = mc^2, E = m_0 c^2, E_0 = mc^2, E_0 = m_0 c^2$ 中哪个表达是物理上合理的[①]? 关于这个公式的实验验证问题是物理学的一个重要研究内容,但许多研究者却不肯认真对待。2005 世界物理年 Nature 杂志年终一篇压轴文章,提供的就是对这个问题的实验验证。可惜的是,那只是对 $\Delta E = \Delta mc^2$ 关系的验证而不构成对爱因斯坦质能关系的验证! 就这个问题我写了一篇短文,并和欧洲物理学会主席 Hubert 教授进行了探讨,他认为我的观点是对的,建议我将结果发表到欧洲物理学会的杂志上。想想这是得罪人的事,最后还是作罢。关于这个关系的实验验证,我认为逻辑上正确的,是正负电子湮灭实验。

其三,现存的通俗科学文献和物理教科书里经常会遇到 $m = \dfrac{m_0}{1 - v^2/c^2}$ 的写法,其中 m_0 被称为静止质量(rest mass, proper mass),而 m 被称为相对论质量(relativistic mass),字面表述为"运动的粒子的质量随速度而增加"。仔细一点的读者会注意到,这个关系式来自要把 $E = m_0 c^2 / \sqrt{1 - v^2/c^2}$ 写成 $E = mc^2$ 的冲动。这种罔顾公式所对应的物理图像和物理框架整体的自洽性而随意改写物理公式的现象,自来有之。在现代物理体系内,质量(m_0,惯性质量)是基本粒子的特征(character),Poincaré 群表示的特征,因此是个内禀的参数,并不随运动速度改变。爱因斯坦自己就写到,上述关于质量的表述是不对的,"dafür M keine klare Definition gegeben werden kann(因为给不出关于 M 的清晰的定义)"。

其四,所谓的相对论等价原理。牛顿的万有引力形式为 $f = Gm_1 m_2 / r^2$,牛顿第二定律形式为 $a = f/m$,这两个公式里的质量 m 分别被称为引力质量和惯性质量。那么这两种质量是一回事吗? 对这个问题的回答就是等价原理关切的事情。如果这两种质量等价的话(哪怕仅仅成正比的话[②]),被同一物体吸引的两个不同质量的物体下落应该是同时的。针对此问题,一个著名的实验

[①] 物理学的公式是数学表达式,但承载着更多关于我们对物理问题认识方面的内容,包括物理图像、因果关系、量纲,等等。因此,物理公式的某个表达式是正确的,其等价的数学表示却可能是 Nonsense。学物理者不可不知。——作者注。

[②] 我很奇怪为什么人们不考虑两种质量仅仅成比例这种更普适的关系而一口咬定二者是等价的。——作者注。

就是 Galileo（伽利略）的比萨斜塔实验，给出了正面（?）的回答。对爱因斯坦来说，质量的等价意味着加速度和引力之间的等价，"（1907 年末）我当时正坐在专利局的椅子上，突然我有了一个想法，'如果一个人自由下落，他就不会感觉到自身的重量了。'我被震惊了。"爱因斯坦所处的那个时代没有蹦极或抛物线飞机，更没有回收的卫星或飞船，失重的感觉是柏林一个人跳楼不幸生还后告诉他的。

关于等价原理的实验验证，现在世界上还有一批人在不惜重金做更精确的实验。但等价就是等价，一点点（爱多小有多小。请参阅微积分发展史上关于 δ-ε 证明方法的引入）的误差仍然可以判决为不等价！**物理学的正确与否不是靠实验精度支撑的**。两个不同质量的落体是否该同时下落，一定是来自严格的逻辑判断。考察图 3 中的两个质量不同的物体，假设在自同一高度自由下落过程中获得不同的速度，质量大的物体下落得快，那么它们连在一起该如何下落呢？显然，一方面因为可以看作是一个质量更大的物体应该下落得更快，另一方面那个质量相对较大的物体受下落较慢的物体的连累应该下落慢了一些才对。显然，如果不同质量的物体同步降落的话，则连接在一起的物体应该以原来任意一个物体的下落方式（反正是相同的）下落。而不会引起任何逻辑上的矛盾①。这就是逻辑的力量，物理测量是不具备这样的力量的。实际上，只要下落时间有些微（不管些微有多小）的不同，人们也可以得出不同质量的物体下落速度不同的结论。面对别人的反驳，伽利略本人不得不在他的 *Dialogues Concerning Two New Sciences* 作辩护。他说，重量 1∶10 的两个物体下落时只差一个很小的时间上的差距，而根据亚里士多德的说法应该约相差 10 倍，为什么忽视亚里士多德如此重大

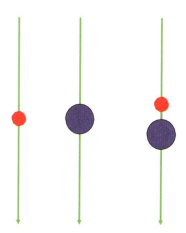

图 3 若两个质量不同的物体自由下落过程中获得不同的速度，那么它们连在一起该如何下落？

---

① 这段论证出自 Mario Rabinowitz 的 *Falling bodies: the obvious, the subtle and the wrong*。这个论证据说是 Galileo 给出的。1604 年，Galileo 在没有微积分、没有钟表的情况下，得到了自由落体的定律，这是实验物理史上的杰作（坊间传说的比萨斜塔，倒是最早出现在 1586 年出版的《论力学》中，作者为荷兰物理学家 Simon Stevin）。实验的杰作，一定是理论性的！——作者注。

的失误却盯住我小小的误差不放呢？

等价原理应被看成是相对论发展过程中的小插曲。爱因斯坦在广义相对论理论中将惯性质量和引力质量一并丢弃，依此来消解所谓的等价关系。引力是由能量-动量张量引起的时空弯曲的表现，而所谓在重力场中的物体并不受到任何的力，它沿着测地线匀速直线前进，只不过这些发生在一个弯曲的时空里[1]。

其五，质量的起源。关于质量的起源，那可是远超我的能力范围外的讨论话题。一切以"起源"为题目的著作都是那种能称为 milestone，benchmark，landmark 的巨著。如果 Penzias 1978 年的诺贝尔奖报告 *The Origin of Elements*《元素的起源》尚不足以说服您的话，达尔文的 *The Origin of Species*《物种起源》该给您留下足够的印象。实际上，物理学研究的最终目的被总结为要弄清"the origin of the universe（宇宙的起源）"，人类深空探索的最终目的被总结为除了要弄清宇宙起源和元素起源外，还要弄清"the origin of life（生命的起源）"。"起源"题目之大，由此可见一斑。我自知没资格谈起源，所以只介绍一些大师们，主要是 Frank Wilczek 教授（图4）对质量起源的看法，给出一些文献，供读者诸君自己参详。别担心看不懂。大师的东西看不懂很正常，他们的思想要是不能超越时代，超越绝大多数的 so-called 教授 s，超越广大的 mass，还能算大师？

图4 质量起源的诠释者之一、2004年度的诺贝尔物理学奖获得者 Frank Wilczek 教授。

质量的起源还是个未完全解决的问题。Wilczek 教授认为量子色动力学（QCD）是理解经典力学的基础（不知大学基础课该如何安排）。物质的质量来自原子，原子质量主要来自核子，核子由夸克组成，但夸克由无（惯性）质量的夸克组成。囚禁夸克的能量在核子层面上表现为质量。这算是对核子质量起源

---

[1] 参阅 J. Magueijo，*Faster than the Speed of Light*，Perseus Publishing，2003。

的一个交代,但对电子质量的起源,目前尚无理论上的解释。可能,关于质量的起源,最终还是落在无质量的存在上,有点类似道家的"有生于无"的思想。Wheeler 教授(参阅 J. A. Wheeler,*Geometrodynamics*)就宣扬"mass without mass(没有质量的质量)"的观点,"to remove any mention of mass from the basic equations of physics(要把质量的概念从所有的基本物理方程中剔除)"。不知这一伟大壮举将来要着落在谁人的肩上。

建议深入阅读

1. Frank Wilczek 教授关于质量起源的文章散见于各处。较成体系的有 *Whence the force of f = ma?*,分成三篇:1) Culture shock;2) Rationalization;3) Cultural Diversity,分别发表在 *Physics Today* 杂志,October 2004,December 2004 和 July 2005 三期上。上述三篇文章由黄娆、曹则贤翻译后发表在 2005 年《物理》杂志 34 卷第 2、11、12 期上。另外三篇为:1) *The origin of mass*(MIT physics annual,2003);2) *Mass without mass 1:most of matter*;3) *Mass without mass 2:The medium is the mass-age*. 后两篇分别发表在 *Physics Today* 杂志 October 1999 和 January 2000 两期上。
2. 王青.再论质量起源[J].物理,2009,38(10),609.

各具特色的碳异形体

> 翻译，从原作的终点出发。
> ——李玉民《新京报 20080409》
>
> Carbon, in fact, is a singular element...
> —— Primo Levi *The Periodic Table*

摘要 碳原子的 $1s^2 2s^2 2p^2$ 电子构型注定了它会表现出许多不同的异构体来。已知的碳异构体包括石墨、金刚石、六角金刚石（lonsdalite）、巴基球（富勒烯）、碳纳米管、碳单层（石墨烯）。结构不是很单纯的碳存在形式还包括无定形碳、无定形金刚石、类金刚石碳、碳晶须、碳纤维，等等，再再体现了固体炭中碳原子间成键的灵活性。相应地，碳元素也给日常中文表述带来了很多麻烦，如碳-炭字面上所谓的混淆，富勒烯和石墨烯译法附带的错误信息，等等。

龙为中华图腾，象征吉祥。龙的形象是个典型的杂集诸种动物灵性与特长的概念。其子息，不能如龙本身那样集众长于一身，于是就别具一格起来，是以民间有"龙生九子，各有所好……"的说法（见《杨慎外集》）。此说法，盛于明代。一说龙之九子，曰赑屃（龟象）、曰螭吻（鸱吻、鸱尾。蜥蜴象）、曰蒲牢、曰狴犴（宪章。虎象）、曰饕餮（狼象）、曰蚣蝮、曰睚眦（豺象）、曰狻猊（狮象）、曰椒图（螺蚌象）。当然，众口相传的东西，难免有讹错变种。出现在其他龙之九子版本中的名称还包括囚牛（黄色小龙）、嘲风（狗象）、负屃（身似龙,雅好斯文)、螭首、麒麟、朝天吼、貔貅,等等。龙生九子的传说,可能源于人们对日常生活中对称性破缺现象的臆想(意象)式直观描述,类似的还有"十个手指有长短""一棵树的果子有酸有甜"等说法。这里涉及的事物,都是树、手、龙之类的复杂体系,其子系统表现出多样性并不令人意外。然而天机难测,这样有趣的现象,竟然由一种元素在单质物质的层面上就给敷演出来了。这种元素就是碳。

元素碳,其英文 carbon 来自拉丁语 carbo,carbonis,燃烧的意思。碳元素在地球上的自然存在 coal,charcoal(to burn,燃烧),就是我们中文中的炭(煤炭,焦炭,木炭),其作为可燃物,早已为史前人类所认识。实际上,对炭这种天然产品的认识,中外是一样的。中文的"炭"字字面上乃"烧木余也"(《说文》)。唐朝白居易就有"卖炭翁,伐薪烧炭南山中"的诗句,说明唐朝时伐薪烧炭已是一项商业化的生产活动。可见越是对自然的、历史古老的事物,人类的认识就越是统一!"碳"字,约是十九世纪六十年代中国学者徐寿(1818—1884,江苏人)新创的,大概添加"石"旁是想表明炭是非金属矿物类,以后与元素 carbon 有关的科学点的词汇都被要求写成"碳"字。不过,笔者怎么看怎么觉得多此一举,它不仅科学上是错误的,还徒增文字辨识上的麻烦。《咬文嚼字》杂志社把碳-炭列为 2007 年度最容易混淆的十组字之一,举例就包括有人常把"碳酸饮料"写成"炭酸饮料",把"炭烧咖啡"写成"碳烧咖啡",等等。注意到把元素名称和实体名称非要用两个汉字区别开来的,碳-炭怕是独此一家,大家也就理解了为什么会容易发生混淆,因为并没有严格的定义可将两者区分开。到底是"炭黑(lampblack)"还是"碳黑",为什么干电池里是炭棒(炭做的棒棒),接上高电压的炭棒怎么就成了碳棒,中间的放电就叫碳弧(请注意炭棒导电的事实!)?谁又比谁科学了不成(不会是嫌焦炭太黑,金刚石不愿认亲兄弟吧)?笔者建议(我知道人微言轻的道理,权当白说),应把"碳"字放弃掉。**作为对这一建议的响应,下文中笔者将统一只用"炭"字。**

量子力学的一大成就就是证实了元素的周期性排布。按照量子力学的近似模型,原子外部的电子呈现壳层结构,满壳层的电子数为 $2n^2$,$n=1,2,3,4$。炭原子,原子序数为 6,其电子构型为 $1s^2 2s^2 2p^2$,即具有半满的壳层。一个炭原子最多可以形成四个 C—C 键,且键长约为 1.42 Å,也就是说炭原子之间既有多样性的成键态,又有非常强的键合,这是炭元素会表现出众多异构体(polytype,allotrope)的根本原因。已知的炭元素异构体包括石墨(graphite)、金刚石

(diamond)、六角金刚石(lonsdalite)、巴基球(buckyball;又称富勒烯,fullerene 或 buckminster fullerene)、炭纳米管(carbon nanotube)、炭单层(graphene)。成键不是很单纯的炭的存在形式还包括无定形炭(amorphous carbon)、非晶金刚石(amorphous diamond)、类金刚石(diamond-like carbon)、石墨炭(graphitic carbon)、炭晶须(whisker)、炭纤维(carbon fiber),等等。现一一介绍。

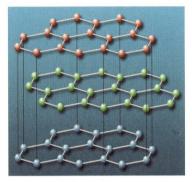

图1 上图为石墨的晶格结构;下图为石墨晶体,呈金属光泽。

一、**石墨**。石墨的西文为 graphite = graph(写)＋ite(石头、矿),和中文石墨对应得非常妙,盖因石墨容易留下划痕的特性早为人类所认识的缘故,而该词的出现应在石墨的应用之后。石墨为片层结构,每个炭原子在平面内有三个近邻,即所谓典型的 sp^2-键。两层六角格子绕垂直层面且在每层内通过一个炭原子的轴错开30°。石墨层内 C—C 键长 1.42 Å,故单一炭层的杨氏模量非常大;而层间距为 3.35 Å,两层间靠微弱的范德瓦耳斯共价键(p-轨道的侧向叠加)结合,层间容易发生滑移,故石墨受到切向力会解理,铅笔就是利用石墨的这个特性。一般大家认为石墨是黑色的,那是因为普通石墨结晶不好的缘故。实际上,石墨晶体是间接带隙的固体,其带隙为 − 0.04 eV,常温下有足够数量的载流子参与导电,和金属铋一起被称为半金属(semi-metal),所以石墨晶体呈现典型的金属光泽(图1)。石墨是炭的稳定结构。

二、**炭单层**(graphene)。自从石墨的层状结构被认识以来,人们就注意到了蜂窝状的炭单层的特殊性质。比如,单层石墨的杨氏模量可能是所有材料里最高的,约为 1030 GPa。最近 graphene 的研究突然热了起来,是因为 Novoselov 等人的一篇文章(*Nature*,438,197(2005)),文中作者宣称完美 graphene 的载流子是无质量的费米子(massless fermion),表现出反常的霍尔效应。笔者没有能力评判从一条实验拟合曲线 $E \propto k$ 得出无质量费米子(massless fermion)得体与否(似乎任何足够乖的函数在其零点附近针对足够小的变量变化其行为都可以近似看作是线性的),是否就能模仿无质量的相对论性粒子(mimic relativistic particles with zero rest mass),只就其中文翻译啰唆几句。我以为将 graphene 翻译成"炭单层"较好,理由有三:(1) graphene 本来指的物理实在就是炭单层。Novoselov 生怕这个词对物理学家们眼生,所以赶紧解释它是炭单层(a single atomic layer of carbon,参考文献见上)。实际上,炭单层早就是被相当充分地研究了的对象(至少是从材料科学的角度)。比方说,炭单层间夹金属的石墨会表现出许多特异性质来,这类结构被称为 intercalation。碱金属,比如钾的原子加入石墨层间形成的夹心结构 (intercalated structure),和 Rb_2CsC_{60}(碱金属原子在炭原子笼中)一样,都能表现出超导电性。Graphene,等价的英文表述还包括 graphite layer, graphitic layer,graphene layer,或 graphene sheet 等。异于"炭单层"的翻译易引起误解,也失却了同上述几个不同表述间的等价关系。(2)翻译成"炭单层",可和"炭纳米管"保持字面上的同一性,也能照顾到两者间的渊源,利于用相同词汇讨论炭的不同异构体。(3)不翻译成"石墨烯"是避免由"烯"带来的望文生义。一个炭单层(graphene sheet),既不是石墨,也和"烯"没任何关系。Graphene 被翻译成"石墨烯",可能是参照 fullerene 的"富勒烯"中文译名。不幸的是,"富勒烯"的译名同样是站不住脚的(见下)!

三、金刚石(diamond)。金刚石是炭的一种亚稳态形式(指原子的平均能量高于在石墨结构里的值,而不是说金刚石结构是不稳定的;实际上,由于金刚石结构同石墨结构间的势垒非常高,金刚石结构向石墨结构的转变在常规条件下几乎是不可能的),其形成需要高温高压条件。天然金刚石一般出现在火山口附近就是这个道理。由于金刚石的带隙为 5.5 eV,属于宽禁带半导体,其掺杂非常困难(到现在 n-型掺杂还是固体物理学的难题),所以即使是在火山熔岩中生成,依然非常纯净。金刚石稀有、纯净、坚硬耐磨(那是没遇到铁),所以是高价的装饰品,为部分人所疯狂追逐。金刚石的杨氏模量为 1.22 GPa,热导率为 20.0 $W \cdot cm^{-1} \cdot K^{-1}$(这一条可以作为金刚石的特征,摸在手里发凉),声速为 18000 $m \cdot s^{-1}$,皆为所有材料的最大值。与杨氏模量类似但是缺乏严格定义的一个物理量是硬度,金刚石是公认的最硬的材料,合成比金刚石还硬的材料一直是国际材料科学界所追求的挑战。

金刚石作为炭元素的自然形态之一要到 17 世纪才由意大利人通过实验加以确认。将金刚石在太阳光下放在凸透镜的焦点,加热到 600 度左右就和氧气反应，反应产物为 CO_2，所以可以判断金刚石的唯一成分为炭。Diamond，来自拉丁语 adamas（希腊语 adamant），意思是不屈服、最硬的金属的意思。我们的祖先可能见识金刚石不太早，用金刚（梵神，形象威猛、刚烈）命名是强调其硬度，当在佛教传入中国后。切削过的（好象也指成色不是顶级的）金刚石又称 brilliant。金刚石为立方晶系，其单胞包括两套面心立方格子，其中一套格子沿另一套格子的体对角线位移 1/4 单位（图2）。金刚石结构是由四个 C—C 键

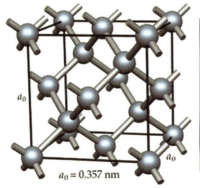

图2　左图为金刚石的晶格结构；右图为抛磨后的金刚石。

图3　炭的六角金刚石（lonsdaleite）结构。

所支起的正四面体，即所谓的 sp^3-键，形成固体的方式之一。另一种方式为图3所示的纤锌矿（wurtzite）结构的金刚石，与 C—C 键上的两个炭原子相连的各三个 C—C 键呈镜面对称的构型。这样的 sp^3-键固体炭较为罕见，于 1966 年才被首次发现，此后被命名 lonsdaleite，以表彰英国著名女晶体学家 Kathleen Lonsdale（1903—1971）的学术成就。汉语就简单地称之为六角金刚石。

四、巴基球（bucky ball）。由一定数量的炭原子构成的笼状（cage, clathrate）大分子，一般地用 C_n 表示，其中 n 为炭原子数。C_{60}，C_{70}，C_{76} 和 C_{84} 之类的笼状炭分子存在于炭黑、油烟之类的物质中。1985年，科学家们注意到油烟的质谱在 720 个原子质量单位的位置上存在一个特别强的峰，这才意识到这可能是炭元素一种新的存在形式，并猜测 C_{60} 分子具有足球状的结构。C_{60} 具有 I_h 空间群，虽然 60 个炭原子组成了 12 个五边形和 20 个六边形，但所有原子都是等价的，三个 C—C 键分成不等价的两组，一个构型为 $sp^{1.236}$，两个为

sp$^{3.236}$。炭原子笼状结构的发现在国际上掀起了一阵研究热潮,作出这项发现的三位科学家 Harold W. Kroto, Richard E. Smalley 和 Robert F. Curl 获得了 1996 年度的诺贝尔化学奖。炭球结构具有很多有趣的性质,它们可以作为一个单元(motif)形成密堆积的分子晶体(图 4),在笼状结构中掺入碱金属原子可以获得分子超导体,等等。

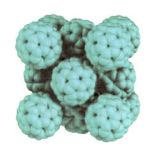

图 4　C_{60} 分子组成的晶体,面心立方结构,分子间靠范德瓦耳斯力结合。

炭原子笼状结构的英文名字较多,包括 bucky ball, fullerene, buckminster fullerene 等,这些名字都源自美国著名的建筑师富勒(Richard Buckminster Fuller)。富勒一直倡导一种 synergy geometry(协同几何)的建筑理念,设计了三角铺排的穹顶结构(triangularly tessellated geodesic dome)(图 5)。此结构易于拆卸,所以他拿到了美国海军的一大批订单。富勒还利用三角铺排的知识于 20 世纪 60 年代向病毒学家解释了为什么具有 5 次对称正二十面体结构的病毒,其衣壳粒(capsomere)的数目为 12,42,92,… 的问题。三角铺排与球面结晶学和准晶研究都有深刻的联系,有兴趣的读者可参阅郭可信先生的《准晶研究》一书和笔者关于球面结晶学的 PPT 讲稿。

图 5　左图为富勒(Richard Buckminster Fuller),美国著名建筑大师;右图为富勒倡导的测地线穹顶结构。

关于炭球结构,现在文献中一般倾向于称之为 fullerene,即以富勒的姓 Fuller,加上词尾"ene"构成。现在中文中一般将 fullerene 译成富勒烯,笔者不敢苟同,因为它对非特别专业的人士易构成误导。富勒烯一词,显然是受到了乙烯(ethene,或者 ethylene)、丙烯(propene,或者 propylene)等词的启发。这些词的词尾"ene",来自希腊语 ενος(enos)。作为词尾,它仅表示该词为名词,而已!汉语将 ethene 译成乙烯,propene 译成丙烯,acetylene(ethine)译成乙炔,其中烯、炔都是近代生造的词。带"火",表示是易燃物,且略有化学知识的人们已习惯把用"烯"命名的东西归于乙烯、丙烯之类的炭氢化合物。但是,fullerene,graphene 和氢没有任何关系,也不易燃。如采用(富勒)炭球、炭单层的叫法,英文文献也有直接的对应词,且其中文名词也直观地给出了该炭异构体的结构形象,不带任何的曲解或强加的含义,似乎更可取些。抛此为砖,供方家讨论。

五、炭纳米管(carbon nanotube)。很难想象一片完整的炭单层(图6)会稳定地存在。观察一下自然界里的树叶,若是相对于其大小该叶子足够薄的话,则它一定是弯折的。这是因为我们生活在一个三维世界的缘故。炭单层也会因热涨落或应力而遭破损,会因而熔化或弯折(clump up)。注意到柱面和条状二维空间是拓扑等价的,因此,将一个二维的条状晶格卷成管状应该有保存其(局域)对称性的可能,即炭管也应该是炭的可能构型。这是炭纳米管被日本科学家饭岛(Iijima)于1991年发现以后的马后炮式的思考。炭纳米管可以表现出金属型的和半导体型的导电性质,有强的力学性能和电子发射性能等优异品质,甫一出世就引起了世界范围内的研究热潮。表示炭纳米管的最简单的方式就是所谓的(n,m)标记。(n,m)决定了炭单层上的一个连接两个炭原子的矢量 C,$C = na_1 + ma_2$,其中 a_1,a_2 是常规的定义炭单层晶格单胞的基矢量。想象炭管由一定宽度的炭单层卷制而成,则要求矢量 C 连接的两个炭原子在管上重合(图6)。

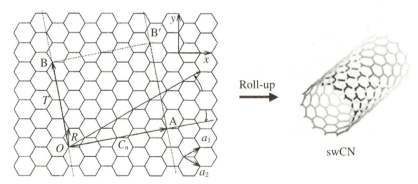

图6 在左图的炭单层结构中截取矢量 C_n 为截边的一个窄条,两边对接起来,就形成了右图中的炭管。

从上文中我们看到炭具有多种不同几何因而物理性质各异的异构体,这些众多的异构体的存在证明了 C — C 键的某种柔性,因此我们期望炭会表现出更多的灵活性来，而事实就是这样。有别于等同的 sp^2-键，sp^3-键或别的 sp-键，一种固体炭中各炭原子形成的几个 C—C 键，其夹角和键长可以加入一些随机的变化，从而丰富其物理性质。关于 sp-键的一般表示，请参阅本篇的附加材料。这样的物质包括非晶金刚石（amorphous diamond），类金刚石炭（diamond-like carbon），非晶石墨（amorphous carbon），石墨炭（graphitic carbon），高分子炭（polymeric carbon）等存在形式。当然，它们之间没有明晰的界限。

炭元素据信是宇宙中第三个出现的元素。它是生命基础性单元的骨架，为人类的存在提供必需的能量乃至装饰品。金刚石不仅仅让消费型人群着迷，也让科学家为之着迷，就是为了研究它的比热爱因斯坦建立了固体量子论。炭固体还为人类留下了许多挑战。比如我们已知炭是熔点最高的材料，那么它的熔点到底是多高？如何从实验上和理论上确定炭的熔点？这个挑战比起合成比金刚石更硬的材料也许更有实验物理和固体物理学方面的意义。

后 记

1. 关于此文中提及的炭异构体，笔者早有讨论的打算，然限于所知甚少，一直未能成篇。承复旦大学王迅院士督促，遂向《物理》杂志匆忙交稿，加之篇幅所限，难免遗漏多多。未来拟用其它形式补救。
2. 谈到翻译，不免提及傅雷先生。傅雷先生为中国的文学翻译事业树立了典范，学界有先生开创了"翻译文学"一门之说。今年适值傅雷先生百年诞辰，《新京报》发表了李玉民先生的纪念文章《翻译，从原作的终点开始》。其中谈到傅雷先生的治学精神，或对学者们翻译物理学名词有所启迪。
3. 关于 sp-键表示的问题，笔者多年前写了篇英文的文章 *Intermediate sp-Hybridization for Chemical Bonds in Nonplanar Covalent Molecules of Carbon*，很幼稚，一直未能发表。2014 年还是忍不住将之发表了，见 *Chin. Phys. B*，23，063102（2014），供初学者参考。
4. 刘寄星老师认为文中"我们的祖先可能见识金刚石不太早，用金刚命名是强调其硬度，当在佛教传入中国后。"一句恐怕会让人误以为我们的祖先见识金刚石在"佛教传入中国之后"。刘老师遂后写下了一段精美的考证文字，其治学精神之严谨，由此可见一斑。不敢独享，恭录于后：

   其实"金刚"二字是梵语"Vajra"之意译，而非音译，《三藏法数》有解曰："金刚者，金中最刚"，是为证。故完全有可能在佛教传入中国之前，我们的祖先已见识了金刚石。记得读过一篇关于人类认识金刚石的历史文章,谈到过中国人认识金刚石的历史,该文云:"在中国,金刚石已有3000多年的历史。《列子·汤问篇》:'周穆王(公元前1005年—公元前951年)大征西戎,献锟吾之剑,火浣之布,其剑长尺有咫,炼钢赤刃,用之切玉,如切泥焉'。西汉东方朔的《海内十洲记》也载有'周穆王时,西胡献锟吾割玉刀及夜光常满杯,刀长一尺,切玉如切泥'。不少学者认为'锟吾剑''锟吾刀'均指以金刚石为原料所制作的刀剑。锟吾刀剑到汉、晋时已消失了。先秦(公元前475—221年,战国时期)《诗经·小雅·鹤鸣》就有'他山之石,可以攻玉'之说,此'他山之石'当然是指硬度要高于玉、可以用来切玉的石头,其中就包括金刚石。"

此外,据"辞源",金刚石亦称"切玉刀"。中国人与玉石打交道的历史,远在佛教传入之前千年以上。看来,我们的祖先见识金刚石,可能比金刚石产地的印度人、波斯人晚些,但恐不在佛教传入之后。

补 缀

1. 鲁迅先生在《华盖集·咬文咀字》(1925)曾写道:"咱们学化学,在书上很看见许多'金'旁和非'金'旁的古怪字,据说是原质名目。……锡、锴、矽连化学先生也讲得很费力。……现在渐渐译起有机化学来,因此这类怪字就更多了,也更难了。……中国的化学家多能兼做新仓颉。"似乎有讽刺的嫌疑。
有人考证民国二十一年(1932年)十一月二十六日,教育部公布了《化学命名原则》,其中第七条把历来已通行的化学元素的订名原则,加以总结,说得很清楚:"元素之名,各以一牛(原文如此)表之,在平常状况下为气态者,从气;为液态者,从水;金属元素之为固态者,从金;非金属元素之为固态者,从石。"碳就出现在这个日期前后。
有人总结碳、炭两字的用法规则,注重材料的用炭,如煤炭公司;注重元素的用碳,如碳化学协会。不过,这条建议还是难以避免糊涂账,我们研究 a single carbon layer 是关心材料呢还是关心元素化学?煤炭化学研究所时不时的也涉及元素层面的研究,是否该写成煤碳化学研究所呢?
2. 我斗胆主张取消"碳"这个轻率引入的易引起混乱的词。有杂志将"碳""炭"混用作为语文事件来讨论,却不知其根源还是在于"碳"字的引入。设想某年的高考语文试卷有"煤炭研究所的碳化学专家到烧烤摊吃炭烧烤,因为那里的木炭燃烧不充分竟一氧化碳中毒了"这样的填空题,岂不让人疯掉。还有专家一本正经地解释为什么燃烧发出热量的是"炭"而不是"碳",也太扯了。

之十三 缥缈的以太

"可以言论者,物之粗也;可以意致者,物之精也。"

——《庄子·秋水》

将外文直接音译有时是个不错的选择,比如将"bumjee"翻译成蹦极,但更多的时候这是一种不负责任的做法。早先有人将 ultimatum(最后通牒)译成哀的美顿书,将 taxi(计程车)译成的士,将 international(国际的)译成英特纳雄耐尔,实在是让不知原文者不知所云者何。物理学名词中也不乏这样的例子,其中"以太"一词就是典型。

以太,是对英文 ether 的翻译。Ether,也写成 aether,按字典解释,其来自于希腊语 aither, aithein,是着火、燃烧的意思。古希腊人认为在月亮以外的空间里就充满这种"火性"的物质,构成了各个恒星(star)与行星(planet),这样以太就具有天空以及充满天空的那种物质的意思。所以,由这个词,经由 aër(aërism)就有了英文词 air,即空气、天空。以太(ether)用作形容词,词义会更加延伸,比如法语 éthéré 就有天空的、天上的、纯洁的、高尚的、微妙的、轻盈的、飘渺的等诸多意思。既然,ether 本意同天空、燃烧、缥缈等词意相关联,西文语境里应能让人想起炽热的夏天的感觉(图1)。实际上,这个词的拉丁文形式 aestas 就是夏天的意思,夏天在法文中为 été,读音与法文的以太(éther)相同。

飘渺的物体除了自然的风(air)与云彩,还有许多人造的易挥发的液体。醚类碳氢化合物就称为 ether,特指 ethyl ether(乙醚),分子式为 HCOCH。乙醚高度挥发、无色、易燃,这些物理特性简直就是对 ether 这个字的全面注解。Ether 还有让人产生飘忽(飞升?)的感觉的作用,所以可用作麻醉,ether pro narcosi 即是麻醉用乙醚。中文造出醚(图2)这个字来翻译作为化学药品的 ether,我以为是神来之笔。

图1　以太,夏天的感觉。

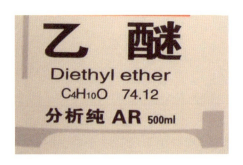

图2　作为化学药品的 ether,中文译为乙醚。醚,从酉,从迷,让人不由想起十字坡孙二娘的蒙汗药。

一直以来,星空都是最让人类着迷的存在。在古希腊,以太指的是青天或上层大气。不过从思想的层面上,以太的概念来自古希腊关于物质存在形式的思想交锋。德谟克利特(Democritus)认为宇宙就是"原子加空隙(atoms and voids)",而亚里士多德(Aristotle)则认为"自然恐惧空虚(Nature abhors vacuum[①])"[1],故有天体之间充满一种叫做以太的物质的说法。下面这句话也许有助于我们理解以太是一种什么样的物质:在古希腊,新派的物理学与哲学还没把精神与物质分离,认为思想是"最轻最纯粹的物质",近乎微妙的以太,在世界上建立秩序,维持秩序[2]。那么,对古希腊人来说,以太长什么样呢?柏拉图认为水火土风四种元素,其原子(atom of the element)各对应一种正多面体,而第五种正多面体,正十二面体,对应的是天上的元素"aether"或

---

① Vacuum 一般被译为真空,可商榷处很多。注意到 vacuum, void, space, hole, empty 等词的中文翻译都有个"空"字,则遇到"vacuum is empty""empty space"麻烦就来了。容另处讨论。——作者注。

"quintessence(第五种存在,又译第五元素,英文直接写成 The Fifth Element,引申为精英或天上掉下来的)"的原子。到 1596 年,开普勒的书 *Mysterium Cosmographicum*(《宇宙的谜团》)中还有这种说法。如果非要说以太长什么样的话,可以认为它是由正十二面体累积而成的。

17 世纪法国的笛卡尔(Descartes)是一个对科学思想发展有重大影响的哲学家,他最先将以太引入科学,并赋予它某种力学性质。在笛卡尔看来,物体之间的所有作用力都必须通过某种中间媒介物质来传递,不存在任何超距作用。因此,空间(space)不可能是空无所有的,它被以太这种媒介物质所充满。以太虽然不能为人的感官所感觉,但能传递力的作用,如磁力和月球对潮汐的作用力。行星的运动是包围着它们的介质的湍流造成的,类似水面上漂浮的树叶。牛顿自己是相信有充满空间的连续介质的,否则他的绝对时间和绝对空间就无处立足,但牛顿力学的方程不显性地依赖以太的概念,久而久之以太的概念就淡化了[2],如果不是被抛弃了。

以太之所以是重要的物理学概念是因为后来以太又被认为是电磁力的介质,进一步地又作为光波的荷载物同光的波动学说相联系。光的波动学说是由胡克(Hooke)首先提出的,并为惠更斯(Huygens)所进一步发展。1802 年,Thomas Young 利用双缝干涉实验验证[①]了光的波动性。但在相当长的时期内(直到 20 世纪初),人们对波的理解只局限于某种媒介物质的力学振动,这种媒介物质就称为波的荷载物,如空气就是声波的荷载物,水是水波的荷载物。既然光是波动,它自然也是某种介质的振动。我有一种猜测(未考证),因为水是水波的介质,有凉的感觉,而光是温暖的,所以它的介质应是某种火热的东西,所以 ether 这个词就派上了新的用场。

为了解释电磁现象(法拉第力线的概念),麦克斯韦(Maxwell)在 1861 年给出了一个关于以太的力学模型[3]。他设想以太是由被"钢珠"状粒子分隔开的、微小的、转动的分子涡旋所组成的(图 3)。进一步地,麦克斯韦假定他的以

---

① 其实,我们应该看到,一个实验什么也验证不了,除非你相信或指望它能验证什么。关于光的研究历史多次说明了这一点。就双缝干涉来说,用三角函数的叠加只能算是给出了一个关于明暗条纹的解释,仅此而已。近年来利用光子(不是光束)、电子、原子、小分子、甚至碳球分子做的双缝干涉实验更显示了许多有趣的内容,其内容之丰富不是经典光学书里那两句话能概括的。——作者注。

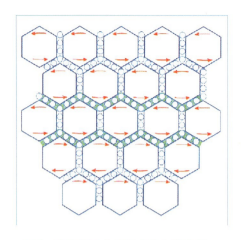

图3 麦克斯韦关于以太的力学模型。以太是由被"钢珠"状粒子分隔开的、微小的、转动的分子涡旋所组成的。箭头为所谓的力线。

太是弹性的,电力就来自能将以太形变之势能。但受弹性以太能传递波的启发,麦克斯韦决定算一算速度该是多少,他赫然发现电力与磁力之比(注意两者的量纲。这一年,即1863年,量纲分析正式出现。)同光速相符合。麦克斯韦激动地写道:"We can scarcely avoid the inference that light consists in the transverse undulations of the same medium which is the cause of electric and magnetic phenomena(我们无法不得出这样的结论,即光包含在引起电磁现象之介质的横向波动中)。"以太的振动速度同光速的数值相同,似乎光的以太说又增加了证据。

但是,真的有以太吗?按照经典物理,如果光是以太的振动,则光速对地球上的我们来说,其东西向上的速度应该与南北向上的速度不同,相差一个地球在以太中的漂移速度(~110,000 km/h,约为光速的0.01%)。1887年,美国科学家Michelson和Morley(他们俩相信以太是存在的)设计了一个简单的、但是非常聪明的实验(图4)来测量这个漂移速度。Michelson和Morley发现,随着整个实验台的转动,两条光路的光程差未见有变化,即没能观测到地球相对以太的运动速度(原文结果为速度应小于7.5 km/s)。有些文献中,到这一步就断言:"The failure of Michelson-Morley experiment to detect the existence of aether (Michelson-Morley实验未能证实以太的存在)"。不过,且慢,这个实验是否证实没有以太取决于你是否愿意相信不存在以太,否则你就能找到别的解释。

Dayton Miller就不接受Michelson-Morley实验证实不存在以太的结论。他认为在地下室进行的实验,ether或许被墙壁或者设备拉住一起运动了,当然也就探测不着,所以他自己在建立在山顶上的薄壁墙内进行了多次重复实验[4]。而这一努力(探测地球相对以太的运动),直到1977年Nature上还有文章讨论[5]。另外一个假设以太仍然存在,但是不同Michelson-Morley

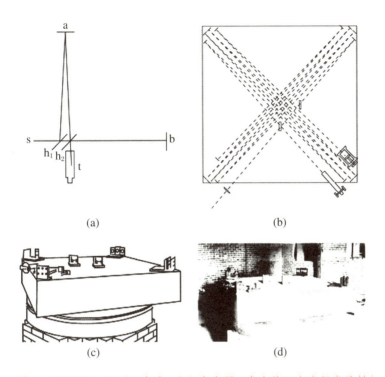

图 4 Michelson-Morley 实验。(a) 自光源 s 发出的一束光经半反射/半透镜 h_1 分成两束,经 a、b 反射后再经过镜 h_2 会合成一束。如果地球在以太中运动,则在这两条垂直的光路中光的传播时间延迟同地球在以太中的速度有关,最终由干涉条纹的变化反映出来。(b) 实际的装置中,光束经过多次反射以增加光程,从而提高探测的灵敏度。(c) 且实验台是安放在水银上的,可以转动。(d) 实物(置于地下室)照片。

实验冲突的解释是荷兰科学家洛仑兹[1](Lorentz)给出的,即如果存在以太,但相对以太以速度 v 运动的物体在运动方向上发生收缩,收缩比例为 $\sqrt{1-v^2/c^2}$,则聪明的 Michelson-Morley 实验就什么都检测不出来了。这个长度收缩的概念作为相对论出现前的插曲,在相对论提出 100 多年后,仍然被以错误的方式提及。

许多文献给人以以太的概念如今已被抛弃的印象,是爱因斯坦把它扫入了历史的垃圾箱(Einstein swept it into the dustbin of history)[1]。实际

---

[1] 有本介绍相对论的中文学术专著,把此荷兰物理学家洛仑兹(Hendrik Lorentz)同美国气象学家 Edward Lorentz 混为一人,所以该书中奇异吸引子(后者的工作)共洛仑兹收缩一色、蝴蝶效应(后者的工作)与洛仑兹变换齐飞,蔚为壮观,读来令人欲哭无泪流满面,哭笑不得不佩服。——作者注。

的情况是，近代物理中以太的角色被扩展了，当然以别的面目出现。狭义相对论并未剔除以太的概念，牺牲的只是"the false intuition that motion at a constant velocity would necessarily modify the equations of an ether（匀速运动会改变以太方程的错误直觉）"。光速有限的事实让场（无质量标量场）的概念成为必然。狄拉克认为光子是将量子力学应用于麦克斯韦方程组的逻辑结果，这一思想被迅速推广为任何粒子都可以看作是量子场的小振幅激发：电子被看作是电子场的激发，电弱作用理论则需要充满空间的 Higgs 场，等等。不过，摆脱以太的概念似乎仍然是许多大物理学家的努力方向。Feynman 就说："I had a slogan：'vacuum is empty'（我有一个口号，叫做 vacuum 是空的）。"

最后，请读者注意 ether 这个词的形容词形式，其用法也是很有趣，实际上是相当地不好理解的。比如说"Maxwell's ethereal equations"，是说麦克斯韦方程组有点儿"仙"？又比如 green ethereal pages 指的是大树叶（large leaves），是因为大得遮天，还是因为飘？值得玩味。

行文至此，我似乎有点理解为什么把 ether 直接音译为以太了，重音可能落在"太"字上。中文中，最热烈的存在称为太阳，最早的存在为太初，最缥缈的存在是太虚。Ether 实在是太虚境界里的存在，不过若是音译的话，也许用"乙太"更好，毕竟它的另一译名是乙醚，此外"太乙"同 ether 的气质也满契合的，想象一下哪吒师父太乙真人的仙风道骨模样[6]。

补缀

1. 由于能力所限，本文未能对以太作深入的介绍。实际上，以太这个概念在中文物理学教育中很少被仔细介绍过，原因我猜测有二。其一可能是因为以太已经是被抛弃了的概念（其实，国际上一直有复活以太概念的努力），但如果认为是已经抛弃了概念就无须深入研究恐怕也有不妥之处。以太的引入有其科学史上的必然性，而对以太的抛弃则演绎了一场物理学思想的革命，不能看到对这场革命沿着以太的思路的介绍是物理教育的一个缺陷。其二是早期关于以太的文献是以英语、德语、法语、荷兰语为载体的，且表现出知识尚未成体系前的明显的支离破碎状态，不是很好懂。以太的概念错综复杂,曾出现过力学以太、电磁以太、光学以太,等等。一段时间里,以太是物理学绕不过的话题,据说爱因斯坦16岁时就写过一篇关于以太的短文(see Jürgen Renn, Auf den Schultern von Riesen und Zwergen: Einsteins unvollendete Revolution)。

2. 关于以太的用法,近日读黑格尔的书,见到一句:"The soul must bathe in the aether of this single substance, in which everything one has held for true is submerged."(Hegel, Werke XX, 165)."灵魂必须沉浸在此单一下层建筑(指 absolute,绝对)的以太中",这里的以太应是指一种弥散的、无处不在而又不易察觉的存在方式?

3. 希腊神话中,以太是指天上的气,是上天的拟人化。它是供诸神呼吸的纯净的气,以别于供会腐朽的生命所呼吸的空气(Ether("upper air"), in Greek mythology, was the personification of the "upper sky", space and heaven. He is the pure, upper air that the gods breathe, as opposed to "aer", which mortals breathed),见图 S1。

图 S1　以太(ether 或者 aether)

4. 近读 *The Man Who Changed Everything*,有一句为"the joy of Michelangelo in etherealising the work of Brunelleschi(p. 133)"。Etherealise 作为动词,自然是"让其有 ethereal 气质"的意思。这个 ethereal 气质,除了是 heavenly(天国的),还应该有 highly refined, delicate(精致)的意思吧。又,Michelson 和 Morley 试图测量到的地球在 aether 中的运动,英文为"aether drift"。倘若直接将 aether drift 翻译成以太漂移,考虑到以太是构成运动背景的物质,应该不会被理解为类似大陆漂移(continental drift)那样的"以太的漂移"吧?但愿。

5. 近读 *Kelvin*：*Life*，*Labours and Legacy*，内有一节专门讨论 Kelvin, Boltzmann, Einstein 与 aether, 可供深入参考。
6. Alexander Pope 的诗 *Dunciad* 有句云："The Sick'ning stars fade off th' ethereal plain", 这个 ethereal plain 若是理解成辽阔的天界, 是否就少了 ethereal (burning, kindling) 和星星形象上的对应？
7. Jennifer Coopersmith 的 *Energy*：*the subtle concept*, Oxford (2010) 一书中有句云："The earth is at rest relative to the invisible fluid matter (Descartes' second element)"。这个所谓的 invisble fluid matter (不可见的流体物质) 应指的是 Ether。
8. 关于以太, 建议阅读 Kenneth F. Schaffner, *The Nineteenth Century Aether Theories*, Pergamon (1972)。
9. 与 ether (天上物质) 对应的一个词是 nether。Nether world, 即但丁描绘的地狱。

参考文献

[1] Frank Wilczek. The Persistence of Ether[J]. *Physics Today*, January, 11 – 12(1999).

[2] Hippolyte Taine. *Philosophie de l'art* (艺术哲学)[M]. 中译本众多, 以傅雷译本较著名。

[3] Francis Everitt. James Maxwell：a Force for Physics[J]. *Physics World*, 32 – 37 (2006).

[4] Dayton C Miller. Ether-drift Experiments at Mount Wilson [J]. *PNAS* 11, 306 – 310 (1925).

[5] Michael Rowan-Robinson. Aether Drift Detected at last[J]. *Nature* 270, 9 – 10 (1977).

[6] 许仲琳. 封神演义[M].

之十四 正经正典与正则

无言谁会凭阑意。
——[宋]柳永《凤栖梧》

"正"字在汉语里是绝对的褒义词,和"正"字结合的词组大约都可以作正面的解读。"正"字字面上为"足前方"的意思,即(双)脚之前方为正。这个字包含很深的、朴素的科学道理:平面内事物的定标需选取参考方向,参考方向是任意的,且一簇平行线规定唯一的、相同的方向。"正"字的正面意思为带"正"字的事物带来了不可估量的附加价值,甚至具有道德制高点的含义。派别子系间的正宗之争,官位上的正副之争,便是聪明人也不得不投身其中。孔子有"席不正不坐,割不正不食"的说法,算来未必最极端。明亡以后,南方各地关于明正朔之争甚至造成血流成河的惨烈局面,给本已覆亡的中华民族又雪上加霜。"正"字的威力,不可不察。

将"正"字加在某些重要经卷前,儒释道三家皆然。"世尊告曰:比丘,我所说甚多,谓正经、歌咏、记说……。未曾有法及说义。"可见正经有别于歌咏、记说等文体,比如《法华经》等就算是正经,有点类似今日国际杂志上发表的专业论文。道家则将《黄庭经》分为正经、辅经两篇。"黄庭经者,东华扶桑帝君之秘文也。……其经有内外两篇。内篇者,太上玉晨道祖之所著。是谓正经,故名内篇。外篇者,太上老君道祖之所解。是谓辅经,故名外篇。"儒家的正经则包括《礼记》《左传》《毛诗》《周礼》《周易》《尚书》等。正经还是中医术语,指十二经脉,以与奇经八脉相对应。《针经指南》有"正经十二"的说法。不知"正经八百"是不是由这句夸大而来的。正经在各个方面都有崇高的地位,当然也就会影响到人们的日常生活表达,大约人们认为该做的事情都归于正经,而不该做的事都归于不正经。《儒林外史》中胡屠户训范进:"象你这尖嘴猴腮,也该撒泡尿自己照照;不三不四,就想天鹅屁吃!……每年赚几两银子,养活你那老不死的娘和你老婆才是正经!"。又,《红楼梦》:"黛玉喘喘地道'你们两个也不用哄我,直是将那毒药买了些来,毒死我才是正经。'"正经又叫正典。

图1 天平,公正、正义的象征。

"正"字经常出现在数理概念中,自然有其深刻的文化渊源;反过来想,"正"字的文化内涵也有朴素的科学道理。何谓正直?正直指人体同脚平面垂直的状态,即人体严格地取重力方向。天平是公正、正义的象征,这里所谓的"正"指的是其结构是满足D2对称的,其对称要素之一,一个二次转动轴是严格地取重力方向的;而另一个对称要素,镜面,则过此轴(图1)。

"正"字在数学物理文献中常被用来翻译"orthos"这个西文词。希腊字"orthos"的本意是生长,往上爬的意思。而一般的植株,近似地看,是和地面垂直的(要不我们老祖宗怎么说它们是植株呢)。所以,"orthogonal"被翻译成正交的,其字面意义是"正角"的。另一个常见的以"orthos"为词头的词汇为orthodox。Orthodox = orthos + doxa(opinion,观点),故译为正宗的、正统的观点,形容词形式为orthodoxical。比如关于量子力学的orthodoxical interpretation就被译为正统诠释,即常说的所谓哥本哈根诠释(Copenhagen interpretation)。所谓的哥本哈根诠释是1950年代的发明,海森堡是主角,此外还包括Bohm, Feyerabend, Hansen和Popper(为著名的科学哲学家)等人。关于哥本哈根诠释的版本很多,国内流行的所谓哥本哈根量子力学五假设(笔者是 2006 年第一次听说)不知为何人杰作,而关洪先生的《一代神话——哥本哈根学派》则为四假设版本[1]。作为量子力学发展初期基于相当仓促的假设(比如 von Newmann 的"测量值为态坍塌后之本征态对应的本征值"假设,就有点神谕的味道。)上提出的所谓哥本哈根诠释仍然是当前我国量子力学教学具有一定排他性(相当地 exclusive)的内容,并且能持续不断地引起热闹而且一本正经的讨论,无论如何都算不得是令人鼓舞的现象。对于量子力学这样的学问,在既阅读了足够多的原始文献又相当全面地了解了一些最新进展之前,不贸然指点江山不失为一种明智的态度。

另一个与"正"字有关的数学、物理学词汇为"canonical",一般翻译为"正则的"。则,原则,则贤,是以为则(ruler)的意思,同 canon 一字字面上很符合。英语的 canon(正典)一词来自希腊语和拉丁语,现代希腊语写为 κανόνας,更深层的来源是闪米特语的 kanna(芦苇,英语为 reed),希伯来语为 kaneh。因为芦苇修长笔直(多么"正"的形象。图 2),不旁生枝节,可以作为标杆用于测量,故该

图 2 芦苇(kanna),不节外生枝,是天然的标杆,天下可以为则。

词渐渐有了"测量标杆"的意思,后来又进一步引申为"尺度,规范,标准"的意思。一本书,一个形式(程序)被称为 canonical,是指它的权威性、规范性、真实性。

犹太人的正经(正典,canon)就是希伯来圣经。有趣的是,它有"副典",即第二经典《塔木德》。犹太人天生就是叛逆的,哪怕是对自己的圣经,《塔木德》一定程度上是对圣经的反动(这和中国的《黄庭经》分为正经、辅经完全不一样)。理解了其血液里的叛逆成分,就理解了犹太人在自然科学与人文科学领域的伟大成就,就理解了马克思、爱因斯坦、斯宾诺莎和海涅等人及其作品。与正典相对的词是异端,犹太作家茨威格(Stephan Zweig)就著有《异端的权力》(*The Right to Heresy*)一书。至于将 canon 翻译成偏僻的"正则",始作者谁笔者未能考证,但正则是褒义词则是肯定的。在屈原《离骚》开始的自夸一段,就有"皇览揆余初度兮,肇锡余以嘉名:名余曰正则兮,字余曰灵均。纷吾既有此

内美兮,又重之以修能。"的句子,故我猜测翻译者是要借用这里"正则"的美名。Canon 可以译为正则、正经、正典,当我们读到这些中文译文时,应该想到它对应的是同一个词。有趣的是,有人将王朔的小说《一点正经没有》译成"Nothing is Canonical",果然是一点正经没有。

物理学中一个同 canonical 相关联的重要词汇是正则变换(canonical transformation)。在经典力学的 Hamiltonian 形式中,质点的运动方程为哈密顿正则方程(canonical equations of Hamilton):

$$\dot{q} = \frac{\partial H}{\partial p}$$

$$\dot{p} = -\frac{\partial H}{\partial q}$$

而所谓的正则变换$(q,p) \rightarrow (Q,P)$,其得到的新的共轭坐标对(Q,P)同样要满足哈密顿正则方程的。这样的好处是,若能找到这样的正则变换,使得变换后哈密顿量中所有的广义坐标都是循环坐标,则解哈密顿正则方程是平凡的(trivial,原意为"在三岔路口")。这样就把原来的解哈密顿正则方程的问题转化成了寻找合适的正则变换的问题[2]。有关的研究,让人们后来引入了作用量角变量,导致了旧量子论中的 Sommerfeld 量子化;泊松括号导致了量子对易关系$[x,p] = i\hbar$的导出,而 Hamilton-Jacobi 理论又成了 Bohm 等人改革量子力学的基础[3]。量子力学中的所谓正则量子化(canonical quantization),就是利用关系式$[x,p] = i\hbar$来量子化哈密顿量。经典力学之对于理解量子力学的重要性,由此可见一斑。

另一个同 canonical 相关的重要物理学词汇是正则系综(canonical ensemble),指适于描述一个同大体系处于热平衡之系统的系综。此统计系综用系综处于某个宏观可测量状态 i 的成员数来表示系统的微观状态的几率分布p_i,而单个系统其处于能量为E_i之微观状态的几率为玻尔兹曼分布$p_i = Z^{-1}\exp(-E_i/(kT))$。至于为什么这样的系综被命名为 canonical ensemble,此处 canonical 何指(指最简单的玻尔兹曼分布?),笔者一直未能找到相关文献,盼识者告知。

当我们讨论正则、正经时,它是有规范的。比如,我们谈论共轭变量对时,关于坐标q_i的正则动量(the momentum canonical to the coordinate q_i)为$p_i = \partial L/\partial \dot{q}_i$,其中 L 是系统的拉格朗日量。当然,谈论的事物不同,或者文化不同,何为正则(正典,正经)也是不同的。《庄子·齐物论》云:"毛嫱、丽姬,人之所美也;鱼见之深入,鸟见之高飞,麋鹿见之决骤,四者孰知天下之正色哉。"可见,何者为"正",是先要根据对象确定标准的,而这也是物理学使用 canonical 这个词所一贯秉承的思想。

行文至此,想说两句闲话。有时,闲得无聊我会思考一下为什么我国关于量子力学、相对论之类的学问有那么多热闹的讨论场景却未见有什么成果产出。如果我们肯检视一下中文的物理学教科书,会发现虽不至于如王朔所言《一点正经没有》,但终有许多经是给念歪了的。比如,在把 simultaneously 错误地翻译成"同时地"的基础上起劲地讨论"测不准原理"而不是"uncertainty principle"。从这样的书中欲得物理学之真谛,无异于想凭《金瓶梅》通佛理(图 3)!**欲学物理者,多读点正经才是正经**。

图3 穿袈裟,读《金瓶梅》,果然一点正经没有。

后 记

本文付印后,审稿人刘寄星研究员建议对 canon 一词的动词形式 canonize 说上一句。和 canon 有关的词,一般都和宗教活动或者宗教所秉持的律条有关,动词 canonize 指的是将某个著名信徒的名字前加上 Saint 以资表彰,因此汉语意译为封圣。如给出对时间之微妙表述[4]的 Aurelius Augustinus(354—430)就被 canonized 了,现在一般文献提到他时都是写成 Saint Augustine。

补 缀

1. 美国物理学会(APS)网站的 News 栏目有一专题叫"Zero Gravity",不是零重力,而是严肃性为零,可以翻译成"一点正经没有"。该专题会发表一些漫画、调侃文章等,以表现科学轻松的一面。

2. 关于 canonical quantization(正则量子化)。这个概念可能是 Pascual Jordan 首先提出来的。在经典力学里,存在关于作用量共轭的动力学变量对,比如坐标和动量。这样的变量对之间的泊松括号称为经典力学的正则结构(canonical structure,又称辛结构,symplectic structure),保持泊松括号不变的变换就是正则变换(canonical transformation)。在量子力学中,动力学变量变成了作用在希尔伯特空间上的算符,而共轭变量对之间的泊松括号,现在变成了如 $[\hat{x},\hat{p}]=i\hbar$ 这样的共轭算符对之间的关系式,此等式的意义建立在对希尔伯特空间中的状态函数的作用上。这样的量子化过程即是所谓的正则量子化。

3. 古希腊人(according to Empedocles)的"four canonical elements":earth(土),air(气),water(水)and fire(火)。

4. 公元前五世纪的希腊雕刻家 Polyclitus(也作 Polykleitos)就写过名为 *Kanon* 的书,给出了经测量得到的人体各部分的比例。他建议把这些数值当成美学的标准(canon),并制作了雕塑《掷标枪者》来说明(比例)原则。

5. Saint Augustine 关于时间有一段精彩的表述:"What then is time? If nobody asks me, then I know, if I want to explain it, I don't know(那么时间到底是什么?如果没人问我,我是清楚的;但若我试图解释,我就不知道了)。"

参考文献

[1] 关洪. 一代神话——哥本哈根学派[M]. 武汉:武汉出版社,2002.
[2] Herbert Goldstein. *Classical Mechanics*[M]. Addison-Wesley publishing company,1980.
[3] Holland P R. *The Quantum Theory of Motion*[M]. Cambridge University Press,1993.

十五　英文物理文献中的德语词（之一）

> 我们的交谈总是用德语，要把握他（爱因斯坦）的思想精髓和个人情趣，这是最恰当的语言。
> ——Abraham Pais *Subtle is the Lord*
>
> "他踩着地雷啦斯米达。"
> ——刘恒《集结号》

德语自开普勒时代始直到第二次世界大战结束之前，一直是物理学的工作语言。可以说，是德语文化圈内的学者为主奠定和建立了近代物理学。一些德语文化圈内的物理学家的名字对物理学修习者如雷贯耳，这包括 Johannes Kepler（开普勒），Carl Friedrich Gauss（高斯）①，Max Planck（普朗克），Albert Einstein（爱因斯坦），Hermann Weyl（魏尔），Joseph von Fraunhofer（夫琅和费），Rudolf Clausius（克劳修斯），Hermann Minkowski（闵科夫斯基），Hermann von Helmholtz（赫尔姆霍兹），Ernst Mach（马赫），Ludwig Boltzmann（玻尔兹曼），Werner Heisenberg（海森堡），Wilhelm Eduard Weber

---

① 高斯、魏尔、希尔伯特、冯·诺依曼、诺德等人在中文环境中似乎更多地被认定为数学家，但不好意思的是，他们对物理学的贡献比绝大部分自诩为物理学家者对物理学的贡献之总和还大。其实，数学是物理学的支撑，缺乏数学功底的物理学家，身份毕竟含糊。——作者注。

(韦伯)，Max von Laue(劳厄)，David Hilbert(希尔伯特)，Ervin Schrödinger（薛定谔），Friedrich Hund（洪德），Wolfgang Pauli（泡利），John von Neumann(冯·诺依曼)，Peter Debye(德拜)，Arnold Somemrfeld(索末菲)，Max Born(玻恩)，Emmy Noether(诺德)，等等，以及著名的物理学家和哲学家 Karl Popper(波普尔)，Carl Friedrich von Weizsäcker 等，他们的籍贯包括德国、奥地利、瑞士及周边的匈牙利、捷克、丹麦、荷兰等国。那时，物理学的重要杂志为 *Annalen der Physik* 和 *Zeitschrift für Physik*，一些近代物理学奠基性的工作都是发表在德语杂志上的。一个著名的故事是，1924年印度青年玻色（S. N. Bose）从假设光子有不同的状态出发推导了普朗克黑体辐射公式，在投稿被拒绝后，将文稿寄给了爱因斯坦，并要求爱因斯坦若认为正确的话就帮忙将之翻译成德语发表在德语杂志上。爱因斯坦果然依言而行，将玻色的稿件翻译成德语，然后推荐到 *Zeitschrift für Physik* 杂志上发表[1]。后来爱因斯坦也进一步地进行了这方面的研究，这才有了 Bose-Einstein 统计。

然而沧海桑田，世事难料。随着美国在"二战"后的崛起，物理学的工作语言渐渐地变成了英语。而曾经的德语物理杂志也日渐消失。德国物理学会的会刊 *Physikalsche Blätter* 也变成了能从英语猜出其意思的 *Journal der Physik*，而化学方面的 *Angewandte Chemie* 则是德语其表，英语其里。不过，历史痕迹毕竟不能完全消失，作为在德语文化下建立起来的近代物理学，其思想里、字面上的德语痕迹还是随处可见的。弄清楚那些德文词汇的准确含义，对于正确理解物理学还是具有些许意义的。甚至，一个严肃的物理学者有时还可能不得不去翻翻德语杂志的故纸堆。此外，德语对哲学、音乐、心理学、国际共产主义运动、社会主义理论的影响也都是不可低估的。一个具有说服力的例子是，关于德国古典哲学的鼻祖、启蒙思想家 Immanuel Kant 的传记《康德传》，就是中国共产党早期领导人罗章龙先生翻译的！现存于物理学文献中的德语物理学词汇到底有多少，笔者难以全面搜集，但是数量仍是不少，随手拈来的就包括 Eigen (vector, fucntion, value, mode), Rundel Bundlung, Umklapp process, Gedanken experiment, Bremsstrahlung, Aufbau principle, Zitterbewegung, Whelch-Weg experiment, Ansatz solution, 等等，以及一些只保留了首字母的词汇，如 F-center。限于专栏文章的篇幅限制，笔者将就自己有些理解的部分由简入繁地向读者做些初步性的介绍。预计分为两部分，日后遇到其它词汇再另行补充。

一、电子轨道的标记 s,p,d,f

对应轨道角量子数 $l = 0,1,2,3$ 的电子轨道分别被标记为 s-、p-、d-、f-轨道，这是由对原子发光光谱的标记得来的。其中，s 来自 schärfe（较明锐的），p 来自 prinzipielle（主要的），d 来自 diffusiv（弥散的，相应的谱线较宽），f 来自 fundamentale（基本的，重要的）。由于这几个德语词对应的英文词 sharp, principle, diffuse 和 fundamental 实际上可能就来自相应的德文词，首字母自然也相同，因此，很少有人注意到他们的德语来源。在 s,p,d,f 以后的就按照英文字母顺序排下去，没有什么特别的意思了。

二、Aufbau principle

量子化学领域常用的词汇，这里 Aufbau = auf + bau，auf = up，bau = building，即 building up。Aufbau principle，汉译构筑原理，指如何决定原子、分子和离子之电子构型的原则。它假想有一个逐步添加电子来构造原子（分子和离子）的过程，每增加一个电子，电子都要被添加到由原子核和已有电子所构成体系的最低能量轨道上。根据这一原理，电子填充电子轨道应按照 $n+l$ 规则进行，即优先填充 $n+l$ 较小的轨道；$n+l$ 相同时，n 值较小的轨道优先，故有原子外部电子构型出现的依次顺序为 1s→2s→2p→3s→3p→4s→3d→4p→5s……（图1）。

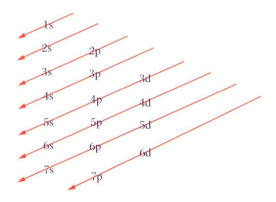

图1 依据 Aufbau principle 的外层电子构型的顺序。

三、分子轨道的宇称标记 g 和 u

熟悉光谱分析、分子轨道计算和晶场理论的读者可能会注意到 σ_g，σ_u，π_g，π_u，

$a_{1g}, e_g, t_{1u}, t_{2g}$ 等形式的轨道标记。这里的 g 为德语词 gerade 的首字母,意指正的、直的、偶的;u 是 ungerade 的首字母,意指不正、不直、奇的。符号 u, g 用来表征分子或离子某些轨道的宇称,g 表示该轨道的宇称是偶的(交换对称),而 u 则表示该轨道的宇称是奇的(交换反对称)。

四、色心的标记 F

从固体物理角度被理解最透彻的一类色心(colorcenters)是所谓的 F-center。这里 F 是德语词 Farbe(颜色)的首字母。F-center 属于点缺陷,利用辐射可以容易地在碱卤晶体如 KCl、NaF 中诱导出 F-center,实际上,在对透明的碱卤晶体进行 X 射线照射时常常会使样品获得因 F-center 的出现所带来的颜色。F-center 发生的原理是,电子被晶体中的空位俘获,可看作是处于一个势阱中,有分立的能级,因此会表现出不同于晶体本身的颜色来(图 2)。

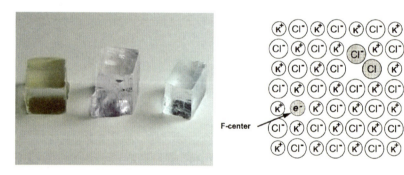

图 2 (左图,从左至右)带 F-center 的 NaCl、KCl 和 KBr 晶体;(右图)KCl 晶体中 F-center 的示意图。

五、Umklapp process

德语词 Umklapp process 是固体理论中关于声子散射的一个名词,汉译"倒逆过程"完全莫名其妙,字面上会让人将之混同于多见的"reverse process"或"inverse process"。实际上,英语文献中保持了这个词的德语形式就在于很难找到一个对应的英文词。在咀嚼这个词之前,我们应先弄清楚其所代表的实际物理过程。

考虑两个声子通过相互作用生成了单一声子的过程,此过程必须满足动量守恒,即声子的波矢量满足 $k_1 + k_2 = k_3$。如果 k_1, k_2, k_3 都落在第一布里渊区内,这是一个非常平常的过程(nothing unusual),因此被标记为正常过程

(normal process)。如果 k_1,k_2 都大于 $G/4$，G 是倒格矢，则这种情况下其矢量和 k_3' 可能落在第一布里渊区之外。则同此波矢对应的在第一布里渊区内的点为 $k_3 = k_3' - G$；相应地，动量守恒可表达为 $k_1 + k_2 = k_3 + G$（图3）。这一晶体动量反转（reversal of crystal momentum）的行为，被称为 Umklapp process，它是降低晶体热导率的关键过程。Umklapp process 一般发生在高温条件下[2]。

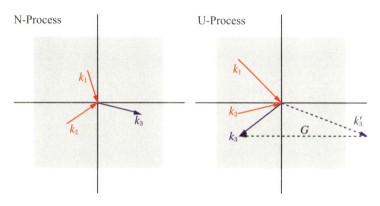

图3　声子散射的正常过程（normal process）和倒扣过程（Umklapp process）。倒扣过程的出现是晶体具有平移对称性的结果。

如何翻译 Umklapp process 呢？我们看，Umklapp = um + klapp。德语介词 um 的意思是围绕，转弯，返回头的意思，比如"um die Ecke（角落）"就是在拐角处，在街角的意思。而德语动词 klappen 是开/闭/翻盖子以及类似的动作，而且还要传达伴随的吧嗒一声响的动静。比如"die Türklappte"，就是"门吧嗒一声关上了"。名词 Umklapp 描述的就是矢量 k_3' 变成矢量 $k_3 = k_3' - G$ 的过程（图3中的右图），可看成合上了矢量 G 这样的一个盖子，故名。打个不太恰当的比方，车轮压过井盖的过程就有 Umklapp process：车轮先是搭上井盖一侧边缘，此处可看作自某处的一个矢量的顶点；而后车轮压下另一侧井盖边缘，以此处为顶点的矢量，就是前述矢量同井盖直径矢量的和。这样一个咣当一声加上一个恒定矢量的过程就是 Umklapp process。如要翻译成中文的话，笔者以为"倒扣过程"还有点合适。请读者批评。

六、Eigen

此词常常同一个英文名词结合在一起（保持了德文原文的连写习惯），构成一个专有名词，包括 eigenvector（本征矢量），eigenvalue（本征值），eigenfreuquency（本征频率），eigenmode（本征模式），eigenstate（本征态），

eigenfunction（本征函数），等等。Eigen 是形容词，有自己的、独特的、特别的、独自的等多重意思。汉译"本征的"，估计采用的是"自身特征"意思，但笔者以为 Eigen 应该是强调其所修饰名词之独特性，而非谁的特征。英语未用 special, particular 等词翻译，笔者猜测一是保留德文原有的连写形式，比如 Eigenwert/eigenvalue（本征值）和 Eigenfunktion/eigenfunction（本征函数），避免降低其对独特性强调的力度；二来 eigen 发音清脆，意思也比较有个性，若将之硬翻译成英文，怕是会造成将 Giovanni Verdi（乔万尼·威尔第）改写成 George Green（乔治·格林）那样的恶俗效果。当然，对 eigen 的正确理解应该看它在具体语境中的应用。

上述基于德语词 eigen 构造的词汇在数学和物理中主要出现在同矩阵相关的场合。在处理振动问题时会遇到 eigenvector（本征矢量），eigenmode（本征模式），eigenfrequency（本征频率）等词，而在量子力学的语境中常遇到的则是 eigenvalue（本征值），eigenstate（本征态），eigenfunction（本征函数）等词。这两者在处理具体问题的数学时，本质上还是解矩阵问题（提请读者注意，薛定谔发表著名的薛定谔方程的那篇文章，题目就是《作为本征值问题的量子化》[3]，而后在用同样题目发表的文章里，薛定谔证明他对量子论的波函数描述同海森堡的矩阵理论是等价的）。那么，关于矩阵，其独特的值（eigenvalue），独特的矢量（eigenvector）是什么意义下的独特呢？

考察一般的 $n \times n$ 矩阵，右乘一个 $n \times 1$ 矩阵（等价于一个 n 维的矢量）会得到一个新的 $n \times 1$ 矩阵：

$$\begin{pmatrix} a_1 & a_2 & \cdots & a_{1n} \\ a_2 & a_2 & \cdots & a_{2n} \\ \vdots & \vdots & \vdots & \vdots \\ a_{n1} & a_{n2} & \cdots & a_{nn} \end{pmatrix} \begin{pmatrix} b_1 \\ b_2 \\ \vdots \\ b_n \end{pmatrix} = \begin{pmatrix} c_1 \\ c_2 \\ \vdots \\ c_n \end{pmatrix}$$

若新得到的 $n \times 1$ 矩阵同原先的 $n \times 1$ 矩阵，都可看作是矢量，是同一个方向的，这就是特殊的状况，有

$$\begin{pmatrix} a_1 & a_2 & \cdots & a_{1n} \\ a_2 & a_2 & \cdots & a_{2n} \\ \vdots & \vdots & \vdots & \vdots \\ a_{n1} & a_{n2} & \cdots & a_{nn} \end{pmatrix} \begin{pmatrix} b_1 \\ b_2 \\ \vdots \\ b_n \end{pmatrix} = \lambda \begin{pmatrix} b_1 \\ b_2 \\ \vdots \\ b_n \end{pmatrix}$$

则这样的 $n \times 1$ 矩阵就是该 $n \times n$ 矩阵的一个本征矢量，λ 是相应的本征值。

解矩阵本征值问题就转化为求解代数方程 $\det(a_{ij} - \lambda I) = 0$,这里 I 是单位 $n \times n$ 矩阵。

读者仔细回忆一下矩阵理论在振动问题和量子力学中的应用,应能体会其遵循的就是上述的一般思路。不过,为了透彻地理解量子力学,读者诸君还应掌握关于厄米特算符的本征矢量和本征值问题的数学知识。量子力学要求其力学量对应一个自伴随算符(self-adjoint operator),其有如下三个重要性质:
1. 该算符有一组(可以是无限多个)本征值全为正的本征值;
2. 其对应的本征函数是正交的;
3. 所有的本征函数构成一个完备的空间。

理解了自伴随算符的本征值/本征函数问题,就有了理解量子力学基本运算的基础了。这样,在研究具体的物理的问题时,就知道如何确立一组合适的正交完备基,如何将其它算符或函数用正交完备基加以展开了。

后 记

1. 德语是一种非常适用于哲学、实验物理学、机械、电子学的语言,其结构严谨,但词汇却是非常平淡的。德国哲学之在中国的影响,岁数如我者都有痛苦的考试经历。如辩证法的基本原理,包括量变到质变的转化及反过程(das Gesetz des Umschlagens von Quantität in Qualität und umgekehrt),矛盾的转换律(das Gesetz von der Durchdringung der Gegensätze),否定之否定(das Gesetz von der Negation der Negation),不过都是一些浅白的字眼,浅显的道理。翻译者的故弄玄虚,穿凿附会,让整个民族为之付出惨痛的代价。
2. 时常会感慨,物理学、数学等自然科学,都是在别种语言文化土壤里成长起来的。我国人欲从事科学事业,洋文就是一头拦路虎(算是我为自己的无能辩解吧)。多少美好的时光,我国人男女老幼将之花在习诵那些粗陋不堪、佶屈聱牙的洋文上,甚至有人恍惚以为洋文文化(希腊、埃及、阿拉伯文化除外)也是历史弥久、精美别致的呢。然而,感慨归感慨,用洋文习科学之耗时费力依然如故,此种无奈感于我历久弥深。记得某日办公室恹坐,作浣溪沙一首,今录于此,或于读者诸君中可得共鸣焉。

浣溪沙 无题

春日倦坐拥物理书而寐,起而作

手握经典将欲闻,跌跌撞撞未入门。冥思苦想更伤神。

旁征博引别家事,云山雾罩虚当真。曲里拐弯是洋文。

——曹则贤(2007 年 2 月 19 日)

补 缀

本篇原文发表时,我关于 Welcher-Weg 的写法是"Welch-Weg",这两种写法文献中都有。Welcher 带上阳性第一格词尾,在英文文献中 Welch-Weg 用作第 2—4 格时就显得不伦不类了,所以还是写成简单的"Welch-Weg"比较方便。当然,读者记住有不同的写法,可以方便文献检索。

参考文献

[1] Bose S N. Plancks Gesetz und Lichtquantenhypothese[J]. *Z. Phys.*, 26, 178-181(1924).

[2] Meyers H P. *Introductory Solid State Physics*[M]. Taylor & Francis Ltd, 1990, 142-144.

[3] Ervin Schrödinger. Quantisierung als Eigenwertproblem[J]. *Annalen der Physik*, 79, 361-367(1926).

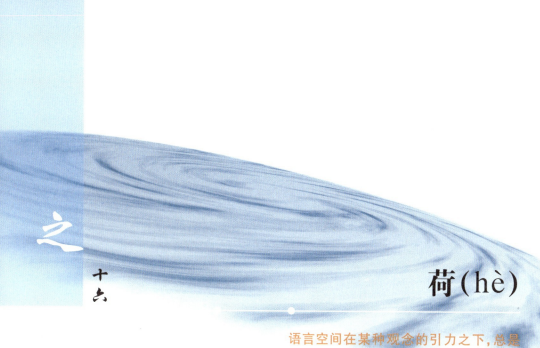

之十六 荷(hè)

> 语言空间在某种观念的引力之下,总是要发生扭曲。
>
> ——韩少功《马桥词典》

摘要 英文 charge 一词作为动词大致对应中文的荷(hè)、载等词,但具有相似意思的重要物理学词汇还包括 load, vector, convection, 等等。相关词汇被译成中文时,一定程度上被扭曲或附会上了别的内容。

欲说荷(hè,4声),先说荷(hé,2声)。荷,又称莲、芙蓉、芙蕖、菡萏等,是一种在中国常见的水生植物。荷之叶、茎、花、子房(莲蓬)和根茎(藕),多给人以高雅、洁净、清新的感觉,所以不仅可以入口,最重要的是可以入诗。古来咏荷说莲的文章诗词不计其数。为人们所熟知的有周敦颐的道德文章《爱莲说》,有杨万里的"小荷才露尖尖角,早有蜻蜓立上头(《小池》)""接天莲叶无穷碧,映日荷花别样红(《晓出净慈寺送林子方》)"等脍炙人口的名句。莲固然高雅,然生于污泥之中,于乡间的田野水塘里也随处可见。故爱莲者无须名士,粗鄙如笔者,也一样可以一边吃着桂花糯米藕,一边胡诌"雨打莲花莲蕊俏,风卷荷叶荷香清(《白洋淀即景》)"之类的句子。

荷因为是水生,且不枝不蔓,所以其形象挺—独—特,无论是叶,还是花,都是由一枝中空的茎高举着托出水面(图1)。因此,自然地,由名词"荷(hé,2声)"蜕变出的动词"荷(hè,4声)",就有了负载、承载、负担、扛、擎举等意思。所以,中文有负荷、载荷、荷载而立、荷枪实弹等说法。苏轼"荷尽已无擎雨盖,菊残犹有傲霜枝(《赠刘景文》)",这里的擎就是荷(hé,2声)的形象,就有荷(hè,4声)的意思。而陶渊明诗句"晨兴理荒秽,带月荷锄归(《归园田居》)"里的"荷"字显然是动词。

图1　柔嫩的梗上顶个硕大的叶子或坚实的子房,"荷"的力感栩栩如生。

常被翻译为中文"荷(hè)"字的英文词为 charge,比如 electric charge(电荷),color charge(色荷)。英文 charge 来自拉丁文 carricare;和 cart,car(车,拉丁文为 carrus)等字同源。其本意为"装车",例句如"to charge a truck(给卡车装货)"。相当多的含装载、负担、填充、增加等意思的动作都是 charge,例如"to charge the water with carbon dioxide(往水里添加二氧化碳)""to charge a battery(给电池充电)""to charge a nurse some duties(给护士增加义务)",等等。Charge 转义为"给个人信誉增添负担"的意思,进一步地就有赊账,收费的意思,这样大家就理解了为何"free of charge"就是免费的意思。

既然动词 charge 含有装载、负担、填充、增加等意思,则名词 charge 可代指这些动作涉及的存在。用毛皮摩擦琥珀(amber,树脂。原词就是树的意思,和伞(umbrella)同源)或者用塑料梳子用力梳头,则琥珀(梳子)能吸引小纸片,我们推测琥珀(梳子)得到了(charged)一种东西,可称为 electric charge。注意,这时把 electric charge 称为电荷还太早,因为 electricus(由 William Gilbert 于

1600年所造)源自拉丁语琥珀,其希腊文 elektron 同"发光、闪亮"有关,这时的"electric charge"的本意还是"琥珀带上的东西"(图2)。啥东西?不知道。将 electric charge 同天上的闪电(lightning)现象(一种 discharge,放电)联系起来要等到1752年。1750年富兰克林(Benjamin Franklin,1706—1790)建议用风筝验证闪电就是"electricity"。1752年法国人 Thomas-François Dalibard 实施了富兰克林建议的实验,证实了所谓的 electricity 和闪电里某些存在是一致的。近代西学传入中国时"lightning 是 electricity"的观念已经确立,于是"electricity"就成了电,很少有人关心它本身是什么意思了。实际上,简体"电"字与它的繁体形式"電(下雨时出现的弯弯曲曲的东西)"字相比,被祛除了(discharged)自身的内涵。可以说,是到了18世纪后叶,electric charge 才开始有我们今天用中文说"电荷"的那些内容。

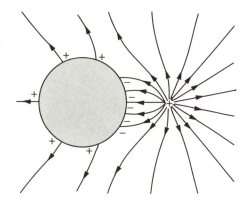

图2 想象的电荷形象:颗粒带上一种或正或负的特性。在基本电荷被发现之前,电荷被认为是可以被添加到物体上面的一种神奇的存在。不过这种把电荷表示为加到电极表面的"+"和"−"对理解电荷之内涵所造成的危害是不可低估的。Saslow 就曾写到:"孩子们看到电被图画成导电表面的'−'号,他们被告知'−'号代表被带正电的棒吸引到表面上的电子。成年的物理类学生,即便在修习了量子力学以后,仍然改不过来这样的错误观念。"[1]

可以看到,随着物理学的发展,物理学文献中的 charge 一词包含两个不同层面上的意义。利用比如摩擦过程,可以让不同的(远大于基本粒子的)物体带上电,这类似装车的过程,这时那个被装载的货物(电子)相对于车(电极)是外在的。图1中的莲梗与其上荷载着的蜻蜓,大约就是这样的关系,是可以装(charge)也可以卸(discharge)的。实际上,把电荷装载到长发上一直是经典的静电演示实验(图3)。这时电荷和带电粒子这两个概念基本上是混同的。另一个层面上,电荷(electric charge)是一些基本粒子(电子、质子等)的固有性质,是不可分割的。实际上,电荷是和规范不变性相联系的一个守恒量。在近代物理的概念里,基本粒子本身携带的任何性质都可以看作一种"荷",无须一个"charge"它的过程。如夸克和胶子可以贴上称为"颜色"的标签,所以有色荷。此概念由 Oscar W. Greenberg 于 1964 引入,目的是解释夸克以看起来相同的状态存在于某些重子中,又要照顾到所谓的泡利不相容原理。此特性有三重性(three aspects),联想到欧洲国旗的众多的、又必须相互区分开来的三色设计,所以被称为"color charge",当然大家也就理解了为什么具体是哪三种颜色(和我们视觉上的颜色无关,记号而已。电荷也应作如是观)是一笔糊涂账了。如果有磁单极的话,我们也管其携带的表征磁性质的基本特性为磁荷。

图3 头发直立体验(hair-raising experience)是常见的静电演示实验。当人体带上足量电荷时,电荷间的排斥力会让头发飘散开来以减少总的静电能。

当一个物体,如金属球,或一块云彩,被 charge 了太多的 electric charges 时,它可能就会自动卸货(discharge)。电荷被放出来时,会引起气体的离化,自由电子和离子又复合还会放出光来,此过程以及此时部分离化了的气体笼统地都被称为气体放电(gas discharge)[2]。英文 gas discharge 一词有时同 plasma 混用,但是 plasma 又别有它意,参见[3]。今天,discharge 已被认为是被离化甚至能发光的气体,实际上其本意指的是电极上的过程(图4)。电极释放了原先积聚的电荷,it is discharged。

类似同电有关的,具有负荷、装载意思的英文词是 load。在电工电子学、电子线路的语境里,load 被翻译成负荷、负载,指所需承担的输出功率。有意思的是,按 Webster 大字典解释,load 的意思受到了德语动词 laden 的影响(sense

 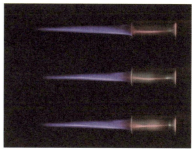

图4 （左图）球形电极释放（discharge）其上积聚的电荷（electric charge），导致了气体放电（gas discharge）；（右图）基于类似的机理可以产生大气压等离子体注（atmospheric pressure plasma jet），甚至溯流（upstream）的等离子体注（图片取自 N. Jiang, A. L. Ji & Z. X. Cao, *JAP*, 106, 013308[2009]）。

influenced by），笔者以为它实际上就是来自德语动词 laden。在德语物理文献里，电荷是 elektrische Ladung。德语有将介词直接加到动词上构成转义词的习惯，如装货（aufladen = auf + laden），卸货（entladen = ent + laden）。其相应的名词 Aufladung 是充电的意思，而 Entladung 就是放电的意思。英语是一种混合语言，对古德语和凯尔特语都是部分地继承，所以有 discharge = Entladung, entladen（放电），而充电（Aufladung, aufladen）和电荷就用简单的 charge 一个词凑合了。

与 discharge 同义的有 unload, disburden，更有范的写法为 exonerate（来自拉丁语 exonerare）。从 unload 经过 disburden 到 exonerate，卸除的对象从实在的物理负担渐渐过渡到心理负担（负疚感、负罪感）。如被指控在 bubble-fusion（泡泡核聚变）一事上造假的美国普渡大学 Rusi Taleyarkhan 教授在给 *Nature* 的信中宣称："'a duly constituted committee in 2006 looking at these same two issues' exonerated him."这里"exonerated him"就是让他卸掉心理负担的意思（美国物理教授真可怜，成功地造出了那么轰动的物理研究成果还要背负心理负担，被人秋后算账）[4]。

与"载""荷""载荷"有关的，让人联想起在固体（特别是半导体）物理领域有一个名词叫"载流子"，相应的英文是"charge carrier"，也有将其译为"载荷子"的，特别是在台湾地区的刊物上（此处内容得自同张其锦先生的通信）。笔者以为，charge carrier 本身并不是用来强调其是电荷携带者的，它是人们在讨论固体导电行为时引入的一个词。在所有的气体、液体、固体里，并不是所有的电荷都参与导电,构成电流的。以半导体为例,处于基态的本征半导体是不能导电的,虽然其电荷在外电场的作用下也运动。只有在导带里的电子,以及在未占满的价带里的电荷才能构成导电行为。后一种情形下的导电行为(想象一下剧院里少数位置空闲时可能的观众挪动行为),可看作是缺少的少数电子所留下之空位(空穴,hole)的运动。可见空穴是一个等效的概念。所谓空穴(hole)是带正电的 charge carrier,也不过是固体整体电中性背景下的等效概念。中文"载流子"一词强调了它们对形成电流的贡献。而"载荷子"的说法无可无不可。

无论是中文的"载荷子",还是 charge carrier,若只从字面上看都涉嫌语义重复,因为 carrier,动词 carry,本身就有 load, charge 的意思。Carrier 是能负载其它东西的东西,比如负载作战飞机,它就是航空母舰。当然若说某个带菌者、带病毒者,我们常用的词是 vector。大意上 vector = carrier。另外,vector 作为一个科学名词,中文物理学将之译为矢量(原来是数学家这么叫的),而数学将之译为向量(物理学家原来这么叫的)。这两个翻译都没有表达出 vector 的意思。一般书籍里关于矢量的介绍基本上都是错误的,但此话说来太长,一般要等学到微分几何、代数几何才能明了为什么,有必要的话应专文介绍。

此外,convetion(= carry together)一词也具有"一起携带"的意思,描述热传导三途径之一。中文翻译成"对流"是非常误导人的,望文生义就会误解其实际的物理过程,相关讨论见[5]。

➤ 补 缀

1. 1935 年的美国电影《Top Hat》中男女主人公在一个亭子中避雨。男主角拿男女(a clumsy cloud and another clumsy cloud)异性相吸、靠近、接吻(kiss,本身有"接触上"的意思)、shivering 来描述 thunder(lightning)的发生机理,非常传神。
2. 曹植为曹操写的《诔文》有"玺不存身,唯绋是荷"一句,大概意思是曹操的生前所用印玺没有随葬,仅是象征性地将捆绑这些印玺的丝带什么的放进了墓里。

3. 有一个按照 charge 造出来的词汇 churge 值得一提。电荷(charge)有屏蔽作用,即远距离上因为其它电荷的存在而消弱;而强相互作用的夸克要求有反屏蔽作用,在近距离上因为其它电荷的存在而消弱。与此相应的内禀性质暂时被称为"churge",就是色荷(color charge),参见 Frank Wilczek,*The Lightness of Being*,Basic Books(2008),p. 49。

参考文献

[1] Wayne M Saslow. *Physics today*,September 1993,pp. 9-11. 引用的这一段原文为"Children see illustrations of electricity with minus signs on conducting surfaces, which they are taught represent actual electrons that are attracted to the surfaces by a positive charged rod. Adult physics students, even after learning quantum mechanics, do not have this misconception corrected."

[2] Yuri R P. *Gas Discharge Physics*[M]. Springer-Verlag, New York,1991.

[3] 曹则贤.作为物理学专业术语的 Plasma 一词该如何翻译?[J].物理,35(12),1067,2006.

[4] News. *Nature*. 455,13,2008.

[5] 曹则贤.物理学咬文嚼字 009:流动的物质世界与流体科学[J].物理,37(3),203-206,2008.

之十七　英文物理文献中的德语词(之二)

> 他(牛顿)是实验家、理论家和技工,同时也是毫不逊色的语言艺术家。
> ——爱因斯坦1931年为牛顿的 *Opticks* 作序
>
> 我对语言思考得越多,我就越奇怪人们居然能相互理解。
> ——Kurt Gödel

(接《物理学咬文嚼字》之十五)

七、Gedanken experiment

Gedanken experiment,有时仍按德语习惯写为 Gedankenexperiment,而有些英文文献则直接写成 thought experiment,汉译为思想实验、假想实验、想象实验等。此词据说由奥斯特(Hans Christian Ørsted)于1812年所造,等价的德语词为 Gedankenversuch。英文 thought experiment 出现于1897年,是对马赫(Ernst Mach)著作 *Gedankenexperiment* 的翻译。考虑到 gedanken 是动词 denken(思想、考虑、想象)的过去分词,相应地,thought 也应理解为 think 的过去分词而非名词,这样对 Gedankenexperiment 的汉译似以"想象实验"为宜。按定义,"Gedankenexperiment 是为了验证某些猜想或理论而提出、但又囿于现实而无法实现的实验,是在思维实验室(laboratory of mind)中进行的;其目的为探索欲考察之原则的可能后果(A thought experiment is a proposal for an experiment that would test a hypothesis or theory but cannot actually be performed due to practical limitations; instead its purpose is to explore the potential consequences of the principle in question)"。所谓"囿于现实而无法实现"有两重不同的含义:一是原则上不可能的,如爱因斯坦曾经假想的骑在光波上(riding on a beam of light)看世界;二是现实意义上的不可能,如后文要谈到的对电子的记录:固体探测器记录的所谓电子的位置就不可能是电子自身尺度大小的。不过,在马赫那里,Gedankenexperiment 却有另外的意思,它是对真实实验在想象中的操作,实际实验则由其学生动手完成。

Gedankenexperiment 在人类认识过程中发挥过实际实验(practical experiment)无法比拟的作用。物理学更深层次上关注的是人类如何看世界的问题,而非测量的问题,Martin Cohen 就相信"相当多的近代物理是建立在想象性实验的基础上的"[1]。Gedankenexperiment 的威力更多地体现在对物理原理的逻辑性验证方面,所谓的逻辑的力量(power of logic);但也正是因为 Gedankenexperiment 是想象的,没有直接的、现实性的强约束,它往往又容易落入 paradox(公说公有理,婆说婆有理)的窘境。关于前者,典型的例子为对落体定律的验证。不同质量的物体以相同速度下落是建立在反证法上的一个强的逻辑性结果(笔者以为,测量的误差无论多小,都既可以看作是对差别的肯定,也可以看作是对差别的否定),其论证过程见伽利略的著作 *Discorsi e Dimostrazioni Matematiche*(1628),大致讨论可参见《物理学咬文嚼字》之十一——《质量与质量的起源》[2]。而关于后者,典型的例子有为讨论热力学第二定律而引入的麦克斯韦小妖(Maxwell's demon),相关的想象性实验引出的争吵似乎比结论要多。

历史上非常著名的 Gedankenexperiment 要数薛定谔的猫了。设想在一个封闭的空间里有一个放射源,放射性事件的发生会触发一个机械装置打碎一瓶毒药,从而毒死里面的一只猫(图1)。由于放射性过程的发生是一个量子行为,因此,沿着量子式的思维该猫的状态应是死和活这两种状态的量子叠加。当然,经验告诉我们,猫,cat or levine,只会要么是死的,要

图1 薛定谔的猫想象实验。

么是活的，就算是法医学意义上的半死不活也不是量子叠加态。薛定谔的猫于是成了量子哲学家和量子物理学家们津津乐道的话题，有人得出测量是量子力学本质的结论（猫本来是处在死与活的量子叠加态，是测量的瞬间将其坍缩为经典的死或活的状态）；清醒些的认识到量子叠加态的概念并不适用于猫这样的宏观存在，故转而究问量子叠加态就体系尺度而言，到底哪里是量子力学与经典力学的边界。最近有"薛定谔的猫变胖了"的文章，量子叠加态已经可以在超导量子干涉器件中实现了［3］。有趣的是，从薛定谔提出关于猫的Gedankenexperment以后，他本人似乎无意于这些似是而非的、浅表层的讨论，转而思考生命从科学的角度来看其本质是什么的问题，很快写出了具有深刻洞见的不朽名著《什么是生命？》［4］。真正的科学家同家常科学家之间的区别，由此可见一斑。

试图从确定猫的肥瘦来确定经典力学同量子力学间的界限是徒劳的，所谓的量子力学同经典力学的界限问题基本上是一类伪问题。量子力学并没有脱离经典力学的窠臼，更不应该视为经典力学的对立面。举例来说，被奉为量子力学圭臬的海森堡不确定性原理（Heisenberg's uncertainty principle），早在1931年就从经典扩散方程里推导出来了。其实，从经典力学到量子力学，从猿猴到人类（图2），从电子的双缝干涉到C_{60}分子的双缝干涉（对该分子的离化恐怕比笼统的探测位置更能破坏Welch-Weg的设置，似乎研究者此时不在意这个问题，见下文）的记录图像，都有一种渐进的过渡，适用模糊数学的描述而不是硬要划出明晰的边界来。有些物理学家喜欢做明显没有答案的工作（能确定

图2 猩猩在用自制的工具捕鱼。此照片为猿猴到人类进化的渐进性过程提供了强有力的佐证。

是只下金蛋的鹅的除外。比如 Ramsay 确定中子到底有多中的努力),甚至明显混淆是非,比如明知牛顿引力公式中距离的指数是整数2(平方是也)而非实数2.0,偏要本末倒置地妄想用实验来检验牛顿公式到底精确到小数点后多少位,其意欲如何笔者不敢揣度。

八、Zitterbewegung

德语词 Zitterbewegung 由 Zitter(动词形式为 zittern,颤抖、发抖、哆嗦) + 名词 Bewegung(运动)构成。英语文献多愿意保留其原文形式,但有时会加上英文注解 trembling motion。中文物理文献将之翻译成颤振运动,但"振"字破坏了"颤"字要表达的意思。中文"颤"表达的应是"小振幅快速抖动"的意思,例如王实甫《西厢记》有句云:"颤巍巍花梢弄影",就非常贴近 zittern 的原意。英文文献不将 Zitterbewegung 翻译成 trembling motion,是因为 trembling 难以表达 zittern 字面上的形象,即以字母"Z"开始从而表达弯曲、曲折、颤抖等形象。类似的英文字词有 zigzag, zipper,等。作为物理学专业术语的 Zitterbewegung 强调了高频率、小振幅的弯折特征,而 trembling 至少字面上缺少这层意思。德语词"zitter"的意思可从复合词 Zitteraal(电鳗)、Zitterrochen(电鳐)得到形象化的理解(图3)。

图3 Zitterbewegung 作为生物放电的机制。如图所示的动物为 Zitteraal(电鳗),具有相同放电机制和类似名字的还有 Zitterrochen(电鳐)。注意左图中的抖动就是用字母"Z"形象地加以表示的。

Zitterbewegung 指的是遵循 Dirac 方程的粒子,尤其是电子(这也是为什么用 Zitter 这个词的一个原因)的一种理论上的快速运动(图4)。1930年,薛定谔推导相对论性自由电子之狄拉克方程的波包解,发现正能量态和负能量态的干涉产生了看似电子位置绕其中线(median)的快速涨落,其频率为

图 4　电子 Zitterbewegung 的假想图。该运动一直未能被确立为物理学的实在。

$2mc^2/h$，约为 1.6×10^{21} Hz[5]。注意到可见光频率在 10^{14}—10^{15} Hz，可以想见这个频率真的是太快了（这要求把电子限制到康普顿波长以内），这解释了这个运动至今未能从实验上加以证实的原因①。

最近几年来，Zitterbewegung 被推广到原子、固体中的电子以及光子晶体中的光子身上[6]。但对该运动形式的确认，在指望实践角度的努力结出成果之前，对其理论意义上的正确理解恐怕还是需要先行一步[7]。

九、Welcher-Weg experiment

德语 Welcher-Weg，直译成英文就是 Which-way（which-path），哪条道的意思，典型的面临"歧路"时的诘问，说的是基本粒子（电子、光子等）在双缝衍射过程中具体单个粒子到底是通过哪条狭缝的问题，属于量子现象。这个词英文不作翻译而保留德文原文，不知是否是为了保持其哲学命题的味道，反正就 Welcher-Weg 问题来说，真正物理学意义上的讨论似乎不如量子哲学家的讨论来得热闹。相关的词有"Welcher-Weg information（信息）""Welcher-Weg detection（探测）"，所讨论的都是一回事。

光的双缝干涉最早由 Thomas Young 从实验上加以验证：在幕墙上得到一组明暗相间的条纹（图 5）。一般教科书上都认为此实验是证实光之波动性的关键，但是笔者提请大家注意几个细节：(1) 此实验是用人眼观察自幕墙的反射光；(2) 波并不等于正弦函数；(3) 明暗相间的条纹其具体的光强分布函数到底是怎样的（反正不是等宽度周期性的，否则无法解释它的有限范围）？关于双缝干涉的讨论不可以抛开这些细节而走得太远。双缝干涉的重要性在于，如费曼 1963 年所云："它包含着量子力学最后的奥秘（It contains the only mystery of

---

① 此运动由薛定谔方程加狄拉克哈密顿量导出，粒子的运动由式
$$x_k(t) = x_0 + c^2 p_k t/H + i\hbar c(\alpha_k(0) - cp_k/H)(e^{-2iHt/\hbar} - 1)/(2H)$$
给出，所谓的 Zitterbewegung 就是第二项。但是，这项好象是一个复数。复数表示的坐标之作为运动加以诠释，到底该是什么样的物理图像，恐怕还是要仔细考虑的。这要求把电子限制到康普顿波长以内，这本身似乎构成了对其存在合理性的否定！——作者注。

quantum mechanics)"。光子的粒子性确立后,可以让每次只有单个光子通过狭缝,这样按说(正弦函数叠加说)应该没有什么干涉图案了。但是,1909 年英国科学家 Geoffrey Ingram Taylor 还是得到了干涉条纹？如何解释？Dirac 给出的解释是光子的自干涉[8]。那自干涉是如何进行的？狄拉克没有解释。其实,笔者以为这里值得一问(文)的一个关键问题是：单个粒子同记录设备(幕墙、胶卷、显示屏、CCD,或者别的什么)相互作用后留下的那个效果真的是理论物理学家讨

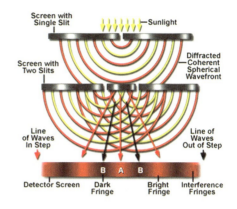

图 5 杨氏双缝干涉实验。其实验结果为一组明暗相间的条纹。关于条纹的细节,一般文献都语焉不详。

论的粒子的干涉行为吗(图 6)？那个亮斑是一个比电子的尺寸大许多个数量级的存在。就是在亮斑那个尺度上,亮斑尺寸的减小也让我们不断改变对干涉条纹(如果有人肯关注细节的话)的认识。如果这不足以提示您什么的话,下面的一幅关于人像照片的进展也许能让你关注"Detector"本身是如何影响我们对世界的认识的(图 7)。更要命的是,单个经典的像素(由粒子同探测器相互作用而来,而这个相互作用本身就是一个我们不太懂的量子过程)在一定时间间隔上的叠加结果,跟我们想说明的微观粒子随时发生的自干涉到底是什么关

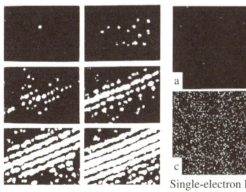
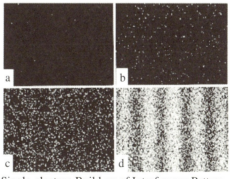

Single-electron Build-up of Interference Pattern

图 6 (左图)1974 年完成的由直接拍摄电视屏所得到的一组电流不断加大的干涉图像。6 幅小图的积分时间都是 0.04 秒。由于每一时刻只有一个电子打到屏幕上,这些图显示了如何由单电子行为获得干涉图像。(右图)1989 年 Akira Tonomura 及其合作者获得的双缝干涉图像：(a)8;(b)270;(c)2000;(d)6000 个电子[10]。

系,似乎没有严格的令人信服的说明。关于自干涉的最近深入讨论,请参阅[9]。但是,笔者提请大家注意,固体探测器永远不会提供好于 10^{-10} m 的分辨率,而电子的尺寸肯定小于 10^{-19} m,因此这个讨论可能终究是白扯!

图7 像素与照片质量的变迁。随着感光颗粒变小直至现代 CCD 相机用微小的方形像素(pixel),图片的分辨率越来越高;加上彩色照相技术,照片上的人类形象是越来越清晰、越来越接近真实了。设若有某种生物只能通过照片来认识人类,那它关于人类形象的认识该是经历了怎样的变化呢?而在这期间若它不去研究照相技术而是仅作哲学上的探讨,又会做出多少关于人类形象的胡说八道呢?

既然,光子、电子是单个的分立体,人们自然想到,它经过双缝时到底是经过具体哪条狭缝呢?似乎是为了说明双缝干涉的奇异处,人们认为若对粒子在狭缝后进行探测以确定它到底经过了哪条狭缝,则干涉性消失。非常抱歉的是,笔者没找到具体的实验设施和结果的细节,自身也未接触过或参观过这样的实验。我只是闹不明白,一个躲在双缝后面的探测器如何就能判定粒子通过具体哪个狭缝的呢?这是一个非常棘手的、关键性的问题。除非粒子完全落在另一个狭缝的视界外,否则就不能判断粒子是从哪个狭缝通过,而这样则要求探测器堵死了它所面对的狭缝,则整个装置回到了单缝衍射的构型,那么干涉条纹的消失又有什么奇怪的呢? 实际上,并没有干涉条纹的"存在"与"消失"的二值逻辑。对双缝衍射实验在双缝与屏幕之间增加测量过程(干扰!),一定会得到多种多样的由具体构型所决定的花样。其实,对双缝干涉(验证波动性)和 Welcher-Weg 哲学问题判定,物理学家采取的是为我所用的实用主义哲学。

举例来说,用 C_{60} 分子经狭缝衍射来研究量子力学之边界(微观-宏观)实验中,单个 C_{60} 分子在被最后作为构成干涉条纹之组元被当作一个点记录之前,不是简单地被探测,而是要被俘获而后离化的[11-13],但是物理学家依然以那个仅有几个高低变化的条纹作为量子行为的证据,而这时所谓的 Welcher-Weg 哲学早抛到脑后了(就象用原子振荡作为时标的时候,谁还想得起原子物理说原子谱线有宽度呢?)。

十、Ansatz solution

解微分方程的一个较特殊的方法为寻找方程的 Ansatz solution。这个词又是半德语、半英语的混合体,中文数学、物理学工作者一般称为尝试解、设定解。这些翻译有一定的合理性(王同亿先生主编的《英汉科技词天》中"Ansatz"词条只是简单地将之译成"假设",则有失草率),但都不能全面反映这个词的意思。因此,有人采取避而不译的态度,比如葛墨林先生著《杨-巴克斯特方程》一书中提到"Bethe-Ansatz"时就干脆照搬原文。

德语 Ansatz 的动词形式是 ansetzen(an + setzen,可分动词),意为 apply, set on, put in, 等等。作为名词,有开始、开始的迹象、延长物、沉积(物)、配方、突起、起奏(唱)、尝试、应用、添加等意思。比如,在肚子(Bauch)上添加(setzen an)了一些内容,就形成了 Bauchansatz,即啤酒肚(图8)。

图8 Bauchansatz,肚子上的 Ansatz,即啤酒肚。

Ansatz solution 作为微分方程的解的一种形式(勿宁说是一种解方程的方式),基本上可看作是尝试解。比如,在处理经典谐振子的正则变换时,可尝试选取坐标和时间分离的 $S = W(q, Q) - \alpha t$ 作为生成函数,这就是具有猜想意思的 ansatz(原文:…because of the ansatz for the additive separability for the simple oscillator system, $S = W(q, Q) - \alpha t$. This was of course just an ansatz, i.e., a guess toward a solution.)[14]。但是,ansatz solution 并不仅指上述的猜想,更多的时候它意味着设定某种特定形式的解,并由此出发来看方程和方程所表示的物理问题应满足的约束。20世纪90年代初,中国科学技术大学的汪克林教授用如

$$U(\xi) = \sum_{i=0}^{m} a_i (\tanh\mu\xi)^i$$

形式的函数级数求解多类非线性方程（图9），并由合适的解来确定方程参数应满足的约束，走的就是这个思路[15]。这样，ansatz 就有了硬性设定的味道。

> for some appropriate algebraic combination of the hyperbolic function. To the equation (1), we make the ansatz
>
> $$U = \sum_{i=0}^{m} a_i (\tanh \mu\xi)^i \quad (4)$$
>
> where the integer m, $a_i(i=1,\ldots,m)$ and μ are parameters to be determined.
> The requirement that the highest power of the function $\tanh(\mu\xi)$ for the nonlinear term $\frac{1}{2}\alpha u^2$ and that for the derivative term $\gamma u_{\xi\xi\xi}$ must be equal gives the following relation:
>
> $$2m = m + 3. \quad (5)$$

图9　汪克林教授论文中一段话极好地诠释了 Ansatz solution。设定了式(4)中的解的形式，然后确定若 ansatz 成为方程的解，则其自身参数和方程中的系数应满足的约束条件。

在数学、物理史上非常著名的 ansatz solution 是 Bethe ansatz，是由奥地利裔物理学家 Hans Bethe 于1931年为了求解一维量子多体问题而提出的，它也曾被用于两维统计物理问题。各向同性海森堡反铁磁体是第一个用 Bethe ansatz 得到解决的问题。除了遵循 ansatz solution 的一般思路外，Bethe 采用的技巧还包括用 permutation Operator 对角化哈密顿量，用单个自旋向下的波函数的积构造总的波函数，是科学大家智慧的完美演示范例[16]。

十一、Bremsstrahlung

物理学来自日常生活，一个明显的例子是大车的许多部件现在都成了数学、物理学专业名词，这包括轴、轭、辐、轫。"轴"字自不待说。辐，自中心轴向外放射以支撑轮子的木条，洋文的 radius（半径），radiation（德语 Strahlung，放射、辐射）和 ray（射线）都是这个意思。轭，驾车之牲口脖子上的曲木。但南亚多有用一根直木架在两头牛脖子上的，即所谓的共轭（conjugate，容以后专文介绍）。轫，卡住车轮使其不转的木头叫"轫"。撤除该木头就是发轫，可以走了，故屈原《离骚》有句云："朝发轫于苍梧兮，夕吾至乎县圃"。后来，"轫"字引申为阻止，则"轫致辐射"从字面上可知其为（对带电粒子）刹车引起的辐射，是对 Bremsstrahlung 一词的完美翻译。

Bremsstrahlung = Bremse + Strahlung，其中 Bremse 为车闸、制动器，动词形式为 bremsen（制动，刹闸）；而 Strahlung 为线，放射线，动词为 strahlen（光芒四射，辐射）。韧致辐射描述的是带电粒子在减速时所产生的连续辐射，此原理被用来制作 X 射线源［图 10］：将电子加速到 10 keV 左右然后打到金属靶上，则电子的减速（stopping）会产生连续谱的 X 射线（单色特征谱由靶原子中的电子向内层空穴跃迁所产生，是完全不同的另一种机制）。该现象最早由特斯拉（Nikola Tesla）于 1888—1897 年间研究高频电磁波现象时所发现。

韧致辐射的波谱依赖于带电粒子的能量和所遭遇的加速度。注意到对带电粒子的防护不可避免地涉及对带电粒子的减速过程，因此要选用合适的低密度材料尽可能使得韧致辐射被转换为长波长的辐射以减少辐射带来的危害。这一点在航天科技中特别重要。

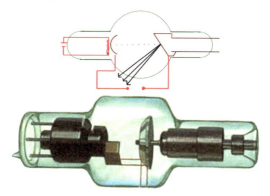

图 10　基于韧致辐射原理的 X 射线管之原理图与实物图：来自阴极（左侧）的热发射电子被加速，入射到金属阳极内部被骤然减速，发出连续谱的 X 射线。

虽然韧致辐射可由带电粒子被"accelerated"（速度不一定增加①）时所产生，但人们基本上是在较狭窄的意义上使用这个词的，即指电子被阻挡时伴随

---

① Acceleration 虽然大部分时是指加速（to cause to move, progress quickly, or to cause to happen sooner），但许多时候则仅指引起速度的改变（by deflection，速率不变）（Wester New World Dictionary：Physics to cause a change in the velocity of (a moving body)）。例如下句"Strictly speaking, bremsstrahlung refers to any radiation due to the acceleration of a charged particle, which includes synchrotron radiation; however, it is frequently used (even when not speaking German) in the more narrow sense of radiation from electrons stopping in matter."这里，若将 Acceleration 理解成"加"速度就有矛盾了。当然，在中文语境中，"加速度"也和 acceleration 一样，可能也只指速度的改变了。如今中文语境中有人也用"负增长"呢。

的电磁辐射。高速运行的电子被加速或在磁场下偏转时会发生强的电磁辐射被称为 synchrotron（源自希腊语 syn + chronos，同步，同时）radiation，汉译"同步辐射"，其光子能量范围可以从亚电子伏特直至兆电子伏特。同步辐射最早在1946年被观察到，早先的同步辐射光只是作为电子加速器的寄生模式（parasitic mode）被使用的，随着同步辐射光应用范围的不断扩展，科学家们设计了专门的同步辐射，现在同步辐射光源已经进入了第四代。目前，我国分别在北京、合肥和上海建有同步辐射加速器装置。

随着德语变得势微，在物理学英文文献中大约很难再出现德语新词了。然本篇所涉及的几个德语词之所以在英文文献中得到了保留，除了历史渊源外，其不易在英文中找到对应词也是重要原因。其实，物理学的表述至关重要的是要精确地传达某种思想或图像，从这个角度来看，德语作为一种严格有余的语言，其失却物理学工作语言的地位殊为可惜。德语表达的精确，对修习物理学、数学、医学、机械、电子、计算机语言（Pascal 语言就采用的是德语语法结构，不用猜也知道其创始人一定是说德语的）等学科无疑是非常有益的。Tsja, die Physik auf Deutsch zu lernen, das macht doch Spaβ（呀，用德语学习物理，也算是种享受）！

后　记

此文写作期间，喜逢神舟七号飞船成功发射，西方媒体逐步接受了汉语拼音 yuhangyuan（宇航员）一词以及人头马式的 taikonaut（太空人）一词。联想到关于"宇航员"一词美国用 astronaut [astro：树枝，引申为星星；naut：船；nautikos：水手]，而前苏联和美国别苗头另造新词 cosmonaut（cosmo：宇宙，秩序），可见话语权是实力的反映，且话语权进一步地还会沉淀到文字中。仔细分析文字中积淀的社会性内容，或许可另开世界文明史研究之新天地。

又：笔者本文中杜撰的"家常科学家"一词，仅供自嘲用。郭德纲的说法是"二手科学家"。

增 补

此文刊出后,杨振宁先生来信提供了一些关于"Bethe Ansatz"发展渊源的历史资料。原文照录如下:

Bethe-Ansatz 这个名词是我弟弟杨振平和我 1966 年发明的。我们当时叫他为 Bethe Hypothesis(请见附书一,第 376 页与第 63 页小注 5),后来是什么时候什么人用 Bethe-Ansatz 这个名字我没有去研究,可能是 Lieb 或者是 Faddeev。

关于 1966 年杨振平和我那些文章的起源,我曾经仔细讨论过(请看附书二,第 662—666 页),那个时候做这个领域工作的人都基本上被一个问题困扰:Bethe 的一些反三角函数有没有复数解?这个问题我们用一个非常简单的方法把它解决了,就是把反余切变成正余切。这个微不足道的改变非常重要,可以说与后来的 Bethe-Ansatz 之命名和以后 Yang-Baxter 方程的发展都有传承关系。

振宁(签字)

2008 年 12 月 19 日

杨先生提及的附书一为 Yang C N and Yang C P, *The Physical Review*, 150, 321-327 (1966);该文收录于 Yang C N, *Selected Papers* 1945—1980 *with Commentary*, W. H. Freeman and Company, New York (1983), 376-382。附书二为《杨振宁文集》,华东师范大学出版社,1998,654-666。

参考文献

[1] Martin Cohen. *Wittgenstein's Beetle and Other Classic Thought Experiments* [M]. Blackwell (Oxford), 2005, p. 5.

[2] 曹则贤. 质量与质量的起源[J]. 物理, 37(5), 2008, 355-358.

[3] Jonathan R Friedman, Vijay Patel, Chen W, Tolpygo S K and Lukens J E, Quantum Superposition of Distinct Macroscopic States [J]. *Nature*, 406, 43-46 (2000).

[4] Schrödinger E. *What is life*? [M]. Oxford University Press, 1948.

[5] Schrödinger E. Über die kräftefreie Bewegung in der relativistischen Quantenmechanik[J]. *Berliner Ber.*, 418 – 428（1930）; Zur Quantendynamik des Elektrons, *Berliner Ber*, 63 – 72（1931）.

[6] Zhang X. Observing Zitterbewegung for photons near the Dirac point of a Two-dimensional Photonic Crystal[J]. *Phys. Rev. Lett.*, 100, 113903（2008）.

[7] David Hestenes. The Zitterbewegung Interpretation of Quantum Mechanics[J]. *Found. Physics*, 20（10）, 1213（1990）.

[8] Dirac P A M. *The Principles of Quantum Mechanics* [M]. 4th edition, Oxford University Press（1982）.

[9] Mandel L. *Rev. Mod. Phys.*, 71, 274（1999）; Bandyopadhyay S. *Physics Letters A*, 276, 233（2000）.

[10] www.hqrd.hitachi.co.jp/em/doubleslit.html.

[11] Arndt M. et al. Wave-particle duality of C_{60} molecules[J]. *Nature*, 401, 680 – 682（1999）.

[12] Dürr S. Nonn T. and Rempe G. Origin of Quantum-mechanical Complementarity Probed by a "which-way" Experiment in an Atom Interferometer[J]. *Nature*, 395, 33 – 37（1998）.

[13] Englert B G. Fringe Visibility and Which-way Information: an Inequality[J]. *Phys. Rev. Lett.*, 77, 2154 – 2157（1996）.

[14] Goldstein H. *Classical Mechanics* [M]. 3th edition, Eddison Wesley（2001）.

[15] Lan H B and Wang K L. *J. Phys. A: Math. Gen.*, 23, 3923 – 3928（1990）.

[16] Lutz Osterbrink. *The Bethe-Ansatz* [M]. Proseminar, ETH-Zürich, 2002.

之十八　平、等与方程

> 动物庄园里所有动物都是平等的,但某些动物比别者更平等。
> ——George Orwell in *Animal Farm*
>
> 你要懂得平衡的价值。
> ——*Testament of Nicolas Flamel*

摘要　同"平"或"等"相联系的数学物理学词汇有方程、(不)等式、平衡、恒等式、全等、等价,等等。其所对应的西文词多有出入,而它们在数学物理语境中的具体含义也有值得推敲之处。

物理学研究事物或事件之间的定性和定量①方面的关系。在进行比较的过程中,不可避免地就出现了"相等"或"不等"的概念。"相等"的概念是一个基本的、逻辑性很强的概念,我猜测不同语言的词汇之间应该没有歧义。西语中源自拉丁语 aequalis 的 equal,或者日耳曼语的 gleich,都可以和汉语的"相等"画等号。

形容词 equal 的名词形式是 equality,而动词 equate(make equal,使相等)

---

① 英文 qualitative and quantitative 本意为"关于性质和数量的"。汉译"定性的"和"定量的"似附加了一些未有之意。容以后再议。——作者注。

的名词形式是 equation，前者我们翻译成"等式"，而后者被翻译成"方程"。一般认为方程是含未知数的等价关系式，而等式是不含未知数的等价关系式。但是，两者之间并没有严格的界限，在曾经的数学、物理工作语言德语中，就都是 Gleichung，许多被称为方程的东西实际上是等式或者干脆是对概念的定义。比如爱因斯坦的质能关系有时被称为方程，而牛顿运动方程 $f = ma$ 实际上更多的是对力（force）的定义，而力原本是力学（mechanics）中没必要出现的概念 [1]。科学上有许多重要的、神奇的等式或方程。笔者最感惊奇的是 $e^{i\pi} + 1 = 0$。考虑到 e 和 π 是无理数，而 "i" 是一个我们没弄清其含义的数①，而 $e^{i\pi}$ 竟然是整数 "-1"！另一个笔者非常崇敬的等式是所谓的 Gauss-Bonnet 公式 $\frac{1}{2\pi}\int_S K dS = 2(1 - g)$，其中 K^{-1} 是曲面局域两个曲率半径的积，g（genus）是曲面的亏格数。这个等式的不平凡之处是它一边是纯几何的内容，一边是纯拓扑的内容，而且它还可以应用于量子力学。其近代推广是由陈省身（S. S. Chern）先生完成的。对于哈密尔顿量为 $H(\theta, \phi)$ 的体系，将 K 换成参数空间中基态丛的绝热曲率，$K = 2\text{Im}\langle\partial_\phi\psi|\partial_\theta\psi\rangle$，右侧就是陈数（Chern-number）（计算陈数的操作，英语动词就用 Chern out 了。陈省身先生的影响由此可见一斑）。这些内容可以同 Berry 相、量子霍尔效应等高等量子力学内容相联系，已超出笔者的理解能力，有兴趣的读者请参考相关专业文献[2]。Equation，本身是"使之相等"，包含着某种努力的意思，现在一般指含有未知量的等式②，汉译方程。如何中文的"方程"等同于西语中的 equation，笔者此前未能见到解释。笔者竟然斗胆猜测，所谓"方程"大约是关于行舟里程计算的，因为"二船相并为方"，《诗经》有"舟之方之"的句子。又，"方"字可解释为木筏。大家也许记得我国初中数学刚引入方程概念的时候，整天计算或算计的都是从某地到某地，顺水多少小时，逆水多少小时之类的题目。后来发现，方程一词约两千年前就出现了，《九章算术》（成于公元四、五十年③）之[卷第八]，章名就是方程。南北朝人刘徽

---

① 人们已经认识到"i"并不是虚数那么简单，实际上它是实（real）的。它可以是多维的，定义为 i * i = -I，其中"I"为单位矩阵。这个数被引入到对转动的描述中一定有其内在的、物理的原因。——作者注。
② 许多书中都有"含有未知数的等式叫方程"的说法。哪里会那么简单！比如 $2x \times 2 = 4x$ 就不好算作是真正意义上的方程，而是出现在漫画中作为对 Gershon 的讽刺（"You cannot call it a Gershon's equation"）。只有我们的老师们变得不再那么幼稚可爱了，我们的学生才能更早更多地学会思索！——作者注。
③ 有文献认为成于公元前二世纪。——作者注。

注云:"程,课程也。群物总杂,各列有数,总言其实。令每行为率,二物者再程,三物者三程,皆如物数程之,并列为行,故谓之方程。""方"即方形,方程即线性方程组系数的增广矩阵。此时的"方程"指的是包含多个未知数的联立一次方程组,即现在的线性方程。多少个未知数,就需要多少个条件,其系数构成方阵。但将方程等同于一般意义上的 equation,到底何人主张,出于何种考虑,尚盼方家考证。

物理学中充满了方程式,其发展史一定程度上可以用一些有划时代意义的方程的出现来标识。那么如何理解方程呢?笔者陋见,以为关于方程不仅是两个物理量在量上是相等的,有相同的量纲(dimension),更重要的是方程两侧所代表的物理图像或抽象的思想内容应是自洽的、契合的。数学上等价的方程(或等式),在物理上未必是合理的。比如,数学上 $a = f/m$ 和 $m = f/a$ 是等价的,但物理上后者就显得很不物理了,如果不说是错误的话。

《天地有大美》一书介绍了几个著名方程,包括爱因斯坦质能方程、薛定谔方程、狄拉克方程、香农方程、杨-米尔斯方程、物流方程(logistic equation)、德雷克方程[3]。对于此书关于伟大方程(great equations)的选取,笔者有些看法。象德雷克方程,确切地说,不过是德雷克算式,其目的是要预测宇宙中存在的智慧生命之星球的个数,是一个相当不严谨的东西,算作伟大方程就太不严肃了[1]。那么什么样的方程才是伟大方程呢?笔者以为,能将两个不同基本概念画上等号的,或者能将两门不同的学问联系到一起的,才应该算是。前者典型的有爱因斯坦的质能关系 $E_0 = mc^2$,将质量和能量两个概念统一起来了[2],以及爱因斯坦的场方程 $G_{\mu\nu} = 8\pi T_{\mu\nu}$(有多种写法。此写法把宇宙常数项当成暗能量吸收到能量张量(stress-energy tensor)里了)(图 1)。爱因斯坦的场方程指明了这样的原则:"物质决定时空如何弯曲,而弯曲的时空决定物质如何运动(matter tells spacetime how to curve, and curved space tells matter how to move — John Wheeler)"。此方程是否是描述宇宙的终极公式我不敢妄加评

---

[1] 2008 年 10 月 12 日,人民大会堂纪念望远镜发明 400 周年科学大师报告会,美国科学家 Geoffrey Marcy 的报告 *Searching for other Earths and life in Universe* 谈到了对相关因子的修正。——作者注。

[2] 至于为什么要将质能关系写成 $E_0 = mc^2$,请参见笔者的《物理学咬文嚼字》之十一——《质量与质量的起源》及其中的参考文献。这里又是方程两侧是携带着物理概念或图像的重要例证。——作者注。

价,但其所蕴含的大气魄却是惊人的,是我们常人所不具有的。伟大的方程是要刻在石碑上的,如玻尔兹曼方程和朗道十诫[4]。

图1 刻有爱因斯坦引力场方程(形式之一)、光电效应方程和质能方程的金属雕塑。

与等式相近的还有恒等式,这个词的西文为 Identity。Identity 的字典解释为对所有变量值来说都相等的方程(an equation which is true for all permissible sets of values of the variables which appear in it)。此词来自拉丁语 identitas,据信是按照 essentitas(英文 essence,本质、精华)造的。现在西文中依然使用 Identity 作为本质的本意,所以 identity 在数学上的意义应是强调两侧本质上相同(Identity: the condition of being the same as a person or thing described or claimed)。物理概念中涉及这个词的有 identical particle,汉译全同粒子,给人的印象是这些粒子都是相同的,而实际上它强调的是这些粒子已经是 essential(fundamental)的了,无法添上标签以区分各个个体。恒等式是个严肃的概念,某书上举例的恒等式为 $x^2 - y^2 = (x+y)(x-y)$,就涉嫌搞笑了。有意义的恒等式比如有关于傅立叶分析的 Parseval 恒等式 $\|f\|^2 = \sum_{n=-\infty}^{\infty} |a_n|^2$,即函数 f 之模的平方等于其傅立叶展开系数之平方的和[5]。这里一侧是实数域上的积分,一侧是整数域上的求和,能看出其相等性,且对所有可以作傅立叶展开的函数成立,还是具有挑战性的。

作为比较关系,相等相较于不相等毕竟是特例,因此不等式(inequality)也许能告诉我们更多东西。对于各种正定空间中的矢量,就满足著名的 Cauchy-Schwarz 不等式 $|\langle x,y \rangle|^2 \leq \langle x,x \rangle * \langle y,y \rangle$ 或其变形 $|x+y| \leq |x| + |y|$。后者更直观,它的意思就是三角形(任意正定空间里的三角形,包括平面几何里

的三角形)任意两边之和不小于第三边。这个不等式小觑不得,所谓量子力学中的海森堡不确定性原理(uncertainty principle)不过就是这个不等式在Hilbert空间中的体现,它并不能告诉我们更多的科学内容——如果科学家们愿意严肃对待的话[①]。不等式中的等式只在某些特定条件下才成立。比如作为不确定性原理典型案例的 $\Delta x \Delta p = \hbar/2$,就只有波函数为高斯函数(谐振子的基态)时才成立。可怕的是,$\Delta x \Delta p = \hbar/2$ 这个关系式被滥用和误用(abused and misused)到波函数不是高斯函数的情形,而且那里的 Δ 也不是它应该取的意义了[②]。一些物理学家对数学的漠视,是物理学中充斥大量虚假内容的主要原因。

在汉语语境里,同"等式""全同"相近的词还有"全等",比如全等三角形。这个全等的英文词是 congruent(名词形式为 congruence 和 congruity),同 equal 不沾边。Congruent 来自拉丁语 congruere(together + fall, to come together, correspond, agree),意指图形扣在一起严丝合缝,汉译"全等"应属意译。

等号的形象为"=",是水平的、等长的两个短杠。如果将一根均匀的杆关于一个支点给放稳了,其形态就是水平的。这里就引出了平衡的概念。日常生活中我们谈论平衡的概念时,比如讨论饮食平衡时,用的英文词为 balance(名词和动词形式相同,过去分词 balanced 可作为形容词用)。Balance 源自拉丁语 bilancia 或 bilanx(bis + lanx),即两个盘子(图2),

图2 天平。西文为 balance(两个盘子)。

汉译天平。天平等臂长,所以待称的物品和砝码(质量标准)应该等量。与此相比照,中国的杆秤关于支点的两侧则是不等长的,实际上在质量标准(秤砣)一侧其作用长度是可变的、带刻度的。显然,中国的杆秤相对于天平来说科学得多,它可以直接读取结果,只用很少的质量标准(一般针对两套刻度只是选取两

[①] 参阅笔者的学术报告PPT "Uncertainty of the Uncertainty Principle"。——作者注。
[②] 1929年Robertson为海森堡补充的关于Uncertainty principle的证明里,Δ 明确为均方根(root mean-square variance)。严格的数学证明表明这个关系式在更广泛的意义上成立,但不是大量物理学家滥用这个关系式所取的、各种不同的 Δ 形式。——作者注。

个不同的支点,使用同一个秤砣。有时也配两个秤砣。)(图 3)。但天平虽然相对于杆秤来说非常不经济,只利用了杠杆原理的一个特例,可它更直观、更精确,适于小质量物体的称量。大致说来,天平适合药剂师抓药,杆秤适合官员们分金。

图 3 杆秤。杆秤连同秤砣和待称物品一起被从支点处吊起,滑动秤砣的位置使秤杆(朝尾端渐细)处于水平状态,则此时秤砣的位置就是待称物品质量的读数。有时,一杆秤配两个秤砣,秤杆上有类似计算尺似的两套刻度。杆秤是量具,更是艺术品。

天平与杆秤的共通之处是处于称量状态时其杆必须是水平的,这种状态,英文是 balanced,中文为平衡(即衡器是水平的)。但中文平衡,或平衡态,又被用来翻译另一个非常重要的物理学概念 equilibrium(复数 equilibria)。Equilibrium,拉丁语原文为 aequilibrium = aequus + libra,词头 aequus 即现代英文的 equal,而 libra 可就值得详细讨论了。Libra 指慢慢地来回移动,天平接近平衡时其臂(beam)的上下运动,即不倒翁的运动(图 5)。因为 librium 表现在天平接近可读数状态的形象,它被引申为所称量物品的单位。现代英语中的重量单位磅(对 pound 的音译,其本意为重量),简写为 lb 或 L,就是对 libra 的简写。当然,天平许多时候是称金银的,所以 libra 至今还是货币单位,比如英镑(pound)的符号就是花体的 L。有意思的是,平衡的德文形式为 Gleichgewicht,直接言明是等重量。不同文化抓住一个事物的不同侧面所造成的异同,可以通过比较平衡(衡器是平的)、equilibrium(两侧对称的慢速来回运动;等重)和 Gleichgewicht(等重量)这三个在物理学语境中完全相同的词找到一点感觉。

Libra 所代表的运动是一种重要的分子运动模式,即 librational mode。典型的例子有类似天平结构的水分子的运动:氧原子作为支点,而保持等长的两个 H—O 键出离原来的平面(out-of-plane)来回晃动(图 4)。在液态水中,librational mode 的周期约为 40 fs[6]。

 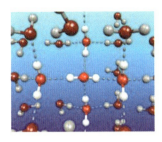 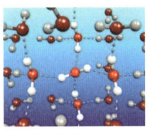

图 4　不倒翁的运动为典型的 libration。重心很低,当将整体几何外形放低时,导致了重心位置的升高,故能回复到原来的平衡位置。比较右侧的两个图可以理解水分子的 libration mode。红球——O 原子,白球——H 原子[6]。

　　如果细心考察一下,会发现平衡态虽然是容易理解的(许多时候人们说起热力学时实际指的是平衡态热力学),却是无趣的,远离平衡态的体系才有更生动的现象,比如生命的出现。平衡并不是死水一潭,平衡分稳定平衡和不稳定平衡[图 5],许多时候所谓的平衡是动态的平衡,围绕平衡态有激烈的涨落或 libration。从数学的角度来看,不等的情形也比相等更广泛。在以作为远离平衡态之耗散体系的人为主体的社会生活中,平衡总有被打破的冲动甚至是要极力避免的,平等也不是人人都满意的状态。"人人生而平等"的社会愿景所描述的是一种反物理的乌托邦状态。法兰西共和国的座右铭"自由、平等、博爱 (Liberté, Egalité, Fraternité)",托马斯·杰弗逊(Thomas Jefferson)在美国独立宣言里写下的"人人生而平等(all people are created equal)",都有点显得对客观事实视而不见。也许,这正是人类面对不平等的事实所抱有的美好幻想吧。

图 5　微妙的不稳定平衡。

　　平等的概念植于社会生活中,是有暗示功能的。社会关系里强调与"平等"类似的等价关系(equivalence)时,似乎是将之看作一种单向的关系,比如我国有为了提高知识分子（一个非常模糊的字眼）地位而实行的教授享受某级别官员待遇（指住房、医疗等方面）的政策。岂不知，"等"（请再看一眼其符号为"＝"）是平行的、双向的。教授在待遇方面等价于某级别官员（也许有教授们心里想将之坐实为等于），反过来官员也乐意在学术方面等价于教授或干脆就是教授。国内许多高校有伙食科长也是博导的大好局面，其实彰显了"等号"的威力。符号对社会结构的隐性塑造，此为一强例。然而，等价于又不完全是等于，它只能体现在某些特殊个体上，因此会最终造成完全不同于的局面，即等价消灭了等价本身。所以 Orwell 在《动物庄园》里有名句"All animals are equal but some animals are more equal than others!"[7]关于对"平等（等于）"的理解，Orwell 显然比我们高明多了。Some animals are more equal than others，这才是物理的事实（physical reality）。

等乎？不等乎？Mir is egal！①

补 缀

1. 张殿琳老师阅读了本文以后指出："中药才是要用秤称的，而天平才是用来称金银的。"这老先生就是较真。不过，中国称中药和金银使的是小秤，又叫戥子，天平分金银也只是称称戒指之类的小件，贪官和强盗们分金银是一定要用大秤的。
2. 关于平等的表述，有 equitable（equity）这个词，如 equitable distribution of the available resources（资源的均等分布），equitable emission levels（公正的排放水平）。当然，我们的地球是一个复杂的动态体系，各种存在的分布就没有均匀、均等、平等、公正一说。认识到大自然的这一客观现实也许有助于改善我们的心态。Philip Ball 曾写道："…we must come to terms with a world that knows nothing of equal opportunities（我们必须学会同一个对机会均等一无所知的世界打交道）"。我想，给我们的后代讲清楚这个理念，有必要吧？那些用世界大同、天下为公、人人生而平等等理念忽悠人的人，不会是拿大家当傻子吧？
3. 等号是强的约束。Clifford 把标量、矢量（vector）以及 bivector, trivector 这些物理上可能有不同量纲、数学上也有结构上的差别的事物用一个加号形式上给拴在一起，但是在等号两侧出现的量则在量纲和形式上要求有一一对应。

---

① 德语短语"对我来说都一样"，即"俺无所谓"。这里的 egal 就是 equal。——作者注

[1] 黄娆,译.曹则贤,校.公式 $f = ma$ 中力是从哪儿来的[J].物理,34(2),93(2005);34(11),784(2005);34(12),861(2005).

[2] Joseph E Avron, Daniel Osadchy, and Ruedi Seiler. A Topological Look at the Quantum Hall Effect[J]. *Physics Today*, August, 38 (2003).

[3] Graham Fermelo (Ed.). *It Must Be Beautiful: Great Equations of Modern Science*[M]. Granta Publications (2002);中译本,《天地有大美》,涂泓,吴俊,译,上海科技教育出版社(2006)。

[4] 郝柏林.朗道百年[J].物理,37(9),666(2008).

[5] Elias M Stein and Rami Shakarchi. *Fourier Analysis*[M]. Princeton University Press (2003).

[6] Cowan M L, Bruner B D, Huse N, Dwyer J R, Chugh B, Nibbering E T J, Elsaesser T and Miller R J D. Ultrafast Memory Loss and Energy Redistribution in the Hydrogen Bond Network of Liquid H_2O [J]. *Nature*, 434, 199 (2005).

[7] George Orwell. *Animal Farm*[M]. 1st World Library (2004).

之十九 体乎？态乎？

> 真个风流袅娜，体态轻狂。
> ——褚人获《隋唐演义》

体字的繁体形式为體，但古代体和體是两个字。体的本意是"劣，粗笨"的意思，而體，从"骨"，即是我们现在所说的身体。《孟子·告子上》云："饿其体肤，空乏其身"，将身（body）同肤（surface, skin）分开，似乎深得现代科学的精髓；物理上对待一个物体时我们会区分其体性质（bulk property）与表面性质（surface property）；数学上处理一个域，我们会区分开集 Ω 和它的边界 $\partial\Omega$。中文的体和體同英文的 solid、body、bulk 有较好的对应（不妨体会一下 solid geometry 的含义。所谓立体几何，就是关于柱子、堆子、坨子、墩子等实物的几何学）。态的繁体字是態，意为姿势、意态、状态。考虑到"状"可理解为 configuration，而态从心从能，可以说"态"是一个对西文 potential 较好的翻译；而状⇔态一词，或曰形⇔势，也较好地体现了最朴素的物理思想。

体和态两个字，大致说来，体指切实的（palpable）存在（王充《论衡》："天之与地，皆体也。"），态指的是实体某种"虚"的表现（变化是态的特征，故张衡《西京赋》有句云"尽变态乎其中"）。在对事物加以描述时，体和态又常常是要一起提及的，"体＋态"才构成对事物一个全面的描述。褚人获《隋唐演义》中夸奖萧后荡秋千姿⇔态之美："真个风流袅娜，体态①轻狂。"但体态之间，就用词来说，并没有严格界限，如语文的文体之说，汉字的楷体、宋体之说，这里的"体"字含有相当多的"态"的成分。对"体"和"态"概念上的含糊，也表现在其它学科。比如，身体（肢体）语言（body language）和体态语言（gesture language），实际上都指的是一回事。笼统地看，体和态之间的关系大约就是"存在与表达，内容与形式"的问题。表面看来，两者之间有一定的区别，而其深处又是浑然一统的。得以表达的才是切实的存在，形式才是最深刻的内容。

体和态（state）两个字在英文物理文献里的使用状况，大体同中文是一致的，即体指切实的存在，态指的实体某种"虚"的表现，所谓"同一理也"。比如在多体纠缠纯态（many-body entanglement），两体束缚态（two-body bound state），弹性体玻璃态（glassy state for elastic body）等表述中，体态的分别是明确的。但被翻译成汉语"体"字的英文物理词汇不止是"body"，如汉语译文中的 n-体问题，其对应的英文表达可能是 n-body，n-particle 或 n-party problem；体材料（相对于薄膜材料），材料的体性质（相对于表面材料），对应的英文表达则分别是 bulk material 和 bulk property。

体和态（现状、状态，态也是 configuration）之间汉字意义上某些含混处也对物理文献的中文翻译造成了一些困惑。复旦大学王迅先生来信提及："当初将 solid state physics 翻译成'固体物理'，七十年代末国内知道了 condensed matter physics，就将它译为'凝聚态物理'。……可是，solid state physics 中是没有'体（matter）'这个字的，而 condensed matter physics 中是没有'态（state）'的。这个历史造成的错位不知道是否应该和能否改回来？变成'固态物理'和'凝体物理'人们会接受吗？"应该说这里的"历史造成的错位"情况比较复杂。笔者以为，汉语的"固体物理"之说并没有什么问题。Solid state physics 对应的德文词（请回顾一下固体物理发展史中德国科学家的角色）是 Festkörperphysik（Fest(固) + Körper(体) + Physik(物理)），合在一起就是固体物理。体（Körper）一词的英文形式是 corpse（corpus，形容词形式为 corporeal），同 body 一样，都有尸体的意思。是否英语科学家在将 Festkörperphysik 引入英文时厌恶"solid-body physics"的说法，故意采用"solid

---

① 英文里也将 body 和 state 放在一起组成 body state，字面上为体态，但和中文词组"体态"意思明显不同，其确切的意思是指身体的健康状况。——作者注。

state physics"？具体情况不得而知，但我猜想这或许是有的。不过，在英文物理文献中 body、coprse 等词还是免不掉要用到的。牛顿的光微粒（颗粒）说，这里所谓的微粒就是 corpuscle。光的微粒说其形象也许得自天上下的冰雹，故 corpuscle 所指的颗粒（very small particles）还是算大个头的（读者设想一下 red corpuscle（红血球）、white corpuscle（白血球）给您的印象），不过是刚进入微观的尺度。1897 年 J. J. Thomson 在阴极射线中观察到一种带负电的粒子，当时 J. J. Thomson 就称其为"corpuscle"，后来才有了专有名词 electron。注意，爱因斯坦时代建立的光粒子说，英文文献则为 particle[①]，并专门为其造了个新词 photon。此外，在原子论发展的初期（指十九、二十世纪之交）所谓关于物质构成的粒子假说就是"corpuscular" hypothesis，包括原子论和麦克斯韦关于气体和热的分子理论。玻尔兹曼是原子论的鼓吹者，但面临同马赫的"唯象热力学"观点的斗争。玻尔兹曼在这场争斗中失败了，这让他很抑郁并促成了他 1906 年的自杀。尤为不幸的是，几年之后原子论就得到了确立。

图 1　Si(111) 表面的 (7×7) 再构。虽然所有踢一下会让脚趾头疼的物体都算 solids[1]，但 solid-state physics 仍是关于具有周期结构之晶体的一门科学。

虽说豆腐干也是固体，但固体物理（solid state physics）教程基本上处理的是一类其组成粒子具有平移对称性的特殊固体，即晶体。这当然是不够的。因此，作为对 solid state physics 的拓展出现了 condensed matter physics，汉译凝聚态物理。这里 condensed matter 强调的是排除气态的物质，它包括所有的液态（甚至液气混合的 bubble 或 foam 材料）和固态（晶体、非晶）物质。笔者以为，凝聚态实际上是对过去分词 condensed 的翻译，凝聚态物理可看作是对"关于凝聚态物质之物理学（condensed matter physics）"的简化，应该说是比较妥当的翻译。谈及 condensed matter 时，当然是指具体的处于凝聚态的物质。但有两点要提请读者注意。其一，虽然 matter 和 material 同源，都来源于 mother 这个词（另议），但 matter 既指具体的 materials，也有"虚"的指态

[①] 英文 particle，article，minute 等词也是来源于日常生活，其所指的小物件、小颗粒原本也是看得见、摸得着的。现今 particle 具有的基本粒子（fundamental particle）形象，也是要凭借一定的物理知识才能想象其尺度的。容另议。——作者注。

的意思,近似于 significance, importance, moment。请考察例句"Something seems to be the matter",这里 matter 指的是 unfavorable state of affair,说的是"态"。其二,近年玻色-爱因斯坦凝聚(Bose-Einstein condensation)成为研究热点,这里的凝聚(condensation)指的是组成单元集中在一个量子态上;相应地,凝聚体的英文词为 condensate 而非 condensed matter。

针对"固体物理"和"凝聚态物理"的说法,笔者认为应该是有未说明之处,而无"历史造成的错位"。至于是否能改成"固态物理"和"凝体物理",关于这个问题,清代李渔《闲情偶寄》中的一段话可为借鉴:"向在都门,魏贞庵相国取崔郑合葬墓志铭示予,命予作《北西厢》翻本,以正从前之谬。予谢不敏,谓天下已传之书,无论是非可否,悉宜听之,不当奋其死力与较短长"[2]。

英文的 state 来自拉丁语的 status①,其意思是处于某地(position)、立(standing)的意思,但英文也仍保留了 status 这个词,意思与 state 同。State 作为树立、直立(standing)的意思可能不太明显,但它的德文对应词 Bestand 同动词 stehen(stand 就来自这个动词)的关系却是显而易见的。State(状态),其在英文中的准确含义是 a set of circumstances or attributes characterizing a person or thing at a given time; way or form of being; condition(意即能确定人或事物在特定时刻的一组指标)。当我们描述某人或某物处于某种状态时,可用词组"in a state of",比如 in a state of poverty(赤贫状态)。虽然 state 来自 status,但这两者在现代英语里并存,其用法上是有微妙区别的。在讨论社会、法律、政治等层面上的同状态有关的情景时,会选用较文绉绉的拉丁语原型 status。如 seeking status(追逐社会中高层次的、有特权的状态),这时 status 被翻译成地位。而关于国家的经济状态(economic status),我们会翻译成经济形势。当我们谈论现状时,若是一般日常生活情景,我们会用 current state,如 "*The Times* invites readers to enter one word that describes their current state of mind(《时代》杂志邀请读者输入一个词来描述自己当前的思维状态)";而严肃点的话题,比如当前的经济形势,则用 current status。在科学文献中,时常有 review article 总结某个方向上的研究现状,常用的词组为 state-of-the-art,也可用 current state-of-the-art。另一个关于现状的词则是纯拉丁文的 status quo (= state + in which, the existing state of affairs [at a particular time]),也

---

① 至今仍有英文《固体物理学》杂志用的是拉丁语名字 physica status solidi。——作者注。

可写成 status in quo，语出拉丁文原句 status quo ante bellum erat（the way things were before the war［战前状态］）。一种安于现状的、排斥改变的强烈愿望，就称为 status quo bias，对现状的刻意维持会演化成一种阻碍变革的暴力[3]。

既然谈到固体物理和凝聚态物理，不免就物质按状态的分类啰唆几句。一般认为物质有四态：固体（solid）、液体（liquid）、气体（gas）和等离子体（plasma）。关于 plasma 一词的翻译问题，本人曾讨论过[4]，此处不再赘述。请大家注意，solid 和 liquid，本身既是形容词也是名词，也就是说它们既可以指"体"，也可以指"态"。Gas 的形容词形式为 gaseous，而 plasma 的形容词形式 plasmatic 在物理文献中却罕见其用，一般是名词做形容词用（如等离子体状态即是 plasma state）。所以，plasma 也是既指实体，也指状态。

谈到固体和液体时，一般情况下英文中用的是 solid 和 liquid，但这两个词的拉丁文词源 solidus 和 liquidus 在物理学文献中也还在用着。比如，用在 binary eutectic 合金（eutectic 的本意：易熔，在最低点熔化）相图中，液态（熔体，melt）同混合相（熔体＋晶体，melt＋crystal）间的分界线为 liquidus line；混合相同结晶相（crystals A＋B）的分界线则被称为 solidus line［图 2］。Solidus 同铸造有关，它还是罗马帝国晚期的金币名。Solid 的动词形式为 solidify，指

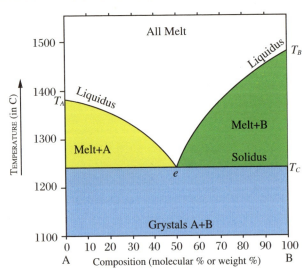

图 2　典型的二元共晶合金相图。熔体同混合相间的分界线为 liquidus line；混合相同结晶相的分界线为 solidus line。

物体从液态进入固态；相应地从气态进入固态，动词为 condensate（如今这个词作为名词已获得了新的汉译，见上）。液化的过程比较复杂，动词也很多。把一些较硬的物体如金属变成液体，动词多用 melt；而把一些诸如垃圾之类的物品液化（或做成浆）可用 liquidize，如 liquidized garbage（浆化垃圾）。气体的液化一般用 liquefy（有时也写成 liquify），家用的液化气就是 liquefied natural gas。物理学史上著名的液化气事件为"in July 1908，Kamerlingh Onnes first liquefied Helium-4（1908 年 7 月 Onnes 首次成功液化 ^{4}He）"。Liquid 的另一个动词形式为 liquidate，意为销账、了账，是一个会计和黑帮的通用词，沿用了其德语形式（liquidieren，liquidisieren）的用法。

"体"和"态"是物理学的基本研究对象，随处可见其踪影。因此，上述讨论虽然东拉西扯以求较全面，但也肯定会挂一漏万。重要的是，"体"和"态"的关系有深刻的哲学内涵。通过思考体态的区别与同一之处，物理学人当知"matter""material"与"particle"等概念的实与虚。薛定谔早就指出"（它们）不过是形式（form）而已"[5]。未解此意者，不妨理一理物理学家关于电子大小之认识路程。而将薛定谔的"不过是形式"说同安德森对刚性（rigidity）的强调共相参[1]，当有所得。

参考文献

[1] Anderson P W. *Concepts in Solids：Lectures on the Theory of Solids*[M]. World Scientific Publishing Co. Inc. 1998.

[2] 李渔. 闲情偶寄[M]. 伊犁人民出版社（原书无出版时间），p.66.

[3] Milton Friedman. *The Tyranny of the Status Quo*[M]. Harcourt，1st edition（1984）.

[4] 曹则贤. 作为物理学专业术语的 Plasma 一词该如何翻译？[J]. 物理，35(12)，1067(2006).

[5] Erwin Schrödinger. *Nature and the Greeks and Science and Humanism*[M]. Cambridge University Press（1996）.

之二十 准、赝、虚、假

> 文士既多赝鼎,佳人亦有虚名。
> ——[清]徐述夔《五色石》

> 假的,全是假的。名字是假的,剑法是假的,传说是假的,掌门也是假的。
> ——宁财神《武林外传》第 35 集

摘要 物理学中表述"非真"意思的专有形容词有 quasi,pseudo,virtual,imaginary,false 等,此外时常用到的还包括 counterfeit,fake,fraudulent,feint,spurious,等等。用这些词构造的物理学名词随处可见,难以计数。真假难辨的境界里尤其考验学习者的分辨能力。

科学是一项追求真理的事业(an enterprise running after facts, truth and verity),物理学尤为如此。科学家们浸淫于科学理念中,天长日久一般其自身会建立起求真的信仰,养成求真的习惯,这也是科学家在民众的眼里是真理的化身的原因[1]。但这并不是说科学发展不面临"虚"或"假"的问题。非人为因素的虚假、错误是物理学发展时常要面对的,有时用到"虚""赝"等形容词来修饰

---

[1] 最近中国社会频频出现的造假案已经到了震撼世界、肆无忌惮的地步。极端的案例社会方面的有华南虎造假案、科技方面有汉芯造假案、文化艺术方面有奥运开幕式上的假唱、工业方面有三聚氰胺毒奶粉事件。要命的是,针对这些要命的造假事件的处理方式都是不了了之。在这个"除了骗子别的都是假的"的局部时空中,用中文表达"科学家是真理的化身"显得格外地不合时宜。——作者注。

某个名词也是必需的。英文物理学文献中涉及的与"假"有关的词或词头就包括 quasi，pseudo，virtual，imaginary，false，counterfeit，fake，fraudulent，feint，spurious，等等。具有重要意义的带"准""赝""虚"标签的物理学概念俯拾皆是，比如 quasicrystal，quasiparticle，pseudoparticle，pseudovector，pseudoscalar，pseudoboson，pseudogap，pseudopotential，virtual particle，virtual work，virtual image，imaginary number，等等。此外，涉及学术不端行为的词汇有 falsification，data fabrication，cosmetic surgery，等等。现择其一二，按照准、赝、虚、假的顺序，作稍微详细些的辨析。

一、Quasi（准）

Quasi 来自拉丁文，quasi = quam（how，as）+ si（if）。此外，qua，或者 quantum（量子）、quantity（数量）中的的 quan，也都来自 quam。Quasi 的意思是"好象是，部分地是"，汉译为"准"，比较贴近。所以，quasicrystal 被译成准晶，quasiparticle 被译成准粒子。

Quasicrystal（准晶），又名非周期晶体（aperiodic crystal。可见 quasi 的用法偏向于负面的意思）。准周期晶体这个概念最早是薛定谔创造的。1944 年，薛定谔在其名著 What is Life？中试图解释生命遗传信息是如何携带的问题："（信息载体）必须是小分子。非晶固体太杂乱无章，所以它（信息载体）必须是一种结晶体，但周期性结构又不能进行信息编码，因此它只能是 aperiodic 结构。"后来发现的 DNA 证明了薛定谔的先见之明。

同平移对称性相兼容的转动只能是 $n=1,2,3,4,6$ 次的转动，其中 n 由方程 $2\cos(2\pi/n) = \text{int.}$ 所决定，这是晶体只有 $n=1,2,3,4,6$ 次转动轴的简单数学证明。但是，对晶体结构研究之前，人们早已对空间铺排（tessellation，tiling）问题进行了详尽的研究。注意到任意三角形、正方形和正六边形（分别对应 $n=6,4,3$）都可以铺满平面而正五边形却不行，这引起了许多人包括开普勒的兴趣。开普勒试图用正五边形铺满平面，他得到了许多有趣的铺排花样，包括整体呈五次旋转对称的花样，但花样中都会留下空隙。渐渐地，人们相信想获得具有五次旋转对称的晶体的努力是徒劳的。不过，相关的研究也为几何学增添了不少内容：比如，人们发现一些特定形状的五边形是可以铺满平面的，当然要放弃五次旋转对称的要求（图1）。

然而，人们试图获得五次对称铺排方案的热情并没有消失。1974 年，事情出现了转机，这一年数学家 Roger Penrose 提出了一种具有五次对称性的平面铺排方案，使用的是两种结构单元（tile，笔者报告时总称之为瓦块）[1]。

图1　不规则五边形铺满平面的第 10 号方案（Marjorie Rise，1976）。

Penrose 的瓦块（Kite 和 Dart），其边长比同 Fibonacci 数列和黄金分割数有关。黄金分割数 1.618 是 Fibonacci 数列后项与前一项比值的极限，且 $1.618 = 0.5 \times 5^{0.5} + 0.5$，所以会表现出五次对称并不令人吃惊[2]。1984 年，Shechtman 等人在快速冷却的 Al-Mn 合金中得到五次对称的衍射花样，标志着准晶这种材料的发现[3]。其后，具有八次、十次、十二次对称的准晶也被合成出来了（图2）[4]。

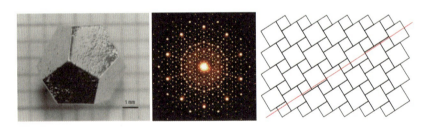

图2　准晶 Zn56.8Mg34.6Ho8.7 的光学显微镜照片显示同正十二面体对称性相对应的外形（左）和十次对称准晶 Al72Ni20Co8 的电子衍射花样（中）[4]。右图为一个二维周期，结构单元为一大一小两种正方形的拼接，沿红线的投影构成一维准晶。

准晶态金属合金的成功合成，不仅促进了相关材料科学的研究，也促进了几何学和晶体学的发展。研究发现，n 维准周期结构必为一 $2n$ 维超空间中周期结构的投影。由（图2）右图沿着红线看，正方形的排列为小大小大大小大大小大……，形式上（而非数值上）正是每一项为前两项之和。此为 Fibonacci 序列，正好同五次对称性相关，这构成了一维的准晶体，而它确实是一个二维正方结构的投影。此 n 维准周期结构必为一 $2n$ 维超空间中周期结构之投影的性质，也反映在其倒空间的结构上。正十二面体结构 AlCuFe 准晶的 5 次对称衍射花样需要用 4 个基矢描述,就是这个原因。也许是基于上述认识,1991 年国际晶体学会修改了晶体的定义,把晶体定义为"能给出相当地分立的衍射峰的固体"(crystal: solid giving essentially discrete diffraction peaks)。这样,准晶也归入了晶体的范围。晶体概念的改变提醒了笔者注意到一件事情:即所谓纳米晶体表面非晶化的问题,而这可能根本上是误解。晶体表面的原子排列需要弛豫,本来就不同于晶体中原子排列。当晶体小到纳米尺度的时候,它的表面上的小面(facet,来自法语 facette)不再是独立的个体,而应该从整体上把表面看成一个闭合的曲面(以前人们关注的都是凸多面形,而现在许多表面为凹面的纳米晶体也被合成出来了)。在这些甚至不太规则的表面上的原子之最小能量构型,可能不具有简单的几何上的有序性,这是它们被误以为处于非晶态的原因。而实际上,这些原子之间的位置同样是强关联的,应在曲面晶体学的语境中加以讨论[5,6]。

虽说准晶的发现是晶体学、材料学史上的重要事件,它拓展了晶体的概念和几何学研究范围,但这项研究似乎还不足以称得上诺贝尔物理学奖(没有材料或几何学诺贝尔奖的说法)。2000 年,其发现者之一的 Shechtman 被瑞典科学院授予了 Aminoff 奖,此为诺贝尔安慰奖之一。

Quasiparticle(准粒子)。准粒子,又称 elementary excitation(元激发),即将激发态当作粒子体系来处理(excitation as particles)。准粒子的思想起源于朗道的费米液体理论。基于如下凝聚态体系中观察到的事实:若系统存在能量为 ε_1 和 ε_2 的激发态,则必存在能量为 $\varepsilon_1 + \varepsilon_2 + \delta$ 的激发态,其中 δ 为一小量。这样,可以把能量为 ε_1 和 ε_2 的激发态看作对应两个不同的粒子,而能量为 $\varepsilon_1 + \varepsilon_2 + \delta$ 的激发态可看作前述两个准粒子构成的体系,且两个准粒子间有能量为 δ 的相互作用(低温时可忽略不计)[7]。这样,就把一个有很多粒子的多体低能激发态问题转换为了准粒子体系的单体或少体问题了。可见,每一种平均场理论就对应着一种准粒子概念。准粒子(元激发)是凝聚态物理中的一个重要概念,是少数能将量子多体问题简化的方案之一。常见的准粒子是空穴(hole)。一个电子自价带中(假设共有 N 个电子)被激发到导带中,在许多时候可以看作是一个电子和一个空穴($N-1$ 个电子造成的等价概念)的问题,但它根本上还是"1"个在导带上的电子和"$N-1$"个在价带上的电子构成的 N-体问题。准粒子的概念让人忽略问题原来的多体本质,其过分利用容易导致偏颇的理解,应保持适当的警惕。

有必要区分两类元激发。一类称为准粒子,对应一个同系统内许多其它粒子(可能是不同类的)相互作用的单个粒子;另一种是对应系统集体模式的激发态,比如声子(phonon)、等离基元(plasmon)、自旋密度波(spin density waves),等等。准粒子包括polaron(极化子,电荷同声子的耦合)、polariton(光子同声子的耦合。汉译电磁激子,属于典型的不知所云!)、exciton(激子)。以笔者的理解,exciton(电子+空穴)实际上是所有电子的集体效果。空穴似乎不能算是准粒子,如果单看空穴,它同上述两种情况都不完全符合,空穴的最佳比喻为液体中的泡沫。实际上,泡沫常被用来形象地解释准粒子的概念,当然有失偏颇。准粒子的用法比较含糊,有人用来指同集体激发模式相区别的激发态,有人用来指同"real particle"相区别的粒子性行为。而后一种意义难免又同pseudoparticle,virtual particle造成混淆。

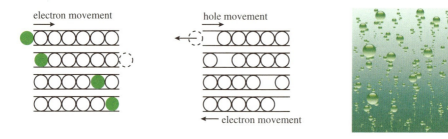

图3 电子、空穴的运动可同管中玻璃球的运动相比拟。(左图)电子(单个地看待)向右运动;(中图)多个电子向左运动,等价的效果是一个空位向右的运动。在固体里,这个空穴可被赋予一个带正电荷的准粒子的身份。气泡的上升就是(部分)水受重力下降的效果(右图)。

二、Pseudo(赝)

Pseudo作为形容词的意思是假的、装模作样的、不可信的意思。作为名词,特别是指装知识分子模样的人,所谓的"猪八戒戴眼镜——硬充知识分子"。所以,其汉译为"赝",也挺文绉绉的,当然它也被译为假、伪。但中文里所有假充的东西都称为赝品。《韩非子》载:"齐伐鲁,索谗鼎,鲁以其赝往。齐曰:雁也。鲁曰:真也。古乃以雁为赝,亦借用也。"可见以赝品蒙事的事情古已有之。Pseudo作为前缀的常见词有pseudonym(假名、笔名)、pseudocarp(假果),当然还包括pseudoscience(伪科学)。研究者要关切的有pseudoproblem,意同近期流行的"伪命题"。比如科学上玻尔兹曼没能解释熵的增加,所以产生了伪命题"时间箭头是熵增加的结果吗?(Is the arrow of time a consequence of entropy increase?)"[8]。Pseudo作为前缀的物理学名词包括pseudoparticle, pseudopotential，pseudovector，pseudoscalar，pseudoboson，pseudoplastic fluids,等等,真个是琳琅满目的赝品商店。

Pseudoplastic fluids(赝塑性流体)。赝塑性流体,即剪切变稀流体,其黏滞系数随剪切速率的增大而减小。番茄浆、米粥、油漆都是这种流体。油漆的pseudoplastic性质是必需的,既方便静态存储,又容易涂刷。与此相反的是dilatant fluids,即剪切变稠流体,其黏滞系数随剪切速率的增大而增大,水泥浆、浓淀粉粥就是这样的。一根细棒可以慢慢地插入这种流体,但是速度快了就不行。这种搅拌或剪切变稠的流体,有非常重要的应用,比如可以用来做防弹衣。

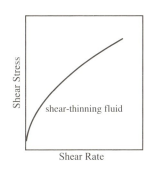

图4　油漆,典型的赝塑性流体,其剪切应力同剪切速率的关系如右图。

Pseudovector(赝矢量)。经典力学的重要假设是力学的问题可以限制在二阶微分方程的层面上讨论,且位移和速度是矢量(笔者多啰唆一遍,矢量的表示很少有书弄对的),记为 $\vec{r}$ 和 $\vec{V}$。由此可构造两个有意义的力学量,即动能 $\vec{V}\cdot\vec{V}$ 和角动量 $\vec{r}\times\vec{V}$(忽略其它量或系数)。在许多书中,角动量 $\vec{r}\times\vec{V}$ 被含混地称为矢量,但其实它不是。考虑到矢量在坐标系作反演后应有 $\vec{A}\mapsto-\vec{A}$ 的性质,显然,坐标系反演后 $\vec{r}\times\vec{V}$ 保持不变。鉴于此,人们就将之称为 axial vector（轴矢量,强调其手性）或 pseudovector（强调其同矢量的不同）。但是,仅仅将 $\vec{r}\times\vec{V}$ 之类的量称为 pseudovector 无助于对它们的理解。可以说,这个含混的概念很大程度上妨碍了人们对基础电磁学哪怕深入一点的学习。在 Clifford 代数的语境里,它被称为 bivector,对应两个矢量的外积或叉乘。同样可以对一个 bivector 和一个矢量定义内积和外积：内积退化为一矢量,而外积产生一个 trivector。基于 Clifford 代数和四元数(quaternion)语法的经典电磁学,是一幅赏心悦目的图景。同 pseudovector 相联系的还有 pseudoscalar, pseudotensor,等等,此处不作深入介绍。

Pseudoparticle(赝粒子)。Pseudoparticle, 也写成 pseudo-particle, 似乎与粒子或粒子体系的激发态无关, 更多的是一个数学概念, 这可从 "基于用'真'的空穴态和'赝'粒子态对场算符展开的方法(method based on the expansion of the field operator using the 'true' hole states and 'pseudo' particle states)" 这句话看出一些端倪。Pseudoparticle 的一个例子为瞬子(instanton), 是关于 Yang-Mills 场论的虚时间非线性场方程的解, 据说携带量子隧穿的信息。瞬子解是拓扑非平凡的。第一个瞬子解是在四维球空间中得到的, 具有时空局域的特征, 这也是其被命名为 pseudoparticle 的原因。这一点, 倒是同 soliton[①] 相似, 这也是 instanton 和 soliton 会被放在一起讨论的原因[9]。其它的 pseudoparticle 还包括 pomeron, odderon, 笔者不明所以, 所以不敢妄议。

三、Virtual(虚)

Virtual 来自拉丁语 virtualis, virtus, 是"力量"的意思。Virtual, 按字典的解释, being such practically or in effect, although not in actual fact or name (Virtually, in effect, although not in fact; for all practical purposes), 强调的是"虽然不是事实, 但确实达成那样的效果"的意思。Virtual 不是秦桧的"莫须有", 恰是看似没有而实际效果上却好象有似的! 比如, virtually identical, 就是足以达成"全同的"效果的。这样看来, 把经典光学里的 virtual image (an optical image from which light rays appear to diverge, although they actually do not pass through the image)简单地译成汉语"虚像"就损失了点内涵。这一点, 在 virtual work 这个词的使用上得到了充分的体现。

图5 虚功? 你来试试?

Virtual Work(虚功)。笔者在大学里用中文学"虚功"时, 就是以"虚"字为基础理解这个概念的(但愿只我一人如此), 好象有些误解。看看一个举重运动员将杠铃举过头顶, 凝聚气力的时候(此时, 可按照平衡态处理, 外观上没有任何实际的运动), 实际上就是"虚功原理"在发威的时刻。尽管她没做功, 但她确实在咬牙保持着一个不舒服的姿势。杠铃时刻要跨

---

① Soliton 最先是作为一种浅水波被发现的。——作者注。

过一个"virtual"位移,肌肉有用力的感觉。她流汗,她燃烧能量,只为阻止这"virtual"位移变成"real"位移砸到脚[图5]。这类的虚功,不断地被坐实,让我们感到吃力(... It is this sort of virtual work, continually made real, that explains our exertions)[10]! Wilczek 作为诺贝尔奖得主对物理概念的理解就是高。虚功原理是 Jean le Rond d'Alembert 为分析静力学提出的,但也可用于动力学体系、刚体和形变体系的分析,Johann Bernoulli 和 Daniel Bernoulli 都曾在其拓展和改进方面作出过贡献。

Virtual particle(虚粒子)。在计算粒子散射振幅的时候,会用到一些复杂的积分,可形象地用费曼图表示(费曼图已是量子电动力学计算的重要技术)。比如,图6示意的是简单的二体碰撞过程:一个(实)粒子的动量由 p_1 变成了 $p_1 - k$,另一个(实)粒子的动量由 p_2 变成了 $p_2 + k$,中间过程可看作交换了一个粒子,这个粒子就是个 virtual particle,意思是虽然不是实的(比如没有直接的观察),但确实有这样的效果。具体地,如果是两个通过电磁相互作用碰撞的电子,则那个虚粒子应该是个光子;而在中子衰变过程中,则是 W 子(光子、W 子是确实的、身份明朗的个体存在,所以 virtual particle 既不是 pseudoparticle 也不是 quasiparticle)。虚粒子既可以是玻色子,也可以是费米子。

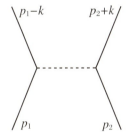

图6 通过交换单粒子的散射过程的图示。

在量子力学的语境里,形式上粒子是粒子数算符的本征态;所以,在许多情况下,粒子数不是守恒的,而是遵从概率的分布。由于这可理解为粒子没有永恒的存在(想象光子的吸收和发射),故称为 virtual particle,或称为真空涨落。据说,virtual particle 存在的证据是 Casimir 力的验证,笔者虽自 1995 年开始努力理解这个概念,并关注了其理论推导和实验验证,但未敢轻易相信。一些物理学家赋予了 virtual particle 多特权,比如无须满足能量关系 $E^2 = P^2 c^2 + m^2 c^4$,甚至无须满足能量守恒。因为,据说,根据所谓的海森堡时间-能量不确定性原理,在很小的时间段里,能量的不确定很大,足以满足任何数值的能量守恒要求。笔者一直在传播这样的观点,即:并不存在所谓的时间-能量不确定关系式;而且,退一万步来说,即便存在,也不保证或允许这样的使用[11]! 这种用不确定性原理为幌子的所谓可暂时违反能量守恒的想法(**hinking in terms of temporary violation of energy conservation under cover of the uncertainty** principle)，与其说是思考，不如说是搪塞！这个世界上确实有许多物理现象我们还解释不了，但胡乱解释并不有助于对问题的解决。

用 quasiparticle，virtual particle 这些词，笔者得到一个印象，似乎同它们相比，电子、质子之类的 real particles（光子也是）是更实在的存在。但这印象似乎只是幻象。一个粒子的实在性难以经受相互作用的考验，随着相互作用能量的增大，粒子逐步失却其作为个体可 identifiable 的刚性（rigidity），一步一步地退缩，最后所有的只是一个"form"[12]，能量的携带者。从这个意义上来说，real particle 比 quasiparticle、virtual particle 并不具有更多的实在性。

四、Falsification, Fabrication...（假）

上述提及的准、赝、虚之类的概念，不论对错，都是物理学中实在的内容。还有一类虚假的东西，是物理学发展过程中未能避免的人为造假，包括虚构事件、伪造结果、篡改数据，等等。科学上造假的事件比比皆是，物理学领域也不能免俗；这种事情不仅多，而且有些在物理学史上还闹出很大的震动——在这个方向上想创新到令人发指的程度已经不容易了。随手举几例以飨读者。

第一类一般称为"数据整容手术"，同"测量迷信"有关。笔者注意到，许多人迷信物理学是一门实验的科学，而测量，精确的测量，是验证物理理论的强证据，甚至有人认为是唯一的证据。因此，文献中经常有测量精确到小数点后多少多少位的说法。其实，测量的精确与否，真不值得在 10^{-19} 的误差水平上较劲。对于一个整数"x"，粗略如 1.87 这样的测量值就可以确定它是"2"（相互作用力常采用之形式中的距离的幂指数）；而关于两个质量不同的物体是否"同时"落地这样的逻辑判断，两个测量到的下落时间在小数点后 800 位上才出现误差你一样可以认为是"不同时"的！现在来看看"有什么理由认为电中性的物体间唯一的长程作用是引力"的问题，或者说"有没有可能存在对质子和中子来说不一样的长程力"的问题。这个问题从实验角度来说等价于惯性质量和引力质量（apparent）①是否是等同的②问题。关于此问题，匈牙利物理学家 Loránd Eötvös 男爵及其同事为研究此问题作了一系列的实验。在 1922 年发表的文章

---

① 如果有别样的长程作用，就不是我们现在认可的引力了，所以 Leggett 在此处用的是 (apparent) gravitational mass。——作者注

② Identical 可不仅仅是数值相等。——作者注

里,他们宣称在 10^{-9} 的精度上引力质量与惯性质量之比与具体物质无关。在 1922 年这个年头,这当然是爱因斯坦的广义相对论所期待的结论。此后 60 余年的时间里,人们也是这么相信的。然而 1986 年,经过重新分析男爵大人的数据,人们发现对不同物质所获得的比值,其系统误差远远大于他所宣称的精度。基于其数值,更合适的结论是存在对质子和中子来说不同的引力[13]!这里男爵大人是信口开河,所宣称的数据就不是实际得到的数据,算 data fabrication。仔细一点的研究者,会对数据挑拣或加以修饰,英文称为对数据做整容手术(cosmetic surgery)。这样的例子有密立根的油滴实验。1897 年,J. J. Thomson 在阴极射线中发现了一种带负电的粒子,即后来的电子。如何测量,毋宁说是确立,电子电荷的值就成了紧迫的研究课题。密立根设计了一个非常巧妙的实验,即研究电场中带电油滴的运动,来确定电子的电荷①。密立根宣称他得到了精确的测量值。实际上,(部分地)因为这项工作,密立根获得了 1923 年度的诺贝尔物理学奖,且他给出的值在相当长的时间内是其他实验者要往上凑的数。到了 1978 年,科学史家 Gerald Holton 经过研究指出,密立根无缘由地去掉了一些看来有较大偏差的值。虽然这不能否定油滴实验的意义,但确实是对数据做了些整容手术,而这也是学术不端行为。

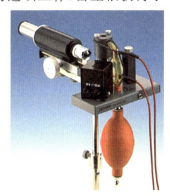

图 7 Milligan 油滴实验是一个"被人无数次重复,却很难做成功的"实验。重要的是,有几人明白其关键处?

第二类是力图制造轰动效应但可能确实是因为不懂,属于"无知者无畏也无所谓"型的。典型事例之一是美国橡树岭国家实验室的 Taleyarkhan 宣称实现了泡泡核聚变(bubble fusion,又称 sonoluminescenc)。他把一瓶氘化丙酮(deuterated acetone)置于高频强声波场中,由此引起的泡泡随声波收缩和膨胀。理论家曾预言在足够小的球体内压缩引起

---

① 这个实验远不是如许多文献中所说的那么简单。实际上要得到可靠的数值,这个实验的过程后来变得很复杂。关于这个实验还有一个笑话,是 2004 年度诺贝尔化学奖得主 Walter Kohn 教授来访时自己在饭桌上讲的。他获得诺贝尔奖的当天早晨在配合电视采访装模作样走过校园时,被两个化学系的女生拉住他问是否可以向他请教一些化学问题。而所谓的化学问题偏偏是 Milligan 油滴实验,算是救了他的命。倘若是随便问个什么有机反应的问题,他可是一窍不通。而一个诺贝尔化学奖得主对简单的化学问题都不懂,很可能成为当天的新闻头条。——作者注。

的冲击波能造成足够高的温度和压力，可以驱动氘核的聚变。Taleyarkhan 就奔着验证这个预言设计了他的实验，并且宣称得到了肯定的实验结果。结局是他遭到了学术不端的指控，受到了聘任单位的处分。但 Taleyarkhan 在对他的调查的回复中写到"关于这个故事有更多的待披露的内幕（there is much more to this story than meets the eyes, and the full truth will have to come out soon)"，似乎有些不服[14]。例二是 1989 年美国犹他大学的 Stanley Pons 和 Martin Fleischmann 宣称在用钯电极电解水的实验中观察到了冷核聚变，Brigham Young 大学物理系的 Steven Earl Jones 也在 Nature 杂志上发文宣称在固体中观察到了冷聚变[15]。Fleischmann 和 Pons 原来商定于 3 月 24 日在机场会面，同时把稿件发给 Nature，但犹他大学的哥们食言而肥提早一天把稿件寄给了 Journal of Electroanalytical Chemistry [16]。当然冷核聚变最后被证明是假的[17]。这两件轰动事件的共同点是三位主角都不是物理学家（Taleyarkhan 是工程师，后两位是化学家），但物理学家们且慢为此感到欣慰。冷核聚变刚宣布，全世界许多正宗物理学家到处去买钯电极，一时间金属钯比洛阳的纸还贵，连 Nature 杂志上也发表了许多相关文章，相当多的作者宣称他们也证实了冷聚变的发生。所以，事件落幕的时候，德国 Garching 马普天体物理所的一位科学家评论到（大意）："无需多指责这两位化学家。这个事件唯一能说明的是，世界上 85% 的物理学家实际上根本不懂物理。"

第三类是明知故犯的造假，从研究内容到数据。最厉害的要数 21 世纪初的 Jan Hendrick Schön。这位仁兄自德国博士毕业到美国工作的短短几年间，据不完全统计，共在 Science、Nature 等杂志上造假文章 17 篇①。其量之大，其对研究界之忽悠度，其发表之容易，连 Science 主编在为杂志辩护的时候都无法自圆其说。Schön 的文章发表时在世界范围内引起了很大的轰动，他本人迅速蹿红成了国际上的学术明星。但不幸的是他生在德国，犯事在美国，不仅美国的实验室解除了他的研究职位，德国康斯坦茨大学还收回了他的博士学位②。Schön 造假论文涉及的内容是凝聚态物理、分子电子学等领域的前沿研究课题，真假难辨，这也是他能得以发表那么多的原因。一般读者可能不易理解他

---

① 应不止这个数，2000—2003 年之间就有 25 篇之多。我印象中的数据是 Science 加 Nautre 17 篇，PRL 4 篇，PRB 2 篇，APL 超过 20 篇。因工作量太大，待日后有时间再仔细分析，请读者原谅此处的不精确。——作者注。

② 自德国大学获得博士学位者，若其日后品行不端，有违学者或公民应有之义，比如学术不端或有犯罪行为，学校有权收回其学位。——作者注。

文章的内容，笔者曾模仿 Schön 的路子，制作一篇搞笑论文(图 8)，读者诸君或能对 Schön 事件之严肃的滑稽获得一些感性认识。

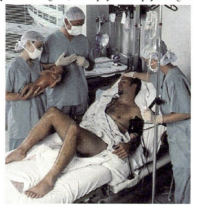

图 8　有感于 Jan Hendrick Schön 的行为，笔者制作的搞笑 Nature 论文《第一例男生宝宝：产科学的革命》。

　　以上举出了一些较著名的"虚假"物理学事件。跟这些物理学史上著名的造假大事件相比，未能弄出可以贴上物理学标签的泡泡的造假事件要多得多，没人提起罢了。学物理的人，在学习的过程中应该多加些思考，不是"不可尽信书"，而是要努力培养自己的辨别能力，所谓"常将双眼秋水洗，一生不受古人欺"。留在物理学框架中的所有内容最终都需要被从实验上或逻辑上证实的。那些错误的、虚假的内容最终都会消失掉。韩愈《酬佳少府》所描述的"居然见真赝"式的颠倒黑白只是暂时性的。曹雪芹的"假作真时真亦假"说的是社会上"劣币驱逐良币"的无奈，在物理学上却不会，这大概是物理学迷人的地方。从这个意义上来说，如果能有机会成为真的物理学家，多好！

补 缀

1. 图 8 中的 Scientific fictions 应为 Science fictions。
2. 近日中华大地上学术造假(者)已成气候,其被揭露的冰山一角之花样繁多就已让人瞠目结舌。至于未被揭露的,恐怕更能激发人们的想象力。Clifford Irving 在其著作《Fake》中曾写到:"我注意到在这充满好奇的世界中,什么事情都是有可能的;那些看起来不可能的,只是因为人的想象力不够。"其实,造假之恶劣不在事,在于造假者之心思与手段,以及得手后对是非标准的必然颠倒。相信中华学界最终会走过这段丢人的历史,在阳光下培养出自我净化的能力。
3. 与"准""赝"意思近似的一个形容词是"拟",用在生物学上,比如动物的拟态,相关名词为 mimesis, mimetism, mimicry;形容词为 mimetic(如 mimetic butterfly,拟态蝴蝶)。拟态通常指的是某些生物在进化过程中形成的在外形或色泽斑图上与其它生物或非生物异常相似的状态。也有 mimetic crystal(拟晶)的说法。
4. Pseudo-electron 也是科学史上的一个重要名词。海森堡曾构造过中子的模型,认为中子是质子和电子强烈束缚的复合体,其中的电子失去了自旋和费米子特征等性质。这样很容易解释 β-衰变。他进一步地相信质子和中子可以通过交换作为中子组分的电子,与 H_2^+ 离子中的电子交换类似。海森堡中子模型的电子就是 pseudo-electron。
5. 近日看到一幅罗马尼亚的漫画《画饼充饥》,作者为伊格纳特,有助于对 virtual 一词的理解。特录于此。画中人似乎特别具有一些物理学家的气质。

画饼充饥(Rumania)

6. 物理中比较重要的带 pseudo 的概念包括 pseudovector(赝矢量)和 pseudoscalar(赝标量)。Pseudo 用在 pseudovector 和 pseudoscalar 中是典型的误用,不过这种误用,如果人们拒绝学习新的数学,恐怕还会继续下去。所谓的赝矢量(也被称为 axial vector),典型的有磁感应强度 B 和角动量,是指 $A \times B$ 这样的矢量,这里 A, B 都是位置矢量、速度矢量这样的在空间反演下反向的矢量。赝矢量 $A \times B$ in proper rotation 下象矢量一样,在空间反演下却不反向。所谓的赝标量,是指 $C \cdot (A \times B)$ 这样的量(你在计算三个矢量所定义的六面体的体积时会遇到它),如果 $A \times B$ 被当作矢量,它就看起来象标量一样。它在空间反演下却引入负号。注意,这些令人困惑的概念实际上是人们知识不足加上思维顽固造成的。在 Clifford 代数中,$A \times B$ 是 bivector,和 vector 就不是一类的东西;同样 $C \cdot (A \times B)$ 是一个矢量和一个 bivector 的点乘,它和 $A \cdot B$ 这样的标量也不是一回事。这种分类的合理性,即使不用 Clifford 代数的语言,也应该能够得到支持。笔者曾在不同场合强调过在谈论数学概念时,加上 dimension 的概念依然是有帮助的,甚至是必需的。假设我们谈论的矢量(速度、动量等)和位置矢量一样被赋予长度的量纲([A] = L),我们将看到 $[A \times B] = L^2$,$[A \cdot B] = L^2$,而 $[C \cdot (A \times B)] = L^3$,显然,把量纲不同的东西混为一谈一定有不合适的地方。

7. Quasi 在现代意大利语中是"还凑合""差不多"的意思。例如,Non hai encore finito? Non encora, quasi(活还没干完? 没呢,不过差不多了)。再比如"the region Ω contains a quasipermanent intra-universe wormhole"一句中的 quasipermanent,就可理解为"差不多永久性的"。另,quasimetric 指这样的度量,$d(x,y) \neq d(y,x)$,这样的度量或曰度规,走双向车道的人都能理解。

8. 苏轼《潮州韩文公庙碑》有句云:"惟天不容伪"。物理学穷天地之理,容不得任何伪的内容。

参考文献

[1] 曹则贤. 学术报告 PPT "Packing as a Ubiquitous Mathematical Problem in Physics", 2007.

[2] 郭可信. 准晶研究[M]. 杭州:浙江科学技术出版社,2004.

[3] Shechtman D, Blech I, Gratias D and Cahn J W. Metallic Phase with Long-range Orientational Order and no Translational Symmetry[J]. *Phys. Rev. Lett.*, 53, 1951—1953 (1984).

[4] Eiji Abe, Yanfa Yan and Stephen J Pennycook. Quasicrystals as Cluster Aggregates[J]. *Nature Materials*, 3, 760 – 767 (2004).

[5] 曹则贤. 学术报告 PPT "Spherical Crystallography", 2006.

[6] Li C R, Dong W J, Gao Lei and Cao Z X. Stressed Triangular Lattices on Microsized Spherical Surfaces and Their Defect Management[J]. *APL*, 93, 034108 (2008), 及其中的参考文献。

[7] Michael P Marder. *Condensed Matter Physics*[M]. Wiley-Interscience, 1st edition (2000).

[8] Karl Popper. *Unended Quest*[M]. Routledge, London, 1992.

[9] Rajaraman R. *Solitons and Instantons* [M]. Amsterdam: North Holland (1987); Taleyarkhan R P, et al. *Science*, 295, 1868 (2002).

[10] Frank Wilczek. Whence the Force of $f = ma$? Ⅰ [J]. *Physics Today*, October(2004), 11. 中文版, 黄娆, 译, 曹则贤, 校.《物理》34 卷 2 期, 93 – 95(2005).

[11] 曹则贤, 学术报告 PPT "Uncertainty of the Uncertainty Principle", 2002.

[12] Ervin Schrödinger. *Nature and the Greeks and Science and Humanism* [M]. Cambridge University Press (1996).

[13] Leggett A J. *The Problems of Physics*[M]. Oxford University Press (1987), 53.

[14] Barabra Gossi Levi. Bubble Fusion Scientist Disciplined[J]. *Physics Today*, 28 – 29, November 2008.

[15] Jones S E, et al. Observation of Cold Nuclear Fusion in Condensed Matter[J]. *Nature*, 338, 737 – 740 (1989).

[16] Martin Fleischmann, Stanley Pons. Electrochemically Induced Nuclear Fusion of Deuterium[J]. *Journal of Electroanalytical Chemistry*, 261, 301 – 308 (1989).

[17] Lewis N S, et al. Searches for Low-temperature Nuclear Fusion of Deuterium in Palldium[J]. *Nature*, 340, 525 – 530 (1989).

之二十一　Dimension：维度、量纲加尺度

> 礼、义、廉、耻，国之四维；四维不张，国乃灭亡。
> ——《管子·牧民》
>
> 路线是个纲，纲举目张。
> ——毛泽东

摘要 英文 dimension 和 measure 同源。Dimension 在中文物理学文献中以维度、量纲和广延度等不同的面目出现。然而，英文 dimension 出现的地方，其含义常常是多方面的，择其一而译之，难免有失偏颇。此外，dimension 是重要的数学和物理学概念，dedimensionalization, dimensional analysis, fractal dimension, fractional-dimension calculus, dimension reduction, 等等，都涉及重要的科学思想甚至是专门的学科领域。

一个英文的科学名词进入中文语境，常常会以不同的面目出现。比如 vector，如今物理学家管它叫矢量，数学家叫向量，据说以前是反过来的。又比如 plasma，在生理学家那儿是血浆、体液，在物理学家那儿是等离子体，在矿物学家那里是一种绿色石英。翻译时是否忠实地反映了其科学内容先顾不上，光是面目的不同就让人头疼。这两个词好在还是在不同学科里出现了不同的译名，而 dimension 一词，即使在数学或物理的单一学科里，就以维度、量纲和广延度（尺寸、范围、规格）等不同的面目出现，而且 dimension 一词在英文文献中

出现时其意思可能是复合的，但中文的维度、量纲和广延度却似乎是各有严格定义。对这一类词汇翻译时附加任何限制，都是一种裁减，剪掉了许多原来应有的意思。将一个英文概念在物理学单一领域内翻译成几乎不会为人混用的多个词，实在是文化史和科学史上的怪事。那么，它是否会阻断了对相关物理学的正确理解呢？显然，这是一个值得考虑的问题。

英文 dimension = dis + metiri，即"to measure off"。具体的意思是多方面的：（1）任何一个可测的内容，空间的长宽高、时间、转角，等等；大意为中文的维度；（2）对长宽高、面积、体积等内容的测量值，大意为广延度、尺度、尺寸等。比如这句"The dimension of the box was about 36×20×14 cm"，我们会将之翻译为"箱子的规格约为 36×20×14 cm"；（3）往大里说的测量范围，large dimension 除了更长更宽以外，也可以直接理解成更大面积、更大块头等，因此就具有了"重要性"的意思；（4）就是用来表示某些物理量的基本单位之关系和内在性质，就是中文的量纲，其英文代名词有"the identity of measure formula"。在翻译英文物理学文献时，dimension 的维度意义和量纲意义算能基本得到照顾，关于尺寸的意思经翻译后就让人很难看出原文是 dimension 了。且就算是仅关于尺寸的，这个 dimension 也还包含着不同维度意义，比如，"a man of a giant dimension（大块头）"，这里 dimension 是三维的；而"beams of similar linear dimensions（差不多尺寸的梁）""the variability of the linear dimensions of the tropical prawn（热带虾个头的变化）"，这里的 linear dimensions 更多地是指长度。此外，在一般非科学文献中，dimension 常用来指事物的"一个方面"，比如"We ignore this dimension of Hegel's philosophy（我们回避黑格尔哲学这方面的内容）"。

英文 dimension 的意思多且近，给中文翻译造成了不少困难。维度出现的地方常常意味着量纲的被忽视，而 dimension 作为规格、尺度的意思更是容易被忽视。有时，dimension 出现时其意义还是多重的。比如，这句"the dimension of heat capacity per volume relative to the unit of length is -3"，汉语译成"比热容的大小随长度单位的立方成反比"或者"比热容的量纲含 L^{-3}"都稍显不足。又比如，量子场论喜欢采用自然单位，即取 $c=1; \hbar=1$。用 $\hbar c = 197$ MeV·fm 就能恢复相关物理量的正确的 dimension（One can easily recover the right dimension of any physical quantities by making use of $\hbar c = 197$ MeV·fm）。这里，dimension 既是量纲，也有数值的意思[1]！对于采用

自然单位的做法,有人很不以为然,Wesson 就觉得"这也许是数学上可接受的省劲小把戏,但物理上它却意味着信息的缺失,甚至会造成混乱(Mathematically it is an acceptable trick which saves labour. Physically it represents a loss of information and can lead to confusion)"[2]。信哉此言!

把 dimension 翻译成中文的维度和量纲是非常有意思的。汉字的维字是大绳,作为动词则有用绳子约束的意思,推而广之有保持、维护的意思。所谓的"天柱折,地维绝(《淮南子·天文训》)"可见维与柱的对应。所谓的"国有四维,一维绝则倾,二维绝则危,三维绝则覆,四维绝则灭",四维指的是四种互相独立的有维系功能的存在,比如礼、义、廉、耻。这里维度用来翻译 dimension 一个方面的意思,是坚持了其独立、分立、linearly-noncorrelated 的性质(线性不相关是维数的重要特征)。有意思的是,关于维度的动作"张"字,同英文的 subtend 也对应得很妙。Dimension 的另一译法"量纲"中的"纲"字,和"维"近似,也是较粗的绳子的意思,中文本就有"维纲"的说法。对于渔网来说,重要的是网纲(图 1)。一侧的网纲上挂上漂浮物,一侧的网纲上挂上重物,这样三维水

图 1 《鸳鸯河》中撒网的镜头。这种网的底部一圈较粗的绳子就是纲,其上缀重物。

的底部一圈较粗的绳子就是纲,其上缀重物。体中两条平行的纲线就使渔网造成了一个大致垂直于水平面的或开或闭的截面!对于图 1 中的这种只在底部有网纲的渔网,撒网技术的关键(维也有关键的意思)就是要做到会提纲,纲举才有目(网眼)张。

关于维度

许多时候,研究一个物理问题,特别是运动学或动力学问题,先确定它是一个多少维空间(包括参数空间)的问题是有益的。简单的单摆是在二维平面内运动的,是一个单一自由度的问题;傅科摆在三维空间内运动,是一个两自由度的问题。1921 年以前的物理学,其基本出发点是"各种物理现象是在一个三维空间内展现的";确切地说,我们的空间是 R^3 的,即需要三个独立的实数来表征(图 2)。现实生活中,我们可以在前后、左右和上下六个方向上自由活动,这

给了我们空间是 R^3 的信心。我印象中,有方志敏烈士的书房名为"六碰居"的说法。"六碰居"算是对三维有限空间的文学描述吧?这样的空间,形象是个方盒子。三维的 R^3 间加上一维时间所构成的四维流形,所谓的 Minkowski 空间,就成了爱因斯坦狭义相对论的舞台。

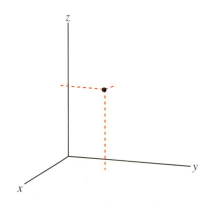

图 2　Descarte 引入了坐标系的概念,将空间中一个点同一组实数(x,y,z)对应起来,这为代数与几何的统一提供了可能!

增加一个维度可以让问题变得容易解决。以前,我们把地面交通看作是一个二维问题。交通流量超过了某个临界值,堵塞等问题就出来了。添加航空运输、建设立交桥等措施实际上是把问题拓展到三维空间去。据说,四维空间里平均场理论干脆就是正确的理论了。可能是循着差不多的思路,为了寻找能统一电磁学和引力的模型,Kaluza 把广义相对论拓展到五维时空。那一维我们普通人感觉不到的空间据说是卷曲的,半径很小以至于我们现在还在寻找探测其存在的物理方法。这一思路在后来的理论物理模型中得到了发扬光大,文献中常能见到 11 维甚至 26 维时空的字样。

描述一个问题需要不同的独立参数,即需要确定几个不同维度上的值,是许多领域的学者甚至非学者都明白的事情。比方,关于美女的体型的描述,社会各界人士都知道要用到三围:胸围、腰围、臀围。这里,"围"字用得非常科学:(1)"围",汉字通"维",每一"围"代表一个独立的维度;(2)每一围都是长度的量纲,"围"字连测量的物理标尺都泄露了;(3)"围"还表明这一维度是关于闭合曲线的,是有限值(a dimension of limited extension)。有杂志说,亚洲女性的标准(胸、腰、臀)围应分别是 84 厘米、62 厘米和 86 厘米,有点说不通,哪能不分高矮三围取一样的绝对值!有中国科学家撰文指出,具有中国特色的美女,三围的特征值,以身高为单位标度,应为$(0.535,0.365,0.565)$。这里用到的是三个无量纲数,该表述已经非常具有物理学的水准了。而波兰科学家波克瑞卡研究后认为,波兰美女的完美身高是 1.74 米,完美的(胸、腰、臀)围比例应为(0.92, 0.7, 1.0),这里连基本单位都来自该集合内部了,这是朝着物理学之数学本质,即 set with relations(集合及集合内元素间的关系),又前进了一大步(对物理体系的描述毕竟只能来自体系内部!)。这些较深入的关于物理和数学本质的几乎有点哲学味道的内容,可能有些初学物理的人们尚感生疏,而别的学家们已经娴熟地、自觉地使用这样的理论了。

量纲分析(Dimensional analysis)

物理学需要一个关于物理量的清晰的理论。物理理论中涉及的量,用符号表示,所代表的是运用一套自洽的单位得到的数值[①]。纯粹的数值没有意义,$c = 3 \times 10^8$ m/s 和 $c = 1$ 都不妨碍建立一套自洽的物理学理论。一个物理量的单位可大可小,但是不同物理量的本质区别在于其量纲。Reichenbach 所指明的 "Each physical quantity is supposed to be equipped with a dimension which is characteristic of its quality."这里的 dimension 就是量纲。物理量其本质实际上是由其量纲所标识的,其数值会随选择不同的单位相应地变化。电压和电流无法比较,因为它们根本就不属于同一类。

量纲分析的一个前提是存在一些物理量是基本的,其它物理量的单位由这些基本单位来表示。国际单位制的基本单位有七个,对应的物理量有长度(米)、质量(千克)、时间(秒)、电流(安培)、温度(开尔文)、物质的量(摩尔)和 luminous intensity[②](candela,烛光、坎德拉)。前五个基本量构成了我们一般研究物理问题时表示其它物理量的基础,其它物理量的量纲表示成它们不同指数形式的乘积。量纲分析若要具体应用起来,另一个前提是物理定律是关于一

---

① 英文中 quantity,magnitude,amount 也并没有严格的区别。Magnitude 倾向于纯数值,所以有 changes by three orders of magnitude(变化了一千倍),纯数值的问题。但 physical quantity 应该是数目单位,即 quantity = measure(amount) unit。——作者注。

② Luminous intensity,中文有人翻译成照度、光度,还有的地方干脆是音译流明。从定义"The candela is the luminous intensity, in a given direction, of a source that emits monochromatic radiation of frequency 540×10^{12} Hertz and that has a radiant intensity in that direction of 1/683 Watt per steradian"来看,应该是发光度、光度或者就是亮度。另外,笔者弄不明白为什么要有物质的量和 Luminous intensity 这两个基本物理量,毕竟理论物理的无量纲化过程是从五个基本常数构造出了五个普朗克单位。笔者也不理解为什么安培会比电荷单位库仑更基本。——作者注。

组物理量的幂函数之间的比例关系的。比如,简单的力学问题涉及的一般力学量,其量纲为$[\psi] = L^\alpha M^\beta T^\gamma$。若某个力学量是别的一组力学量的幂函数的乘积,可以通过要求关于长度、质量和时间量纲的一致性从而确定幂指数,从而确定了幂函数形式的物理定律(power law)。[3-5]

量纲分析的鼻祖是傅里叶(Fourier),是他首先把量纲的几何概念应用到物理量的分析。Fourier 注意到检验一个方程是否有错第一件事是检查各项的量纲是否一致,这一点后来用傅里叶定律表述出来,即"一个物理方程中的所有项必须是齐次的(all terms in a physical equations must be homogeneous)"。在其名著《热分析》(Théorie analytique de la chaleur)中傅里叶写到:"每一个物理量,已知的或未知的,都拥有一个适当的量纲,且方程中只有量纲指标相同的项才可以比较(it should be noted that each physical quantity, known or unknown, possesses a dimension proper to itself and that the terms in an equation cannot be compared with another unless they possess the same dimensional exponent)"。所谓的比较,实际上是写入同一个方程中做加、减、除的运算。傅里叶还注意到,函数的变量都必须是无量纲的,这样它的值才不依赖于单位的选择。19 世纪末,傅里叶的这些思想经由 Reynolds, Fitzgerald, Jeans 以及 Rayleigh 爵士得到了弘扬。Rayleigh 爵士将量纲分析用于一些难解的问题,试图从量纲分析出发寻找或建立方程。1914 年,Buckingham 提出了所谓的 π-定理,后来可表述为:"任何完备的物理学方程都应该表述成 $F(\pi_1, \pi_2, \cdots) = 0$ 的形式,其中的 π 是由具体的物理量和系数构成的无量纲单项式。"[3]普朗克和爱因斯坦也都是量纲分析方面的高手。杨振宁先生等人也在构造新理论时用到量纲分析,"我们(杨振宁和 Mills)玩弄量纲分析之类的小把戏",试图回答"规范粒子的质量是多少"的问题[6]。

量纲分析不能告诉你什么方程是物理正确的,但可以给些提示,至少可以避免低级错误。对于建立简单物理关系的数学形式,量纲分析是非常有效的。例如,无摩擦面上的弹簧,一端有质量为 m 的物体,若弹簧的恢复系数为 k,求振荡周期的表达式。假设周期同质量和恢复系数之间满足幂指数率,$T \propto m^\alpha k^\beta$,量纲分析表明必有 $\alpha = -\beta = 1/2$。因此,$T \propto \sqrt{m/k}$。再举一例,弹性模量为 e、密度为 ρ、特征长度为 l 的弹性体,自然振荡频率(不区分具体的振荡模式)的可能表达式是什么?考虑 $e \propto ML^{-1}T^{-2}$,$\rho \propto ML^{-3}$,显然量纲正确的表达式为 $f = l^{-1}\sqrt{e/\rho}$。

基于量纲分析的一大成果是一批普朗克单位的出现。所谓的普朗克单位，就是对引力常数 G、光速 c、普朗克常数 $\hbar$、玻尔兹曼常数 k、真空介电常数 ε，按照量纲分析的路子，构造了所谓的普朗克长度 $l_P = \sqrt{\hbar G/c^3} \approx 1.61 \times 10^{-35}$ m，普朗克质量 $m_P = \sqrt{\hbar c/G} \approx 2.176 \times 10^{-8}$ kg，普朗克时间 $t_P = \sqrt{\hbar G/c^5} \approx 5.391 \times 10^{-44}$ s，普朗克温度 $T_P = \sqrt{\hbar c^5/(Gk^2)} \approx 1.41 \times 10^{32}$ K，普朗克电荷 $q_P = \sqrt{\hbar c 4\pi\varepsilon_0} \approx 1.875 \times 10^{-18}$ C。据说，我们的大爆炸理论可理解普朗克时代的宇宙，即岁数比 1 普朗克时间长、块头比 1 普朗克长度大且脾气（temperature）已经冷却到 1 普朗克温度以下的宇宙。理解比这更小或者更年轻或者更高温的宇宙需要量子引力理论。笔者小时候见过一篇论文，题目是《10^{-43} s 以前的宇宙》，当时我就想起了 2004 年 *Angewandte Chemie* 杂志上的一篇文章《Science or Science Fiction（科学还是科学幻想）?》[1]。这样的极端尺度是否是两个宇宙的分水岭，或是两个理论的界限，笔者不懂，不敢妄议。

有量纲量

注重数值而忽略量纲可能是数学上为追求简单性所养成的习惯。象由"我的土地面积减去边长为 870"这句话写出方程 $x^2 - x = 870$[2]，从物理的角度来看是一个非常不科学的做法。边长为 30 米和边长为 30 公里的两块地还是有些差别的。关于方程，笔者曾强调过它不仅是数值的相等，还有量纲的同一和背后物理图像的自洽。物理学教科书按说应该注意到这一点，但许多作者却有意无意间忽视了这一点。比如，关于弯曲空间几何的入门课程都会提到立体投影（stereographic projection），即将单位球 $x^2 + y^2 + z^2 = 1$ 上的点投影到一个（切）平面（X, Y）上。按照图 3 给出的投影面，一般的书上会给出 $(X, Y) = (x, y)$。但如考虑到坐标都是长度的量纲，显然，上述的表示数值上是正确的，但物理上却损失了点什么。如果我们把问题和解改写为将单位球 $x^2 + y^2 + z^2 = R^2 (R=1)$ 投影到切平面上，变换公式为 $(X, Y) = \left(\dfrac{Rx}{R-z}, \dfrac{Ry}{R-z}\right)$ 则量纲关

---

[1] 我每看到高深的论文就犯迷糊。——作者注。

[2] 1930，德国东方学者 Otto Neugebauer 认识到巴比伦出土的 tablet（cuneiform）文字反映的是关于二次方程的理解。此处引述的方程有 4000 年的历史，原文的数字是用六十进制表述的："find the side of a square if the area minus the side is 14,30."——作者注。

系一目了然。许多物理书,比如关于广义相对论的,之所以让我们这些资质平庸者觉得难读,很大程度上是因为未能顾及这一点!

如何将不同量纲的量以"加"的形式融入同一个方程中去?我们看到,物理学上是通过引入一些有量纲的系数来使得方程各项达成"齐次性"的,比如,在电磁场的能量密度表示 $U = \frac{1}{2}(\varepsilon E^2 + \mu H^2)$ 中。费曼曾用这种方程形式开过一个大玩笑,说用一个方程可以写出所有的物理规律,即令 $U = \alpha(F - ma)^2 + \beta(\nabla \cdot E - \rho/\varepsilon_0)^2 + \cdots$ 为零,则各项分别为零就再现了各个具体的物理公式。费曼原文中没有 α, β 这些系数,上述表达式中的系数是笔者添加的,以使得各项有相同的量纲。

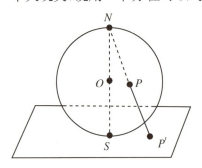

图 3 立体投影。这个为了绘制地图所引入的技法(technique)对晶体学、微分几何、广义相对论等诸多学科都具有奠基性的意义。

但是,量纲相同的项,并不可以就当作同样的物理量看待。比如,力矩和功有相同的量纲,就不可以混淆。实际上,力矩是 $\vec{r} \times \vec{F}$,而力做功是 $\vec{r} \cdot \vec{F}$;前者是一个 bivector,后者是标量,简单相加会造成运算的困难。但是,进一步地但是,认为这两者不可混淆的观点现在也已经过时了。在 Clifford 代数的语境里,两个矢量的积定义为 $ab = a \cdot b + a \times b$;利用这种代数几何语言重写的物理学,比如经典力学,就揭示了许多过去不好理解的内容。[7]

无量纲量与无量纲化

物理量之间的关系常涉及一些其变量为纯数值的函数,这就要求函数变量中的几个物理量要凑成无量纲的量,我们说这样的量是 dimensionless 或者 non-dimensional,而过程则称为无量纲化。我在读到 Weyl 构造了 coordinatization 这个词时,心想要是为无量纲化构造个英文词,这个词应是同样拗口的 dedimensionalization 吧。检索一下果然如此,只是不知是哪位先生的捷足先登了。

物理学中描述波动用的是三角函数或虚变量的指数函数。波是在空间沿一定方向传播的,所以考虑关于空间矢量 $\vec{r}$ 和时间 t 的变化是必要的,要使得

$\vec{r}$ 能无量纲化,必须引入一个量纲为 L^{-1} 的矢量 $\vec{k}$,相应地,时间 t 无量纲化要引入一个量纲为 T^{-1} 的量 ω,这样得到了波函数的形式 $\sin(\vec{k}\cdot\vec{r}-\omega t)$。注意,矢量 $\vec{k}$ 的量纲为 L^{-1},它是一个在与坐标空间对偶(dual)的动量空间里的矢量。许多教科书在正弦波的坐标空间表示中画出了所谓的波矢 $\vec{k}$,显然是出于误解。

另一个有意思的例子是,热力学中的许多公式是以对数函数形式出现的。对数函数的变量也应该是无量纲的,因此,象如下的关于理想气体熵的表达式 $S=C_p\log T-R\log p+$ const. 就是比较成问题的。若气压为 1.0×10^{-4} Pa,$R\log p$ 这一项的值是多少?实际上,正确的表述应该是 $S-S_0=C_p\log T/T_0-R\log p/p_0$,这样,对数函数的变量都是无量纲量了,连单位都不必在意,只要统一就行。它还带出关于熵的正确物理图像,即过程造成的熵变,而非熵的值,才是由上式决定的。这也告诉我们熵是一个只能定义到一个任意常数(determined up to a constant)的物理量。同时,我们也就看出了体系的比热就反映了熵变。这样,对具体的物理过程,哪些影响系统熵值的状态数需要加以考虑,取决于所关切的问题。在我读过所有提到熵(entropy,Entropie)的书中,我记得只有 Cusack 给出了关于熵的正确理解。[8]

有时候,无量纲量的选择是自然的。象关于临界现象的描述,如临界现象发生在某个温度 T_c,则对该温度的偏离程度应为无量纲的 $|1-T/T_c|$,那么,在此附近物理量的变化大概就是关于 $|1-T/T_c|$ 的幂函数或指数函数了。一般好象就是选择幂函数 $(1-T/T_c)^\alpha$ 的形式,这个函数大概是我们人类能想象的复杂程度适中的一种函数关系,到底是否正确描述了物理我就不知道了。

分数维度

在多数的物理和数学问题上,当 dimension 按照维度理解时,它一般是正整数。但这样做的理由似乎未加仔细考察。如果我们仔细观察一下大自然,会发现许多现象所展现的空间并非是整数维的、规则的几何体。"云团不是球形的,山峰不是锥形的,海岸线不是圆的,树干不是光滑的,闪电也不沿直线传播(Clouds are not spheres, mountains are not cones, coastlines are not circles, and bark is not smooth, nor does lightning travel in a straight line. [Mandelbrot,1983])"。1967 年,Mandelbrot 在 *Science* 杂志上发表了《英国的海岸线到底有多长》的论文[9]，开创了分形几何这门新学科。

分形几何研究的是如图 4 中的科赫雪花那样的几何对象。科赫雪花是 von Koch 于 1904 年提出的，是一类典型的分形（fractal）。一般来说，当长度度量单位越来越小时，分形的长度，或面积、体积等量，会无限增大。若将特征尺度（标尺，测量单位）在各个方向上变为 $1/r$，则其测度变为原来的 r_D 倍（If we take an object residing in Euclidean dimension D and reduce its linear size by $1/r$ in each spatial direction, its measure [length, area, or volume] would increase to $N = r_D$ times the original），这样就定义了一个不一定为整数的特征维度 D，称为 fractal dimension，也有文献写成 fractional dimension。对于科赫雪花，这样定义的分数维度为 $D = \ln 4/\ln 3 \approx 1.26$。当然，还有多种不同的分数维度的定义，此处不详细讨论。[10,11]

图 4　科赫雪花的迭代法构造。自一等边三角形开始，将每一个直边的中间三分之一向外侧弯折，使得弯折部分和原来的线段（现在已经不存在了）构成新的、尺寸更小的等边三角形。

关于分数维度的英文写法 fractional dimension，它用于指称分数维度的微积分运算。[12]我们一般接触到的微积分都是 $dx/dt, d^2x/dt^2, \int f(\vec{r},t) d^3 r$ 之类的整数维度的，当我 1994 年第一次看到有 $d^{2.3}y/dx^{2.3}$ 这样形式的运算时，我真是惊呆了，惊讶于何至于人家的思维就那么不受禁锢。有分数维的微分运算是因为微分和积分运算本是通过 Γ 函数可统一的。定义对函数 $f(t)$ 的任意 v 次积分为

$$D^{-v}f(t) = \frac{1}{\Gamma(v)}\int_0^t (t-\xi)^{v-1} f(\xi) d\xi$$

其中，v 是实数。则我们看到，$v = 0$ 是函数自身的积分表达，$v = 1$ 是常规意义上积分的定义，$v = -1$ 是常规意义上微分的定义（请回顾复分析的相关内容）。关于分数维的微分，比如对于 $v = -0.5$，有

$$D^{0.5}f(t) = \frac{1}{\Gamma(0.5)} \int_0^t \frac{f(\xi)}{(t-\xi)^{1.5}} d\xi$$

显然,右侧是可以按照常规的微积分技术计算的。

限域效应

Dimension reduction,若理解为减少随机变量数目的过程,只是统计学的一种算法或技巧;而对物质世界来说,尺度的减小/维度的减少会引入实质性的效应。物质的 dimension(维度和尺度混合的意思)的调节会带来性质的根本性变化。将某物质体系,比如半导体材料,的尺度沿一个方向压缩到纳米尺度以至于表现出新的量子效应,就成了量子阱结构;沿两个方向上压缩就成了量子线,沿三个方向上压缩就成了量子点[①]。这些尺度受到压制的结构会表现出新的量子现象,是量子层面上的限域效应(quantum confinement effect)。比如,半导体硅的体材料是间接带隙材料,几乎不发光;而将硅量子点埋置在禁带宽度较大的氧(氮、碳)化硅基质中,量子限域效应会让硅量子点成为好的发光体(图5)。目前,利用硅量子点已实现了强的可见光全谱发光。对于不同的特定体系,出现限域效应的尺度是不一样的。对硅颗粒发光的问题来说,限域尺寸约为 5 纳米;而对拥有现代战斗机的空军来说,200 公里大小的空间就能感觉到限制。新加坡空军借驻在澳大利亚,其如何保卫本国边疆不受侵犯就不太容易想象,这是国家层面上的限域效应。

图5 Si 纳米颗粒埋置在 SiC/SiN_x 量子阱中所形成的量子阱-点体系。[13]

---

① 量子点可定义为在所有方向上都没有足够伸展(dimension,extension)的体系。社会生活中茫然无助的老百姓就是量子点,其日常行为一定是受限体系的行为。使用任何大尺度上的思想、理论来理解或要求他们的行为,都有失厚道。——作者注。

然而,以为将物质体系一个方向上的 dimension(尺度)减小就等价于消灭了一个 dimension(维度)的想法可能是有害的。比如,基本粒子很小,但是把三维空间中的基本粒子当作无尺寸的零维存在加以处理,会引起许多灾难式的结果。实际上,许多由令物理尺度趋于零招致的问题干脆就被命名为灾难(catastrophe)。为了避免思维过度简化造成的困难,人们想出了许多招数,包括弦论(粒子被看成一维弦的振动模式),似乎并没有带来对相关问题令人满意的解决。

维度的问题不仅仅是一个科学问题,它在生活、社会、经济甚至军事、政治的层面上都可能表现出来。基于错误的维度认识所引起的问题其结果可能是灾难性的。举一个简单的例子。我们都知道我们生活在三维空间,而我们国家商品房的参数指标却是(底)面积,是一个二维的量。当初计划经济时,老房子结构都是三米多高甚至上四米的,也就是说第三维的尺度是有保障的,分房子时将级别同面积挂钩就行了。这样的一套体系延续到商品房时代,问题就大了。商品房按面积卖,商人在利益最大化的驱动下会想方设法减少成本,压缩高度就成了自然的选择。一些住房的高度被压到了 2.50 米左右(再低了,建筑工人就没法干活了,开发商自己都看不下去了)。而与此同时,我国人口高度却呈迅速增加的趋势,目前小学毕业的男孩女孩身高在 1.70 米以上的,至少在北京地区已是常见的了。关于 90 后的孩子们,男孩身高预期为 1.80 米应是正常的。若一个人身高为 1.85 米,脚面到手指尖高度约为 2.40 米,无疑地,2.50 米高的房子已经让他有相当的压抑感(如果房子面积再小于 3 m×3 m 的规模,他就真的是一个量子点了)。鲁迅先生所描述的"未敢翻身已碰头"的日子怕是要伴随他了(图6),天长日久,限域效应(压抑感)对其身心健康的负面影响就会显现出来,表现为诱发各种生理的、心理的疾病。房子分明是三维的结构却按照二维的单位销售,

图6 小心,碰头! 商品房的高度已经被压低到令人难以忍受的程度。其根本原因是错将三维的存在按照二维的对待了。

由此衍生的问题让社会如何消受? 偏偏住房又是使用年限在 70 年量级的商品,其影响要跨越三代人;人口增高与住房高度降低的矛盾所造成的恶果,可能会成为我们的社会不能承受之重。

同样,关于政治、军事等一些大问题的思考亦应该从维度概念出发。中国的崛起一定是二维闭合空间 S^2 上的问题,期间的外交与军事斗争应以此为出发点周密地、科学地加以考虑。自身影响力的辐射,外界的反应,物理边界与各类软边界的改变,等等,可以用球面上的力场或流场的动态平衡与失稳模型加以粗略地理解。此外,中国许多行为的影响也要从中国的 dimension(尺度意义上的 dimension)的角度去考虑。四分之一的世界人口,一千万平方公里左右的国土,五千余年的文明史,如果再加上第一位的经济实力(朝着这个目标,我们在努力着!),这样的 dimensions,如果世界没有"中国威胁论"那倒是怪事!而这样的dimensions,也注定了中国必须要从人类的、世界的全局角度来考虑自己的事情。

Dimension 的内涵,不妨细思之。

补 缀

1. 讨论量纲(当然就与基本物理量的选择有关)的选取的书很多。Jackson 的 *Classical Electrodynamics* 以及赵凯华先生的《定性与半定量物理学》都有论及。如何基于量纲分析解决一些物理问题,许多名为 *Dimensional Analysis* 的书可以提供帮助。物理学中的基本单位,其主要性质或者说特征就是其量纲的独立性。一旦选取一组物理量作为基本物理量,各基本物理量的单位就成为一个独立的量纲因子,其它物理量的量纲则被表示为基本物理量量纲的适当幂次的乘积!

2. 倘若将维度的概念应用于数学概念的思考,会有一些别样的发现。比如,关于直线或者圆的定义。数学上会把圆定义为平面上到一个定点距离相等的点的集合,直线定义为满足方程 $y = kx + c$ 的点的集合。但是,点是个零维的存在,"集合"是怎样的操作能让结果变成了一维的存在,尤其是当我们把 dimension 理解为量纲的时候?笔者在讲授经典力学的时候注意到这个问题,觉得一维存在,作为集合,应该来自一维的元素的集合。基于此,我认为直线和圆可以定义为一维线段的集合。定义如下:给定一维线段 Δl,将该线段拷贝,并让拷贝的一端沿原来的线段滑移(glide),要求此操作把线段拷贝分成停留在原线段上的一段和新拓展的一段。如果该操作经有限步骤后闭合,则得到的图形为圆;如永不闭合,则为直线。这个定义,如果正确的话,的合理之处是,一维图形来自一个一维图形元素的集合,且集合对应一个确切的物理操作-glide。上述论述是否正确,笔者欢迎专家指教。

3. Dimension reduction,可翻译成维度约减？在统计力学中它指的是约减随机变量的过程。Pauli 曾使用维度约减达到了 SU(2) 规范理论的核心。维度约减自动产生了场强的表达式。反过来，Veneziano 的单参量问题到两参量问题的变换算什么？dimension augmentation？

4. 在我于 20 世纪末第一次见到 Escher 的画 *Reptiles*（见下图）以后，我就一直想阅读 Kaluza 对数学和物理中一些问题的论述，企图籍此将我的一些相关想法联系起来，可惜一直没有时间。笔者暂时将之定名为 dimension transition 问题。

5. 关于 dimension 一词本身以及意义上的深度延伸，涉及物理与数学最 fundamental 层次上的同一，其中内容笔者虽然关注多年，为之着迷，但没能有什么理解。容以后再作增补或专门论述。

6. 本文付印后，笔者在李淼博客上学到了 dimension transmutation（量纲嬗变）这个概念。这让我想到，本《物理学咬文嚼字》序列可能一直就是这么挂一漏万地走过来的，殊感惶恐。简单地说，dimensional transmutation 就是一种将一个无量纲参数变成了有量纲参数的物理机制。这当然也是一种对称性（conformal symmetry）的破缺。

7. 关于房子这种三维结构按照二维单位销售所衍生的问题，即建房者为减少成本过分地压缩房屋高度同我国人口高度不断增长之间的矛盾，这种矛盾表现为人在过度受限空间中所导致的一系列生理和心理问题，希望能引起广大民众的关注。请记住，房高是住房的一个非常非常重要的品质参数！**当你的孩子身高能让他轻松地摸到房顶的时候，问题就麻烦了。**

8. Dimensional analysis 是个强大的工具。其用于证明 Pythagoras 定理是非常优雅的一个应用范例。三角形是二维的平面图形。因为三个直角三角形是相似形，所以面积比为对应边长比的平方，即面积正比于，比如，斜边的平方。则在下图中由面积之间的关系，即大直角三角形的面积为两个小直角三角形面积之和，得到勾股定理 $a^2 + b^2 = c^2$。

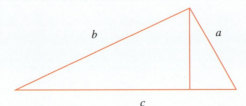

参考文献

[1] Fujita T. *Symmetry and its Breaking in Quantum Field Theory*[M]. Nova Science Publishers, Inc. (2007).

[2] Wesson P S. The Application of Dimensional Analysis to Cosmology[J]. *Space Science Reviews*, 27, 117 (1980).

[3] Palacios J. *Dimensional Analysis*[M]. translated into English by Lee P. MacMillan and Co. Ltd., London (1964).

[4] Duncan W J. *Physical Similarity and Dimensional Analysis*[M]. Edward Arnold (1955).

[5] Hans G Hornung. *Dimensional Analysis: Examples of the Use of Symmetry*[M]. Dover Publications (2006).

[6] 杨振宁. 杨振宁文集(上)[M]. 上海:华东师范大学出版社,1997,第32页.

[7] David Hestenes. *New Foundations for Classical Mechanics*[M]. Kluwer Academic Publishers, Dordrecht (1999).

[8] Cusack N E. *The Physics of Structurally Disordered Matter: An Introduction*[M]. Adam Hilger, Bristol (1987).

[9] Benoit Mandelbrot. How Long Is the Coast of Britain? Statistical Self-Similarity and Fractional Dimension[J]. *Science*, 156, 636 – 638(1967).

[10] Math and Real Life: A Brief Introduction to Fractional Dimensions. http://www.imho.com/grae/chaos/fraction.html.

[11] Bruce J West, Mauro Bologna, Paolo Grigolini. *Physics of Fractal Operators*[M]. Springer (2003).

[12] Keith B Oldham, Jerome Spanier. *The Fractional Calculus: Theory and Applications of Differentiation and Integration to Arbitrary Order*[M]. Dover Publications (2006).

[13] Rao Huang, et al. *Nanotech.*, 19, 255402 (2008).

之二十二 如何是电？

一切有为法，如梦幻泡影，如露亦如电，应作如是观。

——《金刚经》

They can try tearing us apart, but they can't break our electricity.

——Anonymous

闪电作为自然现象，各处地球人的老祖宗都早已注意到。在中文里说"闪电是电"象是废话，但若用英文表达"lightning is electricity"就没有这种效果。不过"闪电是电"这句话传递一个重要的信息，就是"电"作为科学概念是被传播到中国的，而非中国人自己倒腾出来的。"闪电是电"不仅不是废话，它还是人类认识自然过程中的一个里程碑式的事件。

在早先，中国话里的"电"是什么？电的繁体字为"電"，形象上是下雨时出现的弯弯曲曲的东西（图1），即闪电。"三月癸酉，大雨震電"，震＝雷声，電＝霆，霹雳，即是光。这些显然都是和下雨这个现象相联系的。所以中文古意里"電"是和光、快速等概念联系在一起的，比如：电光雷（强调光），电光石火、风驰电掣（强调快）。金刚经中"如露又如电"的意思是消失得快，都是闪电的特征！闪电带光，就有明的意思，所以电作为动词在电烛、电瞩等词中，都是明察的意思，如"仰冀渊涵，俯垂电瞩（不是发电报嘱咐）""法眼电瞩，不辱下尘""双目如电",等等。

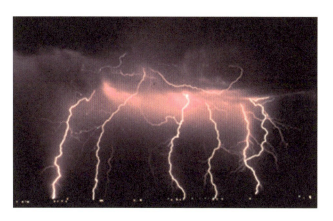

图 1 中文电(电)的形象:雨天出现的自上而下弯弯曲曲的那东西。它强调的是闪光。

那么,关于闪电的发生机理古人是怎么认识的呢?《说文解字》云:"電,阴阳激耀也"。这句话逐字翻译成英文,就是"lightning(电)is an emission of light(耀)arising from excitation(激)in between two opposite(一阴一阳)plates",这基本上是非常科学的关于平行板放电的近代物理描述了。鉴于此,我们古人还给出了闪电发生设备的示意图(图 2)。图 2(中)里的电母,手执铜钹,正是"以金发其气",这是不是告诉我们那平行板应该是金属的,而其间应有气体?猛一看,我们的老祖宗关于平行板放电连机理带设备都有了,那么,为什么没能实现人工放电(discharge)呢?因为他们不懂现代意义上的"电",或者说在那时电的概念还不具有物理实质。

图 2 (左图)自右至左为风婆婆、雨神、雷公、电母。电母两手之间为"Z"字形放电。(中图)两手执铜钹的电母。(右图)平行板放电。

西文的电,electricity,来自拉丁语 electricus。这个词是 1600 年由 William

Gilbert 造的,其拉丁语 electrum 原意为 amber,即是树、树脂的意思。Amber 作为树的意思,在罗曼语族的语言里是非常明显的,在英文里体现在 umbrella(伞)一词中(想一想,为什么)。又一说,拉丁语 electrum 来自希腊语 elektron(ηλεκτρον),同 elektor 相近,是放光、太阳的意思,未敢确认。那么近代物理意义上的电为什么同树脂相联系?这是因为 1600 左右的欧洲人认识到了,琥珀同皮毛摩擦后,可以吸起微小的颗粒。这当然很神奇,所以他们就将之命名为 electricity,意思是"琥珀上带的那种东西"。什么东西?不知道。这个时候 electricity 还没有具体的形象和理论上的内容。

图3 琥珀同鸡毛摩擦后会获得把鸡毛吸起的能力,人们猜测那是因为存在 electricity(琥珀上带的东西)。

关于电现象的新知识在不断增加。首先,人们发现,琥珀同皮毛摩擦后,琥珀同皮毛间有吸引力,但是同一种参与摩擦的物质之间有斥力。这让人们猜测电也许有两种极性,即正电和负电。后来,我猜测,从摩擦生电发光过程——这点在夜间很容易观察到①——人们猜想天上的闪电(lightning)就是我们所说的电(electricity,琥珀上带的那东西)。第一个提出这个猜想的荣誉,文献中被归于美国政治家、科学家富兰克林(Benjamin Franklin),认为是他于 1750 年正式提出了"lightning is electricity"的猜测。有些宣传品中会出现富兰克林用风筝导引 lightning 以证明其是 electricity 的画面(图4)。实际上,用风筝做验证实验的是法国青年 Dalibard,于 1752 年首次获得成功。当然,是富兰克林首先想到了用风筝将金属线送到高空,而他更早的想法是建立一个高塔,或在某个高

---

① 一个简易的演示实验可以这样进行。在干燥的冬天穿两件毛衣,在暗地里脱一件,就能观察到微小的闪电,并伴有毕毕剥剥的声音。——作者注。

地上，将带尖端的铁棒置于闪电之下，希望在金属棒的另一端观察到"electricity"的现象，比如出现火花（spark）。可以说，在 1752 年"lightning is electricity"被证明以后，electricity，这种琥珀上带的东西，才开始获得了一些实质性的内容。等到阴极射线被确定为一束粒子流，人们将之称为电子（electron），并认为其上有电荷才使得一束电子表现出电流。电荷，electric charge[1]，字面本意还是琥珀上带的东西。有趣的是，认识到天上的闪电和地面上的电是同一的，并没有如认识到天体的运行和地面上的运动规律是同一的那样，引起人类思想认识上的一大革命！可能的原因是，这样的认识革命一次就已经够彻底了。

图 4　富兰克林从天上引电。左图为油画 *Benjamin Franklin Drawing Electricity from the Sky*，Benjamin West 约于 1816 年作。

人们从闪电（lightning）现象得到了关于电（electricity）的知识，因此在一开始人们关于电的认识还有闪电的成分。我们知道，闪电是伴随雷声的。声速约是 340 m/s，光速约是 3×10^8 m/s，而闪电（作为气体放电，gas discharge）在大气中的传播速度，根据放电条件的不同，可以是 10^4—10^6 m/s 不等[2]。那么，一个有趣的现象是，对于一个非物理专业人士来说，光速（或曰电的速度）是多少？答案是，比声速要大一些，但不会如上述的数据告诉您的差别那样大①。在20世纪六七十年代中国推广用电的时候,中国人关于电的知识远未普及,就有一个流传颇广的关于电的速度的笑话。说,一个电工,趁停电的机会爬上电线杆修理电线。电工告诉他的助手在小屋里看(kān)着,若是灯泡亮了就表明来电了,就向他招招手,他好赶紧停下来。这个笑话的依据是,那时我们许多人已经知道电的速度比雷声快得多。看到白炽灯亮的过程,电早已传到很远的地方了。

返回头再说摩擦生电(charging by friction)。一般教科书或科普书中,对摩擦生电的解释可能就是通过摩擦,电子从一种材料转移到了另一种材料上,使得对电子有较大亲和力的材料(比如,橡胶与动物毛皮摩擦实验中的橡胶)带上负电。但是,什么是摩擦,摩擦怎么就造成了电荷的在两种物质之间的转移(并不总是这样),这些书都语焉不详,其根本原因是没把摩擦现象认真地当作一个深刻的问题来看待。应该看到,对摩擦的微观机理和材料摩擦性质(tribological properties)的研究是一门重要的科学分支,称为 tribology。近年来,纳米科学和微机电系统的研究日益蓬勃,黏连和摩擦(sticking and rubbing)是那里要认真对待的问题,相应地出现了纳米摩擦学(nanotribology)。摩擦(friction)本身是电磁相互作用,这一点许多初学物理的朋友可能不太理解。关于摩擦的微观机理,这里不拟深入探讨,但提供一些最新研究报导[3-5]。当一个物体在另一个物体表面上滑动的时候,微观上看是微结构(原来是电中性的)之间的接近和分离的过程。接近(挤压)是外部做功达成某种新的电荷分布的过程,而分离在某些情况下会造成一侧带正电荷而另一侧带负电荷的结果,且分离并不是总发生在原来的两种物质的界面,而可能是发生在某一物质的内部(rubbing,会出现碎屑)。前一种情况下若要发生摩擦生电,要求两种物质对电的亲和力有大的差异;后一种情况下则要求被撕裂的物质其微结构上是极性的,即其中被撕裂的化学键是相当非对称的。可见

---

① 这个现象,我将之暂时称为"标尺倚赖估算(scale-dependent estimation)"现象,是我在思考人们之间的相互评价差异时想到的。设想一下,我们用一根标杆测量大海的深度,一杆子插下去,深不见底,我们会如何估算大海的深度呢?若标杆是一米长,我们的估算可能是这样的:一米多深,可能有两三米深,说不定有四五米深,大不了六七米深,最多也就八九米深吧。若标杆是一百米长,我们的估算则可能是这样的:一百多米深,可能有两三百米深,说不定有四五百米深,大不了六七百米深,最多也就八九百米深吧。作为对这个现象的切身经历,是我前后二十年间读 Dirac 的 *The Principles of Quantum Mechanics* 一书时关于 Dirac 学问的猜测。——作者注。

摩擦生电的本质是材料撕裂过程中的电荷再分布。若撕裂过程非常激烈，比如岩石的断裂，还能观察到电子的发射和发光。摩擦发光现象，英文为triboluminescence。摩擦产生的电被称为triboelectricity。

现代生活离不开电，所以，"电"自然而然会侵入日常生活表达。我们今天所说的两人之间过电或来电，即是相互吸引、有好感的意思。西方语言中，也有两人中间"有电"的说法，如题头中"他们可以把我们的人分开，却断不开我们之间的电"，这些都是在近代物理对电的理解基础上出现的新的表述。

本文想说的是，中文的"電"更多是关于 lightning 或 discharge 的，含有较多的光和放电的内容；而西文的 electricity，本意同 charging by friction 关联。关于电的近代物理知识，电场、电磁场、电磁波、电动势等概念，是一步一步添加到电（electricity）这个概念上的。当然了，我们知道如今光（作为电磁波）和电统一了。但是，光和电统一了，也不可以把"電"字的本意，"电光石火"之类的成语，当作咱们的老祖宗已经窥透自然秘密的证据。我们中国人的老祖宗是对自然现象作了许多详细的记录和深入思考，但中国确实也没有产生近代意义上的科学。其中原因多多，怕不是李约瑟博士个人能分析清楚的。有一种观点是中文结构难辞其咎，笔者本人也一定程度认可这种观点。但这也不应成为责难中文甚至贬低中文的理由，谁用西文织出个回文锦我瞧瞧？Maxwell's equations（麦克斯韦方程组）我所欲也，苏蕙的回文锦也让俺很欢喜（Ça me fait grand plaisir aussi）。万物自有定数，无须抑也无须扬，尤其不要以马后炮式的精明来褒贬。顺便说一句，笔者一直对研究生朋友们强调尽可能不要只用中文书学物理，但这不是说可以不好好学汉语。一个连母语都不能运用自如的人能是什么样的学者呢？

补缀

1. Lightning 是快速的象征，lightning calculator 就是指计算速度出奇地快的人。中国 20 世纪 70 年代末开始鼓励科学的时候，速算曾红火过一阵子。
2. 爱尔兰物理学家 George Johnstone Stoney 于 1874 年第一个给出了基本电荷值的粗略估计，1891 年将这个基本单位（作为存在）命名为 electron。

参考文献

[1] 曹则贤. 物理学咬文嚼字之十六：荷[J]. 物理. 37(10), 746-748 (2008).

[2] Yuri R P. *Gas Discharge Physics*[M]. Springer-Verlag, New York (1991).

[3] Rubinstein S M, Cohen G and Fineberg J. Detachment Fronts and the Onset of Dynamic Friction[J]. *Nature*, 430, 1005-1009 (2004).

[4] Park J Y, Ogletree D F, Thiel P A and Salmeron M. Electronic Control of Friction in Silicon pn Junctions[J]. *Science*, 313, 186 (2006).

[5] Dowson D. *History of Tribology*[M]. Longman, London (1979).

之二十三 污染、掺杂各不同

> 出淤泥而不染。
> ——[宋]周敦颐《爱莲说》
>
> Silicon is valuable since it can be doped.
> ——Common sense

摘要 "皎皎者易污"的论断不尽科学。于污杂之中生而为皎皎者必不易污,易污者也不易纯化,事关物质的 intrinsic property。物理学,尤其是材料物理,涉及的与"异物"有关的词汇包括 dirt, impurity, additive, contamination, pollution, dopant, 等等,其朴素的用法与译法不足以表现相关科学内容的丰富与微妙差异。以 doping 而论,dopant 未必一定是异类原子,其占位未必同化学式吻合,占位了未必就能提供载流子,能实现 n(p)-型掺杂未必能实现 p(n)-型掺杂。洁身自好与可控掺杂都不是一件容易的事情,后者甚至是凝聚态物理和材料科学的重要研究领域,是当今技术时代赖以实现的概念基础。

《红楼梦》是一部伟大的作品,伟大就伟大在它是一个多侧面(multi-facetted)的有机整体。鲁迅先生云:"谁是作者和续者姑且勿论,单是命意,就因读者的眼光而有种种:经学家看见《易》,道学家看见淫,才子看见缠绵,革命家看见排满,流言家看见宫闱秘事……"(语出《鲁迅全集·集外集拾遗补编·〈绛洞花主〉小引》)。那么,作为一个学物理的,我们能从《红楼梦》中看到什么呢?别人我不知道,我本人从《红楼梦》中看到的是污与洁的纠缠,看到了污的强势与洁的抗争。柳湘莲一句"你们东府里除了那两个石头狮子干净,只怕连猫儿狗儿都不干净。"让贾宝玉这个懵懂的毛孩子都有点尴尬,而身处东府的秦可卿则只能淫丧天香楼。系统外的柳湘莲与系统内的秦可卿体会的是由污而来的切肤之痛,而林黛玉,in but extrinsic to[①]贾府,这个曹雪芹象从事晶体生长的科学家那样精心呵护的纯洁样本,体会的则是对污的抽象恐惧。她的《葬花吟》是对花儿、对她自己形而上的哀怜。"质本洁来还洁去,强于污淖陷渠沟",前半句是愿望,而后半句是谶语,不想"陷渠沟"终难逃"陷渠沟"的命运。我很敬佩的、研究超导的朋友郭卫教授根据这一句以及"寒塘渡鹤影,冷月葬花魂"一联,推断曹雪芹原著中林黛玉应是投水而死[1]。正确与否不论,这样的安排,符合我对《红楼梦》关于污与洁的处理之认识或曰预期。社会领域的一般状况是浊污横流,贤不肖杂糅,不可别白。《红楼梦》自然绕不过污与洁的问题,而物理学,尤其是材料物理,就更绕不过了。洁与污是物理学和材料学相当范围内的主题。

所谓的纯洁(purity)是指品质上的某种单一性以及同外部环境一定程度上的隔离从而很好地保持了这种单一性。人们热爱纯洁并赋予其美的品格,大概是因其稀少的缘故。干净的水,晶莹的矿石,被人们倾注以纯洁、灵魂(association with purity and with soul)等抽象内容。纯、纯粹,可延伸有完美、道德、无污点、无可挑剔(perfect; faultless; free from defects; free from anything that taints, impairs, infects, etc.)的意思。相应地,不纯(impurity)不只是外观的遭污染,还指动机不纯、心思不纯与品位的低下(impure; immoral; obscene; unchaste),是要遭人厌恶的。作家或科学家写文章,也要讲究纯,一篇充斥着语法错误、不规范用法、病句白字、粗俗俚语、外国字或短语(characterized as by grammatical errors, unidiomatic usages, solecisms, barbarisms, foreign words or idioms, esp. when used inappropriately, etc.)的文章(如本文俨然),就是 impure 的。Impure motivation 还可当作一种自卫武器。目下神州大地许多人被揭发违法违规违天理时,其祭起的翻天印就是反咬揭发者动机不纯。

一个物质体系,想做到完美的纯净是不可能的。热力学定律告诉我们,趋

[①] 用"in but extrinsic to 贾府"我想表达的是林黛玉即置身于内又自外其身的精神状态。希望这个英文表达是准确的。——作者注。

向平衡态的过程是个熵最大的过程,即朝向最大混乱度的过程。从热力学第二定律容易理解杂质或污染发生的必然。杂质有些时候并不改变其寄身之主体的本质,如毛泽东主席诗词中的几个错别字;但很多场合下杂质却扮演颠覆性的角色:一家小化工厂能祸害一条河几百里流域的生灵,一粒老鼠屎能坏了一锅汤,一个混混能将最严肃的学术机构变成百姓口里的笑谈,而微量的 B、P 等元素则使得灰突突的 Si 晶体引发了和支撑着信息革命。污染有这样的威力,则物理学、材料科学和化学等学科为了理解、消除和利用杂质都做出了不懈的努力就不难理解了。仅就凝聚态物理领域而言,impurity,contamination,pollution,dopant 等都是常见的词汇。

关于污染或杂质的笼统的、带有农业社会特质的词是 dirt 和 pollution(= per + luere,to soil,dirt)。这两个字同源,都与土、泥或秽物有关。Pollution 如今慢慢地有了大城市的气息,时常出现在诸如 industrial pollution(工业污染)、nuclear pollution(核污染)等比较吓人的字眼里。另一个关于污染的词是 contamination。Contamination 来自拉丁语 contaminatus,就是 contact(接触),contagion(接触感染),它强调的是外来物接触后停留在表面上。由于表面分析手段得到的信号来自表面很浅层的地方(从微米、几个原子层深到几乎只来自最外层原子不等),因此 contamination 就是表面分析常遇到的令人头疼的问题。有时候,即便样品在真空里被处理干净了,contamination 还会在分析过程中再生成。比如,在用电子束做元素分析时,电子束照射的地方会生成吸附碳。用 XPS、EDX 等方法分析表面时遇到碳的特征峰要谨慎一点,不要随便就将之归于样品本身。

中文的杂质常被用来翻译 impurity 或 dopant,厌恶之情要比污染要轻一些。Impurity 有时指杂质,但更多地是强调本体的不纯净。一个材料是否 impure,取决于设定的标准。包含异类物质肯定是不纯的,但有时标准还可以抬高,若我们要求物质处于特定的结晶相,则同一种物质的另一相也是杂质,比如,锐钛矿相(anatase)TiO$_2$ 晶体里的金红石相(rutile)小晶粒就算是 impurity。Dopant 多用于半导体语境中,比 impurity 有更多的物理内涵,因此使用上要尽可能区分开,但 dopant 与 impurity 之间的差异有些文本中又不是很在意。

纯净的东西给人以完美的想象和愉悦感,从实用的角度来说却是单调的、乏力的。水晶是无色的,虽然洁净,但很无趣。若是包裹了其它的杂质离子,水

图1 硅。因为容易实现 p-型和 n-型掺杂（doping），所以这种其貌不扬的物质奠定了信息革命的基础；又正因为它容易掺杂（polluted by impurities），所以高纯硅的价格才一直居高不下。

晶就变得五彩缤纷起来。纯净的硅①是带金属色泽的灰色固体（图1），它之所以是电子学、光电子学的苦役材料（workhorse material）就在于它能够方便地实现 p-型和 n-型掺杂。这里的掺杂，英文为 dope，德文为 dotieren。英文的 dope，字典上说来自荷兰语，指任何浓稠液体或浆体（any thick liquid or pasty substance），因此易造成污染，抹得到处都是。其动词的意思是 to give dope（这里是名词）to，这同向纯净半导体添加杂质的意思就靠近了。不过，我觉得德语词 dotieren 更靠近这个词在半导体语境下的意义。Dotieren（名词形式为 Dotierung，Dotation）本意是赠与，这与杂质原子为半导体提供了载流子的物理图像相符。"对半导体掺杂"的德语表述，das Dotieren des Halbleiters，die Dotierung des Halbleiters，就给人非常清楚的图像。实际上，杂质原子（英文 dopant, doping agent）在本征半导体能带以外产生的能级就称为 donator（施主能级）和 acceptor（受主能级），其中的 donator 和 dotieren 是同源的。如果大家留心的话，尤其是在谈论 electronic doping 时，由于电子是全同的且是相当自由的，electronic doping 中的 doping 同 impurity 的关系更远；在讨论电子掺杂时 donate 这个动词就常用到，比如 Ti and Fe donate electrons to graphene（Ti 和 Fe 向碳单层捐献电子）。

虽然，在半导体里的 dopant 也经常被混同于 impurity，如例句"When a semiconductor is doped with impurities, the semiconductor becomes extrinsic and impurity energy levels are introduced"，注意这里的表达法"doped with impurities（还有 dopant impurities 的说法）"，可见将 dopant 和 impurity 一概译成杂质显示了汉语在处理相关情形的表达瓶颈[2]。但 dope（doping,

---

① 纯的半导体被称为 intrinsic semiconductor，又称为 undoped-semiconductor 或 i-type semiconductor。Intrinsic 本意是属于内部的；intrinsic semiconductor 汉译本征半导体，指载流子是由半导体自身通过热激发过程提供的，而非来自 doping，故又称未掺杂半导体。注意，不要和量子力学的本征态、数学里的本征值、本征矢量的本征弄混了，那里的本征是对 eigen（德语，自己的）的翻译。——作者注。

dopant)和一般意义上的添加杂质毕竟有区别。作为对半导体如晶体 Si、Ge 等材料的 doping,我们要求杂质原子(dopant atoms)以占据格点位置并能提供载流子。如图(2)所示对晶体硅的掺杂(doping),一个 P(B)原子替代一个格点上的 Si 原子,并以较大的概率提供一个电子(空穴)型载流子。这里,杂质原子占据格点是为了减小杂质以及晶格畸变带来的散射,而要有效提供载流子还要求杂质能级离导带底(电子型)或价带顶(空穴型)不远(同 kT 相匹配)。这样来看,为一种半导体找到合适的掺杂方案不是一件容易的事,尤其是对于宽禁带材料来说更是如此[3],这解释了为什么有些天然晶体生长在非常复杂的环境中依然那么纯净(图 3)。有时,则是一种类型掺杂较容易得到,而另一种类型掺杂的实现则是难题。比如,金刚石容易用 B 元素实现 p-型掺杂,而其 n-型掺杂却很难;融入金刚石中的 N 原子更多的是以 impurity 而非 dopant 的形式,即未能占据掺杂主体的格点,从而使天然金刚石略呈黄色。ZnO 情形正好相反,n-型掺杂容易实现,而 p-型掺杂却成了难题。虽然,直观上用一族元素 Li,Na 和 K 替代 Zn 位,或用五族元素 N,P 和 As 替代 O 位可以得到 p-型掺杂的 ZnO,其中一族元素形成浅受主能级(shallow acceptors)而五族元素如 P,As 形成深受主能级(deep acceptors),但事情远不是教科书式的简单。掺杂的瓶颈是一族元素容易形成填隙原子(interstitials),而五族元素易形成反占位(antisites)。可能 N 是最佳选择,但好象也没取得令人满意的效果。有时候,用两种元素共掺杂(codoping)不失为一种解决方案。Reiss 等人最先从理论上研究了利用共掺杂提高溶解度、降低离化能、提高迁移率的可行性;作为提高 GaN 空穴浓度的手段,共掺杂得到了充分的实验研究[4]。共掺杂也被尝试用来解决 ZnO 的 p-型掺杂问题,比如(Al-N)-codoped ZnO,但最终解决方案尚

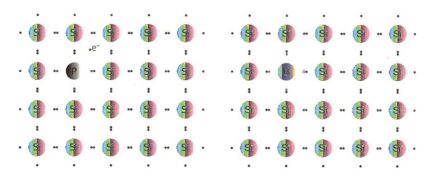

图 2　对 Si 的 p-型掺杂(左)和 n-型掺杂(右)。

待努力。感兴趣的读者请针对具体的半导体参考专业文献。

图3 天然金刚石生于火山岩浆中,那么脏的环境,但依然纯净。

就 doping 而言,实际发生的花样要比图 2 关于半导体 Si 的情形要复杂得多。在更复杂的物质结构中,杂质原子不仅替代母相结构中格点上的原子,且有多种替代位置供选择,甚至出现间接的替代。比如,用元素 Co 对 Heusler 合金 Mn_2NiGa 进行掺杂,若是加入 Co 元素而相应地减少 Ni 元素的比例,化学式为 $Mn_2Ni_{1-x}GaCo_x$,相应的晶格占位也确实是 Co 原子占据了 Ni 原子的位置。但若是加入 Co 元素而相应地减少 Ga 元素的比例,化学式为 $Mn_2NiGa_{1-x}Co_x$,给人的印象似乎是 Co 占据了 Ga 的格位。实际情况却是 Co 占据了 Mn 格位之一,而将 Mn 挤出来占据了 Ga 的格位[5]。可见,化学式表达掺杂(这里是替代,substitution)尚嫌不足以表达实际的内涵。

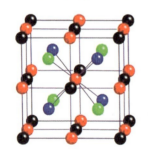

图4 掺杂与占位。Heusler 合金 Mn_2NiGa 的晶胞。黑色:A 位的 Mn 原子;蓝色:B 位的 Mn 原子;红色:Ni 原子;绿色:Ga 原子[5]。

更有一种奇特的情形是实现了 doping 却不一定要使用 impurity 原子。如图 5 所示是反 ReO_3 结构的 Cu_3N 晶体的单胞。一个立方的格子其边的中心和顶点分别为 Cu 原子和 N 原子占据,而体心却是空的。若有多余的金属原子会优先占据体心位置,从而引起该物质电子结构的变化[6,7]。通过 Pd 掺杂,我

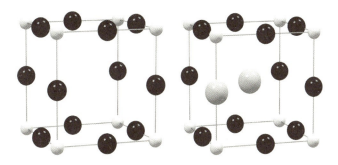

图 5 对 Cu_3N 结构的掺杂。(左)Cu_3N 结构,属立方结构,Cu 原子(黑色)占据边的中心,而 N 原子(灰色)占据顶角;(右)掺杂的金属原子(灰色大球)可占据边的中心位置,也可以,实际上是优先,占据体心位置。后一种情况下,所谓的杂质原子可以是 Cu 原子本身。

们甚至获得了在超过 200 K 的大温区内恒电阻率的材料 $Cu_3NPd_{0.238}$[7]。用 Cu 元素一样可以对 Cu_3N 掺杂以获得 Cu_3NCu_x,随着体心被 Cu 原子占据的概率的增加,材料从半导体迅速变为金属。目前能带计算一般地是处理 Cu_3NCu 结构,但我们知道 Cu_3NCu 并不能存在。值得研究的是 Cu_3NM_x 这样的结构,即 Cu_3N 晶格的体系被某种金属 M 以一定的概率($x = 0.2$ 的量级,取决于具体的金属元素)占据。但如何对这样的结构进行能带计算是个难题,盼有心的研究者留意。

与 impurity, dopant 类似的、值得一提的词汇是 additive,汉译添加剂。从字面上看,添加剂被加入到其它物质中是以独立成分存在的,当然属于杂质,但人们希望它不影响被添加物质的化学性质更不会引起电子态层面上的变化,比如食品里添加的一些防腐剂,工业酒精里含有的甲醇。但是,添加剂的使用要科学,更要道德。食品中的防腐剂是否有害人体健康? 工业酒精中甲醇含量高,若是原产的就这样高尚可理解,若是为了防止偷喝而添加甲醇就有害人的主观倾向了。2008 年神州大地揭发出牛奶被人为地添加了三聚氰胺,曾戕害了多少鲜活的生命? 三聚氰胺的添加是为了糊弄一个有使用前提的蛋白质含量的检测方法(化学分析方法大多是有应用前提的[8]),这样的一个掺假方案当不是几个贪财的农民的创新,背后隐约应有一些学问人的身影。它反映的首先是技术人员和技术官僚们的道德与责任缺失。将科学用于造假而达到造孽的效果,就算仅仅是为逐利而造假,都是对科学的亵渎,是这个民族的悲哀。往学问里掺权术浑然一体而冒充学术,往牛奶里掺有毒化工品,往法律里掺一己之私利，这些令人发指的、蛮有特色的掺杂行为，若是要硬译成洋文的话，tesechanjia 或可勉强担当。

一个有趣的现象是，遇到掺假、造假现象时，有一种论点是整体大环境使然。然而，如果我们仔细考察与 impurity, dopant 等词汇相关的物理图像，我们会看到，成功的掺杂（掺假）首先取决于杂质本身的性质，其次若非要归罪于环境的话，那也是局域环境。杂质原子同环境中的原子局域上形不成键，就没有整体上的有效掺杂。对于一个健康的结构，杂质的加入，其影响总是局域的。诺贝尔奖得主 Walter Kohn 所谓的电子短视（对电子的扰动即便在波函数上是整体的，在电子态密度的表现上也是局域的）的观点[9]，应该也适用于对掺杂的理解吧。

在我们谈论 impurity, pollution, dopant 和 additive 时，这些杂物的量同其掺杂和污染的主体相比是少的。设想向一种物质中添加了足量的其它物质，若是在微米及以上层次上的混合，应是 mixture, blend；若是发生在原子层次上的混合，则是化合物或 alloy 了。注意，alloy（ad + ligare）本意就是"加到一起"，简单地翻译成合金有失偏颇。它并不只是和金属元素有关，一样可以说 Ge-Si alloy。

再啰唆几句。与污染、掺杂相反的动词为提纯、纯化，英文为 purify, refine，如高纯结晶硅（refined crystalline crystal）。制备高纯硅的物理纯化过程一般是利用溶解度随温度改变的特性，利用温差将杂质原子向材料的一端驱赶；而化学过程则是利用选择性化学反应，比如将硅制成 $SiCl_4$ 气体，从而达到提纯的目的。当然，地面上的物理制备过程也好，化学反应也好，都是在容器中进行的，化学腐蚀、扩散等现象都会造成污染。为了获得纯度更高的材料，利用微重力下反应物可以同容器脱离的特点不失为一种聪明的选择，空间无接触生长遂成了空间材料科学研究的重要内容。此外，一个值得注意的现象是，材料的纯杂与否还要视看待问题的尺度，在微观尺度上材料可能会经历一个自我纯化的过程。杂质原子倾向于在缺陷如晶粒间界处富集，或向表面、界面处偏析（segregation）。这样造成的后果是，在利用一些化学分析手段分析材料的成分时，选区分析的结果常给人以样品是化学纯、结构纯的假象，而实际情况却可能是非常 dirty 的。

补 遗

1. 发生在原子层次上的混合也可以用 blend，例句如"the complexity with which the elements are blended(元素混合的复杂性)"。记得初中时化学课本强调"化合"与"混合"的区别，让俺们头疼不已。实际上相应的英文词 compound，blend 也是只能通过具体语境才能区别的。
2. 假如没有能力将糟污拒之门外，保持洁净的方法就是远离污染。一个人明知自己不具有莲的品质，最好知趣地选择远离污泥。

参考文献

[1] 郭卫. 红楼梦鉴真[M]. 北京:光明日报出版社,1998.

[2] 朱大可,《国家叙事的语文瓶颈》,博客。

[3] Zhang S B, Wei S H and Zunger A. Microscopic Origin of the Phenomenological Equilibrium "Doping Limit Rule" in n-Type Ⅲ-Ⅴ Semiconductors[J]. *Phys. Rev. Lett.* ,84, 1232 (2000).

[4] Hadis Morkoç. *Handbook of Nitride Semiconductors and Devices* [M]. Wiley-VCH (2008), p. 1019.

[5] 吴光恒,待发表。

[6] Ji A L, Huang R, Du Y, Li C R and Cao Z X. Growth of Stoichiometric Cu_3N Thin Films by Reactive Magnetron Sputtering[J]. *J. Cryst. Growth*, 295, 79-83 (2006).

[7] Ji A L, Li C R and Cao Z X. Ternary Cu_3NPd_x Exhibiting Invariant Electrical Resistivity Over 200 K[J]. *Appl. Phys. Lett.* ,89, 252120 (2006).

[8] 曹则贤. 材料化学分析的物理方法 Ⅰ [J]. 物理,33(4),282(2004);材料化学分析的物理方法 Ⅱ [J]. 物理 33(5),372(2004)。

[9] Walter Kohn. Nobel Lecture, 1999.

之二十四　Duality: a telling fact or a lovable naïveté ?[①]

> 色即是空，空即是色；色不异空，空不异色。
> ——《心经》

> "I have been unable to achieve the sharp formulation of Bohr's principle of complementarity!"
> ——Albert Einstein

摘要　存在(entity)要有清晰的 identity，此为"一"；引入两个存在之间的相互作用、或关联、或对应，此为"二"，精彩从此开始。Dual, duality, dualism 之类的概念在数学、物理和哲学上随处可见，后两词的汉译对偶性、两面性、双重性、二元性、二象性难以做到以偏概其全。将微观物质加上 wave-particle duality 不过是当时西方哲学上的习惯性幼稚，技术上的无奈是不可以当作物理的实在的。

存在之作为存在能被认识到，就要有一定的个性，可以一个一个地分辨开来。"一"，单元，乃万物之始。在数学上，象"0"作为加法的单位元，"1"作为乘法的单位元，或者其它的广义 identity element 或 identity operation（同等操

---

① 试图将这个题目改造成中文让我很为难。"Duality"，如文中要阐述的那样，被译成了"二象性""二元性""对偶性"等貌似不同的词汇，作为题目自然不能择其一而不顾其余。"a telling fact or a lovable naiveté"，大意为"这是一个能有些说道的事实呢还是反映了某些学家的哲学幼稚呢"，用中文太长而且直白得很不恭敬。Naiveté 是法文词，也写成 naïveté，那个带两点的"i"是要发长音的。应编辑部要求，特作此注释。——作者注。

作),都具有特殊的地位。在两个个体间引入了相互作用,世界于是变得精彩起来。我们人类关于自然的基本定律(fundamental laws),就是基于存在四种相互作用的认识上的。这样,给定一个有 N 个全同粒子组成的体系,则体系的动力学性质由粒子的动能和势能决定,其中动能可写 $\sum_i \frac{1}{2} m v_i^2$ 的形式,是单体的;势能则可写成 $\frac{1}{2} \sum_{i,j; i \neq j} V_{ij}$ 的形式,是两体的(binary)。① 我印象中,基于 binary 势能的物理世界,其复杂程度就够我们对付的了。所以,把多粒子体系的势能写成 $V(r_1, r_2, \cdots, r_n)$ 的形式并以此为基础构造物理学的努力,并不常见。

如同中文中存在"对""双""两""偶"等关于"二"的不同表达一样,关于"二"的英文词表达也很多,包括 couple, couplet; pair, duad, dyad, duet, duo, twain, twosome, double, doubleton, deuce, 等等。常见的是 two, 同德语的 zwei 是近亲。上文中的 binary potential 的字头"bi",以及 diode(二极管)的字头"di", dyad 的字头"dy"都是 double, 双倍的意思。象 dual, deuterium(同位素氘,原子核包含一个质子,一个中子,所以很"二")等词可能有拉丁血统,同法语词的二(deux)有关。同 dyad(两个矢量的直积), binary 和 dual 相联系的物理学、数学词汇比比皆是,本篇只就 dual 做详细些的探讨。其中,值得关注的是同 dual 相关的 dualism,它是影响量子力学初期发展的重要哲学思想基础之一。Dual, dualism 的中文翻译很乱,其中文翻译会在适当的地方个别给出。

二由一加一构成(the sum of one and one),但"加"可理解为一个物理的操作,则"加"的效果取决于"加"的具体内容。有时候,两个不同内涵的个体通过某种关系构成了对应关系,则说两者是互为 dual(对偶)的。比如,一对通过婚姻契约 couple 的男女,之间就构成了 dual relation,双方互为对方的 dual(配偶)。Dual relation 在数学、物理方面的一个简单例子可在规则凸多面体中见到。对于凸多面体,其顶点数 V、面数 F 和边数 E 应满足欧拉(Euler)关系 V

---

① 注意表达式中 1/2 的不同。动能表达式中的 1/2 属于动能表达的固有性质,而势能表达式中 1/2 来自于对 (i,j) 的求和两次重复的事实。若将势能写成 $\sum_{i<j} V_{ij}$,就没有 1/2 这个系数了。注意,表达式 $\frac{1}{2} \sum_{i,j; i \neq j} V_{ij}$ 或者 $\sum_{i<j} V_{ij}$ 中,$i \neq j$ 并不能排除 $r_i = r_j$。这样,若将粒子看成质点,则势能项包含趋于无穷大灾难的种子。——作者注。

$+F-E=2$。注意,顶点数 V 和面数 F 是相加的关系,则若存在顶点数为 V、面数为 F、边数为 E 的凸多面体,则一定也存在顶点数为 F、面数为 V、边数为 E 的凸多面体。这两个多面体之间存在 duality,是互为 dual 的。图1中为五个规则多面体,其中,正六面体和正八面体是对偶的,正十二面体和正二十面体是对偶的;正四面体因为顶点数和面数都是4,是自对偶的(self-dual)。同对偶多面体(dual polyhedra)类似还有对偶铺排(dual tessellation),比如平面的六角铺排(石墨晶格)和三角铺排(fcc 结构(111)面上的原子排布)就是 dual 的。容易验证,六角格子的倒格子是三角格子,而三角格子的倒格子是六角格子。简单立方的倒格子还是简单立方格子,所以是 self-dual 的。大家看到,这里两套格子,或者两个多面体之间的 duality,是有实在的数学和物理内容的。

图1 规则多面体(platonic solids),其中正四面体自对偶,正六面体与正八面体对偶,正十二面体与正二十面体对偶。

对偶空间(dual space)是一个重要的数学概念,它散见于物理学各个领域的数学描述中;不过因为它常常不被特意强调或者是披上了其它外衣的缘故,也许有人对这个概念还觉得生疏。代数对偶空间的定义很简单,给定矢量空间 V,其对偶空间就是定义在 V 上的所有线性泛函的集合 V^*,设 x 是 V 中的矢量,V^* 要求满足如下线性关系:

$$(\psi + \varphi)(x) = \psi(x) + \varphi(x)$$
$$(a\psi)(x) = a\psi(x)$$

我们熟知的 Fourier 变换实际上定义了一对对偶空间(dual space)。量子力学中,坐标空间的波函数同动量空间波函数之间的变换就是 Fourier 变换,但那里被称为 Jordan 变换。将一个坐标空间里的高斯分布作 Fourier 变换,可得到一个动量空间的高斯分布,两个分布的宽度成反比。此对数学家来说非常平凡的结果曾经作为所谓不确定性原理(uncertainty principle)的推导。研究对偶空间的好处是，在一个空间中散落于各处的一个物理性质，其可能在对偶空间是落在一个或少数几个点上的。一国之公民散落在各个地区的大量家庭里，作住户空间到党派空间的 Fourier 变换，可能会发现全国人民分布于几个很少的孤立点（不同党派）上，这样对该国政治形态从党派角度的描述就能简洁明快一些。作为坐标空间函数的势能项常常用 q-空间形式给出就是这个原因。物理学中常遇到的一个简单的 Fourier 变换例子是在光学和凝聚态物理常见的散射（衍射）问题。注意到在晶体学中，给定实空间中的格子 R，则关系式 $e^{2\pi i K \cdot R}$ =1 定义了一个长度量纲为 L^{-1} 的 K 空间的格子，两套格子是 reciprocal[①] 的，dual 的，故也有 dual lattice 的说法。这个定义实际上来自周期性格子 Fourier 变化的性质，可惜许多教科书未加指明。对于任意的原子分布集合（周期性格子是特例），物理上可以从散射的 Franuhofer 极限来定义倒格子，即由复散射振幅 $F(\vec{g}) = \sum_j f_j(\vec{g}) e^{2\pi i \vec{g} \cdot \vec{r}_j}$，其中 $f_j(\vec{g})$ 是原子的散射因子，得到的散射强度的分布 $F^*(\vec{g})F(\vec{g})$ 就直观地给出了倒格子的图像（未必是有序的点阵）。透射电镜技术的关键概念就是这样的实空间分布（原子像）和动量空间分布（衍射斑点）之间的对偶关系（图 2）。Fourier 分析的威力远超笔者的想象力。实际的衍射问题，涉及的都是有限空间的 duality 变换，带入了远比纯数学形式复杂得多的实际问题。相关问题吸引了许多优秀科学家，如何得到忠实的分布信息就

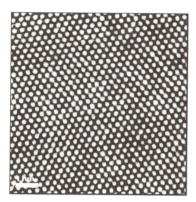 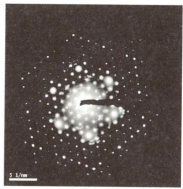

图 2　左图：透射电子显微镜获得的 Si(110) 面的原子像；右图：Mn_2O_3 沿 [111] 晶带轴（zone axis）的电子衍射花样。两者的区别是，晶体的原子像具有空间平移对称性，而衍射花样在空间上是平移对称的；但当计入强度时，则没有平移对称性了。后者更有效地揭示了晶体的对称性。

---

① Reciprocal lattice，汉译倒格子，没能反映出 reciprocal 的意思。Reciprocal relation 也同样是贯穿数学、物理、哲学和日常生活表达的一个重要词汇。容另议。——作者注。

看研究者的功夫了。A. M. Cormack 就是因为 Fourier 分析方面的功力(用于 X 射线 CT 技术的发明)获得了 1979 年的诺贝尔生理或医学奖。他自己写到:"(在本人找到问题的解)十四年以后,我发现 Radon 早在 1917 年就解决了这个问题。"学好 Fourier 变换对物理学家的重要性,由此可见一斑。

在物理学领域,一个有趣的现象是,象 Fourier 分析以及固体物理中遇到的空间铺排等问题中都存在实在的 duality,但似乎很少有课本会明确地 (explicitly)加以陈述。如果提起 duality,可能很多人的第一个反应是关于微观物质的波粒二象性(wave-particle duality),以及玻尔为了从哲学的角度支持波粒二象性而提出的所谓互补性原理(principle of complementarity)。波粒二象性这个基于当时欧洲典型的哲学幼稚病的概念,在今天的量子力学课本或研究论文中仍然时常出没,不能不令人惊叹[1,2]。

在讨论波粒二象性之前,有必要弄清楚所谓的"波"和"粒子"到底指的是什么。电子(原意为琥珀上带的东西;我再强调一遍,西文 electron 上没有"子"的形象或含义[3])和光子(photon)的粒子(particle)图像的形成经过一个演化的过程。光最初的粒子形象是颗粒(corpuscule),就象微小的冰雹从天而降。光作为粒子,photon,的形象的确立是在光电效应之后,爱因斯坦给出的解释是光以能量单元的形式为固体所吸收并激发出电子。而电子的粒子形象的建立是基于磁场下电子被偏转的事实。偏转的电子能转动真空管中的小风车,说明它带动量,并且通过碰撞将动量传递给了风车。这里,所谓电子或光子的粒子形象,还是个不讲究尺度(dimension)的存在,如同经典力学里所谓的质点。

但是,把电子当作无尺度的粒子是很危险的。两个尺度为零的粒子发生作用,就可能出现 $r \to 0$;则作用势 $V(r) \propto \frac{1}{r^n} (n \geq 1)$ 就会变得无穷大,这是一类物理学灾难的起源。对点粒子形象带来的这个灾难的一个规避方案是引入弦论。但用一维弦的振动模式来代替本就不是零尺度的粒子,是否是合理有效的方案,笔者学浅,不敢妄议。不过薛定谔的想法,即各种基本粒子不过都是 "form"(形式而已)[4],也许更接近真实:粒子有硬核,但不是实体,粒子的大小由探测粒子(probing particle)同其相互作用来决定。关于电子大小的不断向下修订似乎证实物理学界是一直采纳了这个观点。它反映的哲学是,一个存在的性质是在同其它具体的存在发生相互作用时表现出来的。当然,这个 "form"形象数学上不是容易描述的。

那么"波"的形象又是什么样的？对光的波动说的需求来源于干涉现象的观察，人们关于波的直观形象是石子投入池塘所荡起的涟漪(图3)。不过，涟漪的数学描述可是非常困难的，实际上当物理学教科书谈论波的时候，它常常是等同于理想琴弦振动的解。琴弦振动的方程是一维波动方程 $\frac{\partial^2 u}{\partial t^2} = v^2 \frac{\partial^2 u}{\partial x^2}$，其解为正弦函数形式 $\sin(\vec{k} \cdot \vec{x} - \omega t + \varphi)$(或者余弦也行)，或者在引入复数以后写成 $e^{i(\vec{k} \cdot \vec{x} - \omega t + \varphi)}$ 的形式。三维波动方程的解为球面波 $\frac{A_0}{r} e^{i(\vec{k} \cdot \vec{x} - \omega t + \varphi)}$。杨式双缝干涉图像就是用 $\sin(\vec{k} \cdot \vec{x} - \omega t + \varphi)$ 函数的叠加解释的，而球面波常用于粒子散射问题的处理。

图3　波，来自水面的重要物理概念原型。水滴或石子击打池塘，泛起层层涟漪，此为光之波动学说概念图像的源泉。

此外，函数还被赋予了沿一个被波矢 $\vec{k}$ 规定了的空间方向上(但波矢 $\vec{k}$ 不在坐标空间中，而在坐标空间的 dual space 里!)飞行的自由粒子束的图像，在垂直于该方向的平面内是均匀分布的。单个粒子在沿一个方向上的全空间里的概率分布，在垂直于该方向的平面内有均匀分布的束，这显然和我们关于光子和电子的认识及形象预期不符。就算是自由的电子，也应该在空间上是有限的吧。于是有人基于关于傅里叶分析的知识提出了波包作为粒子形象的想法(我只见到过一维的表示。就算把电子看作波包，也应该是三维的吧？)，因为对于有限范围 $[0, L]$ 内的函数，哪怕不是光滑函数，都是可以做傅里叶展开的。所谓波包作为电子、光子的波动图像，本质上还是要用到正弦函数的简单性而已。其实大家可能已经注意到了，二维波动方程比一维和三维的都难解，于是我们大家的头脑里也就少了作为二维波动形式的电子或光子的形象。后来，孤立子(solition，又称孤立波，solitary wave)的研究逐渐走入大家的视野；由于孤立子在水面上首先被发现，能传播且在碰撞后能保持其形态，一度也曾被当作是电子或光子的形象。其表达用到了 sech(hyperbolic secant)函数，比 $\sin(\vec{k} \cdot \vec{x} - \omega t + \varphi)$ 的形式要复杂那么一点。其实，被赋予自由粒子形象的 e^{ikx} 函数，描述孤立子形象的 sech(x)函数，以及可作为完美波包的高斯分布函数，在物理世界中的聚首，是由它们三者之间的深刻却简单的联系所决定的：即 sech(x) 函数和高斯分布函数都是关于 e^{ikx} 函数 self-dual 的。我总有个揣测，所谓物理图像，是依赖于物理学家能掌握的数学水平的，那么他们宣称描述了物理真实的真实性就值得探讨了。

光的波动性建立在经典的光的双缝干涉实验上,而所谓电子的波动性则建立在电子束经镍晶体散射的斑点状强度分布上的,后者由 Davisson 和 Germer 于 1927 年完成[5]。关于更大一点尺度的物质之波动性的验证,小分子束的双缝干涉完成于 1930 年[6],C_{60} 分子的双缝干涉完成于 1999 年[7];不过,C_{60} 分子实验中的分布花样依赖于对 C_{60} 分子在双缝后面的先离化后探测[7],若把那个花样解释成物质波动性的结果,则是对量子力学中的所谓 Welch-Weg 哲学①——关于量子世界奇异性的一个证据——的一个抢圆了的巴掌。这些经典实验的解释都是用的 sine 函数,但是 sine 函数却只能部分地解释双缝干涉现象,比如明暗相间条纹或者斑点的出现,如此而已。对整个记录下的花样的精细而微的描述,当然是给出一个关于远处屏幕上的强度分布 $I(x, y)$(图 4),简单的 sine 函数就显得吃力了。重要的一点是,把一个固体屏幕上记录(先不管记录原理)下来的某个信号当作是入射到其上的电子或光子的量子力学意义上的分布是没有坚实物理基础的:一个值得注意的事实是,电子的尺度是远小于 pm 量级的,而一个固体记录下单个电子的痕迹却不会小于 2 Å,即固体表面上一个原子占据空间的尺度! 因此,所谓单电子双缝衍射实验凭屏幕记录的诠释,要留神别走得太远![8]

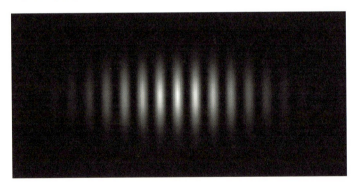

图 4 双缝干涉花样。将电子或光子理解成 sinusoidal 函数形式的波并不能解释这样获得的强度分布。重要的是,不管是显影板还是移动的固体探测器,其获得的强度分布应为同一个描述电子或光子与具体记录器件之间的相互作用的卷积[8]。而这个相互作用正是量子力学要理解的问题,且同样会出现侧重于波动性或粒子性解释的局面。

---

① 英文写法为 which-way(哪条路径)。指在光子、电子等的双缝干涉实验中,若在双缝和记录屏幕之间对光子、电子探测以确定到底是通过哪个狭缝过来的,则干涉条纹就消失了。无数的教科书和论文不假思索地转述这个故事是物理世界的一大奇观。——作者注。

现在，我们看到，到1927年前后，人们已经学会了区别看待电子、光子等微观物质的性质了：光电效应中的光子，康普顿散射中的光子和电子，磁场下偏转的电子，都被看作是质点似的粒子；而经固体散射的电子和X射线光子都被看作波，用sine函数表示或代替。光子和电子之类的微观物质似乎具有了particle-like和wave-like的双重品格。为了说明这种双重品格，人们引入了波粒二象性（wave-particle duality）的概念。这里的duality并不象动量空间的波函数与坐标空间的波函数之间的dual关系，而只是口头表达的一个事物之两面（类似一个硬币的两面。没有必然的关联）的意思。但不久由wave-particle duality玻尔发展出了互补原理，认为物质既表现出粒子性，也表现出波动性，但不可以同时表现出两种性质，而我们对微观世界的图像当依赖于由这两种观点所得结果的互补。互补性原理被认为是玻尔对量子力学的一个重要贡献，是哥本哈根诠释的组成部分。不过，玻尔最开始提出互补原理时指的是"时空坐标化（space-time coordination）"和"因果律的确定（claim of causality）"之间的互补，当然这和wave-particle性质之间的互补有一定的关联。

然而，认为物质具有波粒二象性从一开始就不那么令人信服。除了粒子和波的图像本身太过简单以外，这个概念还遭遇许多其它困难。(1)这个duality来源于我们描述物理时所采用的连续和分立两种方式之间的duality，是一种技术（technical）上的分别。连续的描述采用了微分方程（同数学的分析相接近），而不连续描述人们似乎只能借助于日常语言（同数学的算术相接近）。麦克斯韦方程组描述了光，但是其中没有粒子性的身影；(2)人们不可能设计出一个只涉及物质的粒子性或波动性之一个侧面就足够提供令人满意描述的实验（there is no experimental arrangement in which one of these two pictures alone is sufficient to provide a satisfactory description of phenomena）[9, 10]。一个有趣的例子是，双缝干涉据说能验证光的波动性，但是确定存在干涉条纹的测量设备，比如光电倍增管，恰恰利用的是光电效应。而我们知道，光子的概念就是因为这个所谓证明了光的粒子性的效应而提出来的。利用粒子性行为（诠释）得到的某种意义的波动性，却把粒子性和波动性当作截然不同的、互补的两种性质，逻辑上是说不过去的；(3)其实，正弦函数或别的波的形式对双缝干涉的描述在使用单光子（据说第一个实验完成于1909年）和单电子（第一个实验完成于1974年）获得干涉花样后就显得难以自圆其说了（图5）。为此，Dirac提出了光子自干涉的概念，具体内涵是什么，笔者未能领会，遗憾。

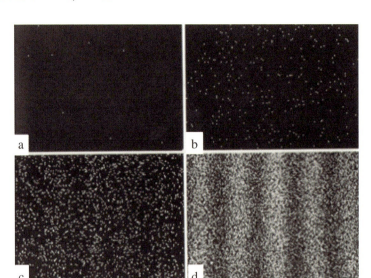

图5 单电子双缝干涉实验中对到达电子的记录。显然,是不同时刻的单个被记录行为的经典累加而非量子叠加给出了人们要理解为波动性之结果的明暗相间条纹(图片出自 http://www.hitachi.com/rd/research/em/doubleslit.html)。

互补性原理同玻尔的一些其它关于量子力学的表述一样,今天看来对理解量子力学并无助益。1949年,爱因斯坦就直白地写到他至今也不能获得对玻尔的互补性原理的清晰表述(原文见题头)。把光子、电子等存在理解成既不是波也不是粒子,或者既是波也是粒子,都于事无补。后来,Gamow 新造了 wavicle 一词(也有文献说是 Eddington 造的),并强调"电子既不是波也不是粒子,而是全新的事物(an electron is neither a wave nor a particle... It is something else completely)"。[11]

波粒二象性的哲学基础是 dualism,汉译二元论,同 monism(一元论)和 holism(整体论)相对照。Dualism,按照字典的解释,指双重存在的状态;一分为二的分法;任何建立在双重原则上,或作二元区分的基础上的体系。与波粒二象性类似的主观—客观 dualism,物质—精神 dualism,思维—肉体 dualism,善—恶 dualism 等词汇充斥着西方哲学,尤其是德国哲学。它反映的是西方人将事物的两面当作对立的极端的思维方式,其所依赖的简单二分法如同中国高考文理分科的依据,是一种哲学常见幼稚病。其思想起源可追溯到中世纪的信条"duplex veritas",即两种论断,虽然它们的逻辑合取会导致明显的矛盾,却可能都为真(that two theses, though their logical conjunction leads to a flat contradiction, may be both true)!笔者以为,事物固然会表现出极端的且都为真实的两面,但就象硬币的两面图案印到一张纸上不等于拥有一个硬币一样,把质点形象的粒子性和 sine 函数形象的波动性加到一起并不能给出电子、光子等微观物质的物理真实。光经过双缝表现出同光到达金属表面时不一致的性质,逻辑上并不能得出光子患有人格分裂的结论。微观物质就是微观物质,所谓的"粒子性",所谓的"波动性",其间的 duality 也罢,矛盾(contradiction, inconsistency)也罢,不过是我们认识上、描述上的 duality 和矛盾,而不是物质的本性! 我们所采用的质点或 sine 函数形式的图像,其实同真实的自然是不切合的(All these are counter the nature of reality),不可以把人类认识的局限性强加于认识的对象,把技术上的无奈当作物理的实在!

互补原理可能陷入的一个危险是自一个图像出发会"互补"出一些原本不存在的内容来。丹麦心理学家 Edgar Rubin 就构造了名为《花瓶幻觉》的这样一幅画(图6)。也许作者的本意是(或者大自然只存在)在白纸上画一个黑色花瓶(两个黑色人脸),所谓的人脸(花瓶)不过是我们视觉的错觉(或者推理、reasoning 的附加结果)。虽然,采用一定的偏见,人们能从这幅画中看到两张脸或者一个花瓶来,但这幅画却不等于两张脸和一个花瓶的互补。

图6 Edgar Rubin's Vase Illusion。从图中能看到颜色互补的两个人脸和一个具有旋转对称性(虽然只是在平面上)的花瓶。

东方智慧总希望在对立中寻求其统一的本原或努力将之调和。所谓"福兮祸所倚,祸兮福所存",体现的就是不把对立的性质看作分立存在的哲学。就人而言,善耍两面派①手腕的人其内心深处也是具有一套完整自洽的人格的。在弱小面前的飞扬跋扈和在强权面前的卑躬屈膝,都是同一个人内心深处浑然一体的人格之自然流露,并不必然伴随切换的艰涩。我这种说法是有科学依据的。二象性的说法对应的数学表述是 Heaviside 台阶函数,一侧为"0",一侧为"1",泾渭分明。其实,存在很多形式的自"0"连续且迅速地变换到"1"的开关函数,Heaviside 台阶函数不过是极限情况而已(图7)!

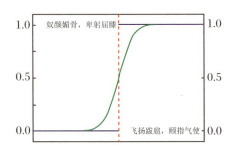

图7　Heaviside 台阶函数(蓝色)是多种开关函数(绿色)的极端化。对立的两个极端常常是平滑地连接着的一个完美整体。

微观物质的波粒二象性是人为地安上去的两种面貌,那是因为人们只会处理质点的简单运动和正弦函数的变化;等后来人们对双曲函数有点理解能力,观察到水面上的孤立波后,孤立子式的粒子存在也就变成了一种可接受的存在图像了。按照作家韩少功的说法,这是典型的"街上卖什么药就得什么病"的症状。佛家讲究的认识之最高境界是"入不二法门",显然同用 duality 糊弄事是两种不同的哲学态度。《维摩诘经·入不二法门品》云:"如我意者,于一切法无言无说,无示无识,离诸问答,是为入不二法门。"文殊师利问维摩诘:"我等各自说已。仁者当说,何等是菩萨入不二法门?"维摩诘默然不应。文殊曰:"善哉善哉。乃至无有文字语言,是真入不二法门。"如何是微观物质的图像,如果作为

---

① "两面派"一说源远流长。元朝末年,元军和朱元璋领导的义军在黄河以北展开了拉锯战。老百姓苦不堪言,谁来了都要欢迎,都要在门板上贴上红红绿绿的欢迎标语,来得勤换得也快。豫北怀庆府人生活节俭,于是想出了个一劳永逸的办法:用一块薄薄的木板,一面写着欢迎元军的"保境安民",另一面写上欢迎义军"驱除鞑虏,恢复中华"。哪方来了,就翻出欢迎哪方的标语,既省钱又方便。但想不到这个方法后来竟惹出大祸。
　　一次,朱元璋的大将常遇春率军进驻怀庆府,进城见家家门口五颜六色的木牌上满是欢迎标语,心里挺高兴。可是突然一阵狂风刮来,木牌翻转,暴露了反面欢迎元军的标语。常遇春大怒,下令将凡是挂两面牌的人家都满门抄斩。现在常说的"两面派",就是从怀庆府"两面牌"演变而来的。——作者注

教师不允许采取默然不应的态度,那么言说时当在深入思考和充分了解细节之后吧! 善哉。

补 缀

1. 原子束干涉实验:法国国家科学研究中心(CNRS)的 Martial Ducloy 小组在原子束干涉实验(atom beam inteferometry)方面作出过艰苦不懈的努力。听了他的报告(2009)以后,笔者才知晓在进行原子束干涉实验要有那么多的准备工作:如何减小和保持原子束的宽度,如何保证原子束的相干性,如何分束,如何调节原子束的相位,如何在测量原子束之前不干扰它(metastable beam,轰击某种 plate 激发出二次电子被探测),如何尽可能消除原子束之间的相互作用。详细内容读者可以参考他们的系列文章。除了技术细节外,大家更应该感受到那种科学的工作精神。

2. 对偶数(dual number)。Dual number 是对实数的扩展。定义元素 ε,具有性质 $\varepsilon^2 = 0$(因此物理上,把这个方向称为费米子方向),则数 $z = a + b\varepsilon$,其中 a, b 为实数,是对偶数。一个特殊性质是 $\exp(b\varepsilon) = 1 + b\varepsilon$。在对偶数平面内,转动的概念等价于垂直方向上的剪切映射,因为 $(1 + p\varepsilon)(1 + q\varepsilon) = 1 + (p + q)\varepsilon$。显然,伽利略变换也适合在对偶数平面内表述。

3. 据说讨论 prior time,即 Big Bang 之前发生了什么,可利用弦论中的 T-duality 的思想。具体是什么意思,笔者不懂。

4. 有一种观点认为,如果宇宙来自于"无",因为"无"中只能产生"无",数学、物理都认为只有靠"duality"来解决问题,即对任何一个基本概念都存在其"dual"(一种伙伴关系),Nicholas Young 云:"数学中充满对偶性(the idea of duality pervades mathematics)"。正数和负数是显然的例子。所以我们期望概念上的"无"也应该通过 dualistic 的框架得以保持。

5. 波粒二象性反映的是我们手里只有锤子所以把什么都看成钉子的习惯与偏执。但是,任何形式的二象性都让我们起疑(Any form of dualism leaves us prey to skepticism——Fichte)。

参考文献

[1] Partha Ghose and Dipankar Home. The Two-Prism Experiment and Wave-Particle Duality of Light[J]. *Foundations of Physics*, 26, 943-953 (1996).

[2] Anthony Duncan, Michel Janssen. Pascual Jordan's Resolution of the Conundrum of the Wave-particle Duality of Light. Preprint submitted to Elsevier Science (2008).

[3] 曹则贤.物理学咬文嚼字之二十二:如何是电?[J].物理,38(4),276-278(2009).

[4] Ervin Schrödinger. *Nature and the Greeks and Science and Humanism*[M]. Cambridge University Press (1996).

[5] Davission C, Germer L H. The Scattering of Electrons by a Single Crystal of Nickel[J]. *Nature*, 119, 558-560 (1927).

[6] Estermann I, Stern O, Beugung von Molekularstrahlen. *Zeitschrift für Physik*, 61: 95-125 (1930).

[7] Zeilinger A, et al. Wave-Particle Duality of C_{60}[J]. *Nature*, 401, 680-682(1999).

[8] 曹则贤.物理学咬文嚼字之十七:英文物理文献中的德语词(之二)[J].物理,37(11),815-821(2008).

[9] Grünbaum A. Complementarity in Quantum Physics and its Philosophical Generalization[J]. *The Journal of Philosophy*, 54, 717-735 (1957).

[10] Michel Bitbol. *Schrödinger's Philosophy of Quantum Mechanics*[M]. Springer (1996).

[11] George Gamow. *One Two Three … Infinity*[M]. Bantom Books (1961).

之二十五 无处不在的压力

> 井无压力不出油，人无压力轻飘飘。
> ——铁人王进喜

> Stress is poison.[①]
> ——AgavéPowers

摘要 压力在中英文中都是一个比较含混的词。中文压力对应的物理学词汇包括 pressure, tension, stress 等，它们有着不同的甚至含混的量纲，应用于不同的语境。压力是所有体系都躲避不掉的因素，具有相当的正面意义：高压物理学（high-pressure physics）和应力工程（stress engineering）都是重要的学科和艺术，而能接受充满压力（stress）的生活是一个人成熟的标志。

力在物理学中更多的是一个文化上的概念，关于这一点，诺贝尔奖得主 Wilczek，实际上还包括更早的物理学家，多有深刻的论述[1]。力作为一种文化现象，在英文文献中还算是一种隐性的行为，比如，为一切现象找出一个称为 driving force（驱动力）的东西，将 driving force 同要解释的现象通过动力学方

---

① 文中我将阐明，stress 是一种内在的紧绷着的状态，此句可译成"应力是毒药"。不过，在日常生活中，"mental stress"被译成精神压力，"social stress"被译成社会张力，也许这句被译成"紧绷着的状态是毒药"更合适些。整容的朋友们应该有深切的体会。——作者注。

程搭上联系,就算是为问题找到了圆满的解释。一个大家熟知的例子是,认为密度的不均匀定义了一个 driving force $D\frac{\partial C}{\partial x}$,会造成物质的再分配,这就是关于扩散的基本思想,于是就有了扩散方程 $\frac{\partial C}{\partial t} = D\frac{\partial^2 C}{\partial x^2}$。其实,这里的基本思想是说不均匀会自动变得均匀起来。当然,实际情况下平衡态分布常常是非均匀的,于是人们就构造出新的 driving force 项和相应的概念,比如偏析(segregation),以图自圆其说[2,3]。这种方式的物理研究在今天怕是难有市场了。

力的文化在中文物理学语境中的影响,如果不说是危害,却常常是字面上的、更直观的。在中国,经常听到很多好的物理系的毕业生夸耀自己学过了四大力学,似乎力是物理学的本质似的。相当多的洋文词被安上了"力"的尾巴,包括引力(gravity, gravitation)、摩擦力(friction)、矫顽力(coercion)、表面张力(surface tension)、应力(压力, stress)、压力(压强, pressure)、action-reaction(作用力-反作用力),等等。这个字面上的小尾巴的危害,在笔者身上的效应是,它很大程度上阻碍了我对问题实质的理解。比如,friction 一词,它的汉译摩擦力让我关注它阻碍或者有助于车轮运动的一面,而未能及时注意到摩擦的材料学过程(更具体地说是电磁学过程)。宏观上材料的磨损(rubbing),微观上的化学键断裂和电荷的再分配,界面附近原子的重整以至发生相变,伴随的热产生等诸多现象才是摩擦的本质。而 action-reaction 这样对物理思想起源具有重要的哲学层面上的意义的词,当 action 被当作作用力理解时(夹在牛顿定律的表述中难免会如此),则完全掩盖了物理学是按照 action(作用量,如普朗克常数)组织的深刻内涵①。在各种被中文冠以"力"的物理学词汇中,pressure, tension 和 stress 是从社会生活走入物理学的基本词汇,意思相近但它们在中英文语境中都是相互间夹杂不清的,因此有辨析的必要。

一、Pressure。Pressure 一词来自于按压(pressing)这个动作,按照字典的解释,它首先是一种按压、挤压所引起的感觉(a sense of impression caused by or as by compression),这里的 impression(往里压;印痕,引申为印象), compression(together + press,往一起压),以及 oppression(against + press,引申为压迫),

---

① 关于最小作用量原理的重要性将另文专门阐述。我以为,物理学应该统一地按照作用量来组织其结构,不过大家可能都注意到了,热力学是按照能量来组织的。为什么是这样,不解。——作者注。

repression(按下,压下,控制)、depression(往下压,引申为压抑感)、suppression(往下压,压制、控制住),都是和 press 同源的,都是一种"反感"(a compelling influence),会造成不良情绪的。除了气压(gas pressure)、血压(blood pressure)这些具体的词汇外,还有社会压力(social pressure)这样的抽象概念。

Pressure 作为一个物理学概念,有些地方给出的解释是单位面积上的力,相应地,中文物理学教科书将之译为压强。压强这个中文词很妙,我猜测是有强调其是强度量的意思,但理解为单位面积上的力则是历史遗留的问题,有其不妥的地方。让我们回顾一下热力学的基本内容,看压强是如何引入的。假设我们研究一个物理体系的性质,我们认为体系直观上的大小,即体积,是一个可加量(additive):若将两个相同的物质体系相加,其体积为子系统体积之和。笔者个人认为,将质量可加性推给体积可加性是牛顿《自然哲学之数学原理》的一大成就。象这种具有可加性的物理量,物理学称为是 extensive quantity,汉译"广延量"。注意到,热力学是以能量为支撑点(pivot point)组织其内容的,同体积关于能量共轭的那个强度量(intensive quantity),就被定义为压强(pressure),$P = -\left(\frac{\partial U}{\partial V}\right)_{\text{所有其它广延量}}$,这里 U 的具体性质,取决于它所依赖的所有广延量。可见,压强的合适身份是能量的体密度。在初等物理课本中遇到的将力 F 作用到面积 A 上之类的问题,那里的压强也同样是能量的体密度。可以这样理解,力 F 在力的方向上引起虚位移 δx,所做的虚功为 $F \cdot \delta x$,则受力面单位体积内的(形变)能量改变为 $F \cdot \delta x / (A \cdot \delta x) = F/A$,就是一般所理解的单位面积上的力。

认为压力是强制性的、压迫性的,是只看到了问题的一面。实际上,压力是体系存在的必要条件。无论是一团中性的气体,还是由磁场和等离子体构成的有限构型的 plasmoid[①],若没有外在的约束(压力),就会无限分散开去。由压力的定义可见,对于一个物质体系,当其体积已经很小的时候,体积的微小变动就意味着大的能量变化,说明要维持这样的体系需要大的压力。对一个体系施加外部压力,物质体系并不是简单地各向同性地缩小,有时候会表现为原子甚至电子排列方式的改变,即发生相变。若压力诱导的相变不是可逆的,卸去压

---

① 网上可见把 plasmoid 译成等离子团、等离子粒团的做法。把 plasma 译成等离子体已是大不当(曹则贤,作为物理学专业术语的 Plasma 一词该如何翻译?《物理》35 卷 12 期,1067 (2006)),对待 plasmonics、plasmoid 等词还是应该更认真一点。——作者注。

力后材料的新物相还可以继续维持存在。由此可见高压物理学（high-pressure physics）不仅仅能研究物相随压力的变化，它还是合成新物质、新材料的有效方法。宇宙中大多数物质都是处在高压状态（星体内部），因此高压物理还是理解宇宙奥秘的钥匙。利用金刚石对顶砧（diamond anvil cell）（图1），目前人们已经能够实现高达500 GPa的静压力。

图1　金刚石对顶砧，由两块加工成近似锥状的金刚石组成。加在较大面积的底部上有限的力会在面积较小的顶部（对顶到一起）形成很大的压强。

二、Tension。Tension 来自拉丁语 tensus，本意是拉伸（to stretch），抻，跟压相反（the opposite of compression）。在日常英文中，tension 和 stress 意思接近，比如我们可以说 social tension 和 social stress，都是指社会中不同阶层、不同个体间有强烈冲突的社会状态。肉体和精神长期处于紧绷着的状态，会引起 tension-type headaches（紧张型头疼）。Tension 作为一个物理学词汇，汉译张力，但其具有两种不同的量纲，其意义是混乱的。Tension 的意思其一是力，单位长度的形变所引起的内能改变。比如一根吊起 1 kg 物品的绳子，其内部的张力约为 10 牛顿。在 surface tension（表面张力）一词中，又称 surface energy 或 surface free energy，也叫 surface stress，其量纲却等价于单位面积上的能量。设想一个薄肥皂泡膜，增大其面积要消耗的能量，就正比于 surface tension。不过，由于所有的液滴必须在一定的气压下才能保持（饱和蒸气压的概念。看，又一个 pressure 是存在保障的例子），所以 surface energy 并不是液体自身的性质，而是由液体和它的外部环境共同决定的，所以更确切的术语应是 interface energy（界面能）。表面张力的存在让带腊质的叶子上的露珠近似呈球形,因为球形有最小的表面体积比。表面张力是决定液体行为的重要因素。在地球表面上,由于重力的存在,表面张力的存在还不是太麻烦;实际上它还是一个可以善加利用的可爱的性质(图2)。在太空中的微重力环境下,液体的表面张力让液体管理成为一项令人头疼的事情。

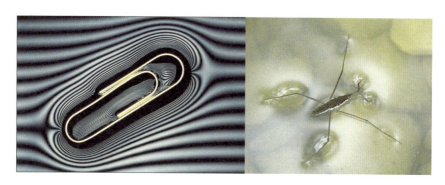

图2 水的表面张力(75.6 mJ/m²)足以托起一根曲别针(左图,Robert Anderson 的摄影作品)。许多生物,如水黾,就是靠水的表面张力而从容地浮在水面上的(右图)。

带 tension 的另一个物理学词汇是电学里的 electrical tension,又称 voltage 或 electromotive force(电动势),是两点之间的电势差,单位为伏特(Volt)。

三、Stress。Stress,汉译应力,实际上和 pressure 有同样的量纲,描述的是物质内部的一种因为拉伸(同 tension 关联)或压缩(同 pressure 关联)所造成的紧张状态。从描述物质内部状态这一点来说,tension 和 stress 虽然量纲不同,但在物理图像上更接近一些。按照定义,$\sigma_{ik} = (\partial E/\partial u_{ik})_S$,可见应力一般是一个 3×3 的张量,量纲为能量的体密度。造成 stress 的原因有体系的拉伸或压缩,相应地字面上就有 tensile stress(张应力)和 compressive stress(压应力)的说法,这三个词就是这样纠缠不清。从物理上说,应力和压力也是关联的,在静水压(hydrostatic compression)时,$\sigma_{ik} = P\delta_{ik}$,其中 σ_{ik} 是应力张量(stress tensor),P 是静压力,δ_{ik} 是 Kronecker 符号。[4]

材料体系能经受多大的拉伸应力是材料性能的重要指标。拉伸一个材料,在初始时随着形变的增加,材料体系内的应力也线性地增加,此时材料处于弹性形变范围。撤除拉力后,材料能回复原状。形变超过某个临界值时,材料进入塑性形变范围,此时内部应力先是增加变缓,而后甚至随形变的增加而减小,最终材料会断裂(图3)。形变转入塑性形变时对应的应力就是 tensile yield

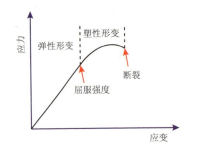

图3 典型材料的拉伸形变同应力之间的关系。此图明确表明应力是应变的函数,是由形变引起的。

stress(屈服拉伸应力)。当我们用 stress 描述人的内在状态时(焦虑度?),也应该引入 yield stress 这个概念。人体在接近这个屈服压力前应该及时休整。所谓的"他集万千宠爱于一身,也集万钧压力于一身,但,他从不令宠爱他的人失望,他总是令附着于他的压力失重。"的说法,有点太过文学了些!

应力是关于体系内在状态的描述,是个结果性的东西,但在许多场合被误认为是原因性(causal)的。比如,薄膜生长遇到的一个关键问题是衬底同薄膜之间的晶格匹配问题。薄膜中的第一层原子同衬底材料中的原子相结合,界面附近薄膜中的原子之间的键长同自由薄膜材料中的键长会有出入,则在界面处有应力积聚发生。若应力较大时,薄膜会破裂(blistering)、发生相变以消除应力。这个过程在许多文献中被描述为是由应力诱导的。实际上,应力是原子构型的函数,它不过是沉积原子随着其数目的增加(或者还有其它参数如温度的改变)而调整其最小能量构型时的(伴随)表现而已。

应力水平过高(overstressed)的体系会失稳,过渡到一个应力非均匀的但总形变能最小化的状态。龟裂的大地,人脸上的皱纹[5],甚至花叶序,可能都是寻求弹性形变能最小的结果。既然应力水平过高的体系会失稳,导致自组装花样的出现,它就可以用来制备各种有序花样。应力工程目前在此方向上取得了许多傲人的成绩,被誉为是微纳米制作的第三条途径。不过,stress 不象电场或磁场那样可以作为外部条件随意添加。欲在一个体系内引入给定分布的应力场,说着简单,要想实现却是非常困难的。但是利用热效应,是有可能在体系内,尤其是在微观体系内,产生一个均匀的应力场的。自 2004 年以来,李超荣教授和笔者合作,在 Ag 内核/SiO_2 壳层微结构上通过冷却在壳层内引入过量的应力,在球面的结构上观察到了三角铺排的应力点阵,在锥面的结构上观察到了左手性和右手性的 7 组菲波纳契螺旋状的应力点阵(图4)[6-8],*New Scientists* 杂志欢呼这是人类第一次在微观层次上制备出菲波纳契螺旋。这些结果为验证花叶序作为最小弹性能构型的力学原理提供了坚实的实验依据。此后,基于对此原理的理解,我们同其他合作者一道,通过模拟计算证实,大自然中的多种瓜果的外观花样是应力屈曲模式在由形状因子、果皮厚度和应力过载构成的参数空间中不同域(domain)上的表现(图5)。

图4 在 Ag 内核/SiO_2 壳层微结构上实现的应力点阵,左为三角铺排点阵,右为 5×8 和 13×21 的菲波纳契螺旋花样(原图见参考文献[6])。

图5 自然瓜果的外观同应力屈曲模型计算结果的比较(参考文献[9])。

虽然,pressure,tension 和 stress 之间有关联,意义上也比较含混,但大致说来,我们用 pressure 来表示体系对外界或者外界对体系的作用,在界面上;而 tension 和 stress 可用来指体系内部所处的一种紧绷着的状态。在一封投稿信中,笔者曾写到:"成长就意味着在环境中产生应力,对同侪来说就是压力。因此应力管理策略是有必要的(Growth…implies stress in the surroundings and pressure upon the congeners; therefore a stress management strategy is necessitated)"。这一点,对社会、对个人都是非常重要的。Pressure,tension,stress 同我们人作为一个开放的热力学体系息息相关。物理的、社会的、精神上的压力,我们时刻都会感受到。理解了压力本身就是存在状态的一个必要的物理量,学会调适我们所感受的压力以及我们个人生理以及精神上能承受的压力水平(这里,不区分 pressure,tension 和 stress),是人生的必修课;要力争做到感受压力、善用压力而不被压力击垮。实际上,接受生活充满张力的现实是一个人成熟的标志(Maturity is achieved when a person accepts life as full of tension.——Joshua L. Liebman)。许多时候,人们所感叹的压力是自己强加的,这个时候就要学会从思想上解除自己的压力源。针对某些艺术家用压力大来为自己的某些不恰当行为开脱的做法,葛优先生说:"不就是演员吗,拍个电影玩,能有什么压力?"如果大家都能有这份洒脱,从心里卸下包袱,不太拿自己当回事,生活中就会少一些 pressure,tension 和 stress,从而会让人生更美好些吧?!

参考文献

[1] Frank Wilczek. *Fantastic Realities*[M]. World Scientific,2006.

[2] Cao Z X. *J. Phys.*:*Cond. Mater.*,13,7923-7935(2001).

[3] 曹则贤.扩散偏析费思量[J].物理,37(2),128-130(2008).

[4] Landau L D and Lifshitz E M. *Theory of Elasticity*[M]. 3th edition, Butterworth Heinemann,1981.

[5] 曹则贤.皱纹之美与尊严,PPT(2008).

[6] Li C R, Zhang X N and Cao Z X. Triangular and Fibonacci Number Patterns Driven by Stress on Core/Shell Microstructures[J]. *Science*, 309,909-911(2005).

[7] Li C R, Ji A L and Cao Z X. Stressed Fibonacci Spiral Patterns of Definite Chirality[J]. *Appl. Phys. Lett.*,90,164102(2007).

[8] Li C R, Dong W J, Gao Lei and Cao Z X. Stressed Triangular Lattices on Microsized Spherical Surfaces and Their Defect Management[J]. *APL*,93,034108(2008).

[9] Jie Yin, Zexian Cao, Chaorong Li, Izhak Sceinman and Xi Chen. Stress-Driven Buckling Patterns in Spheroidal Core/Shell Structures[J]. *PNAS*,105,19132-19135(2008).

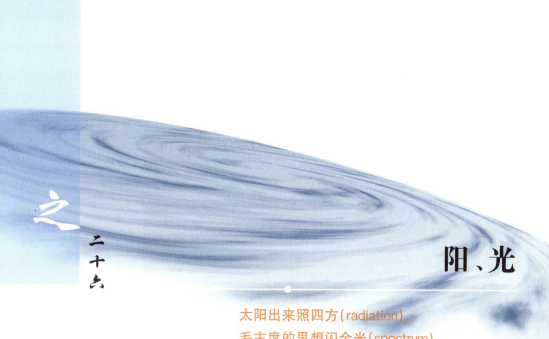

之二十六 阳、光

太阳出来照四方(radiation)，
毛主席的思想闪金光(spectrum)，
太阳照得人身暖哎(heat effect)，
毛主席思想的光辉(information)照得咱心里亮，
照得咱心里亮(illumination)。

——电影《地道战》插曲

摘要 太阳既是内容丰富的物理教科书，又是不可替代的物理实验室。与太阳有关的名词包括 sun, helion (helio-), helium(氦)，形容词则有 sunny, solar，甚至与太阳有关的物理学也有 solar physics 和 heliophysics 两个分支。与光有关的词包括 light, optics(optical, opto-)以及与元素磷同源的 photon(光子)。

地球是我们的家园。如果我们愿意严格一点，应该说太阳—地球—月亮构成的系统是我们的家园(图1)。立足于地球之上，放眼望去，茫茫苍穹上大块头的天体只有炽热的太阳和冷艳的月亮。其它的星体以及无数星体的集合，无论大小，因为距离我们太远的缘故，对于不是职业天文学家或天体物理学家的我们，都退化成了神秘的、闪烁的背景。太阳和月亮都对地球的环境，包括气候、地质运动、水的循环、生态系统的演化等内容，具有决定性的影响，其中尤以太阳的影响为甚。太阳不仅仅是地球在宇宙中的锚点(anchor point)，它同时还以约 200 W/m² 的照度①源源不断地向地球辐照着能量。可以说,太阳是地球上一切活动所需能量的源泉。

图1 太阳—地球—月亮,我们的家园。造物神奇,将太阳这个热源放在一个允许生命出现的距离上。

太阳对于地球上的活动,包括其上人类的出现和人类中物理学家的出现,是具有决定性的影响的,因此容易理解太阳在人类文明中的关键地位。考察人类的文明史会注意到,许多地域的早期文明都存在太阳崇拜;倘若是信奉一神教的话,这唯一的神可能就是太阳。太阳每天从东方升起,影响着地球的每一个角落。自然地,人们关于自然的思考会时常掠过太阳;循着因果的链条,地球上许多自然现象都可能归结于或追溯到太阳的存在。太阳在人类早期物理学中的地位以及在一些重大物理现象之发现过程中所扮演的角色,早已为物理学家们所关注,甚至有太阳是物理实验室的说法[1]。其实,关于太阳的物理学的观点可能早已深深植入人类的智慧——回味一下《地道战》插曲中关于太阳和阳光的描述,笔者仿佛有捧读半部物理教科书的感觉。

太阳在中文里是一个非常感情化的词,翻译一下,大约是说"一个非常热、非常亮的存在";相应地,太阴即为月亮。英文的 sun,来自德语的 die Sonne,其形容词为 sunny 和 solar,后者来自拉丁语(注意到意大利语中太阳为 il sóle,法语为 le soleil)。一般带太阳作修饰词的中文表述,其中太阳对应的既可能是名词 sun(如 sunbird,太阳鸟;sunburn,阳光灼伤;sunflower,向日葵;sunshine,日光),也可能是形容词 sunny(如 sunny day,晴朗的天;sunny smile,灿烂的笑容)和 solar。形容词 solar 一般用于科学名词,如 solar system(太阳系),solar

---

① 光学上照度的定义为单位面积上的光通量,单位为 Lux。此处用法不同。——作者注。

panel(太阳能电池板),solar eclipse(日食),solar corona(日冕)(图2),等等。

图2　日全食的太阳。外围的日冕清晰可见。

与太阳对应的一个词头 helio(作词尾时写成 helion),源自希腊的太阳神 Helios(希腊语Ἥλιος)①,基本上是用在天文学、天体物理等严肃的场合。人们熟知的相关词汇有日心说(heliocentrism),向日性(heliotropism),近日点(perihelion, around + helios),远日点(aphelion, ab + helios),太阳崇拜(heliolatry),等等。

太阳演示着丰富的物理学内容,自然称得上专门的物理学分支,而且有 solar physics 和 heliophysics 之说。Solar physics(太阳物理学)的研究对象就是我们的太阳本身,是用物理方法研究、观测、探索太阳的一门学科。而 heliophysics(日球物理)一词由美国波士顿大学的 George Siscoe 博士所创,意指关于由 heliosphere(日球)②以及与其相互作用的行星大气、磁性层、日冕、恒星际介质等构成之系统的研究,是同空间天气(space weather)及空间天气的影响因素之研究相联系的一门学科。日球物理是一门环境科学,是独特的、气象学和天体物理之间的交叉科学(Heliophysics is an environmental science, a unique hybrid between meteorology and astrophysics)。日球物理涉及空间物

---

① 太阳神 Helios,后来同 Apollo 合而为一了,类似慈航道人成了观音菩萨。——作者注。
② Sphere 是球状物的意思,所以 magnetosphere, ionosphere 分别指球状的磁场分布和离子分布,汉译磁性层和电离层。Heliosphere 也被翻译成日光层。但是如今有许多类似含有"及其外部环境"意思的以 sphere 结尾的词,汉译为"圈",如 biosphere 就被译成生物圈,即生物及其赖以存在的环境。——作者注。

理、等离子体物理、太阳物理等领域。2007年曾被定为国际日球物理年（International Heliophysical Year 2007）。

太阳为物理学研究提供了丰富的研究对象和特殊的研究条件。1665年一个阳光灿烂的日子，年轻的牛顿在一个黑暗的屋子里将一个棱镜置于从窗户射入的阳光束的照射下，他惊讶地发现阳光被解析成彩虹一样的多彩的光带。他的惊讶表现在他将这样的多彩的光带命名为spectrum（来自spectre, 鬼怪, 灵异现象）[2]。如今谱学（spectroscopy, spectrometry）已经成了重要的物理学分析手段，光是质谱方面就有五人次获得过诺贝尔奖。太阳光谱还为元素的发现做出过贡献。元素中同太阳有关系的是元素helium（汉字"氦"是根据helium的发音新造的字）。19世纪中叶德国科学家基尔霍夫（G. R. Kirchoff）和本生（R. N. Bunsen）发明了光谱分析技术，用于标定物质的化学（元素）成分。1868年法国天文学家Pierre-Jules-César Janssen在研究日食期间的太阳光谱时注意到了新的特征谱线，这可看作发现元素氦的最早线索。1869年英国天文学家J. K. Lockyer在日食观测中在日冕光谱中也观察到了一条很强的光谱线（图3），同当时已知的地球上元素的光谱线对不上。1871年Lockyer正式宣布将发射这条谱线的元素命名为helium（仍是源自希腊语的太阳神Helios一词）。现在德语、英语里氦元素的拼法为helium，而西班牙语则干脆还是太阳神的原名helio。1895年，W. Ramsay在研究铀矿石时发现了氦，也看到了最先在太阳光谱中观察到的明亮的黄线，从而确立了氦在地球上的存在。元素氦是一种承载了太多物理内容的、非常奇特的元素。1911年，荷兰人Onnes实现了氦气的液化，从此开启了低温物理学这门学科，导致了超导、超流、量子霍尔效应等重大物理现象的发现。地球上氦元素的储量不多，这可能是液氦——当然还连带着低温物理的研究——的成本居高不下的原因。据说氦在月表矿石中有丰富的储量，且^{3}He是解决人类能源危机选择之一的热核聚变所采用的原料，因此获取月表的^{3}He成了人类探月活动的一大动力。

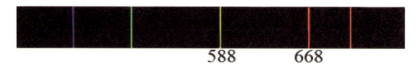

图3　氦气的发射光谱。其中波长为588 nm的黄线具有最大的强度，它同钠黄光双线（589.0 nm和589.6 nm）极为接近。

太阳还是一个巨大[①]的天体实验室,其作为实验室的巨大贡献之一是为爱因斯坦的广义相对论提供了第一个观测证据。1915年爱因斯坦发表了他的广义相对论,断言大质量物体的附近空间是弯曲的。1919年出现的日全食可持续约6分钟,且出现在毕星团(Hyades)的方向上,这为通过比较这些恒星的位置来判断光线经过太阳是否弯曲提供了绝佳的条件。英国为此派出了两支远征队,其中一支前往巴西,另一支由埃丁顿爵士(Arthur Stanley Eddington)率领前往西非海岸的几内亚,两支远征队都获得了较满意的结果[②],至少是定性地强烈地支持了空间弯曲的论断,爱因斯坦由此一夜之间成了家喻户晓的名字。

太阳的形象是同光密切地联系起来的。光的英文词为 light,来自德语 das Licht[③]。研究光的学问,称为光学,英文为 optics(德语为 Optik。英文以前写成 opticks。牛顿就曾写过以 opticks 为名的书),相应的形容词为 optical。Optics 来自希腊语 οπτικός,与眼睛、视觉有关。目前的光学器件或光电子器件涉及的光都是以光束的形式出现的,英文为 optical devices 和 optoelectronic devices。物理学家关于光之本性的思考由来已久,最早人们认为光是由颗粒(corpuscule)组成的,后来又有了光的波动说。1905年,爱因斯坦为了解释光电效应[3],提出了光子学说,认为光束是由一个一个的光量子(light quanta)组成的,光子的能量同其频率成正比,$E = h\nu$,那个比例系数就是普朗克常数。有趣的是,因为提出相对论而为万世景仰的爱因斯坦却未能因相对论获得诺贝尔奖。1921年,实在不好意思坚持不给爱因斯坦诺贝尔奖的诺贝尔奖委员会将当年的诺贝尔物理学奖发给了爱因斯坦,颁奖理由就是爱因斯坦对光电效应的解释。

为了将光量子区别于以往理论中的所谓光的微粒,爱因斯坦用了光量子一词,1926年 Louis 造了个新词——光子(photon)。光子的词源来自希腊语 φως

[①] 就天体物理层面的实验来说,太阳的块头并不大。——作者注。
[②] 由于条件所限,这次日全食所获得的数据不是很令人信服。相当长的时间内一些科学家怀疑埃丁顿对数据做了手脚(had cooked the book),幸运的是后来更多的观测证实了空间弯曲的论断。最新的观测结果见 NASA 发布的关于引力透镜(gravitational lens)的照片。——作者注。
[③] 在英语中 light 还有轻的、轻便的意思,这个意思对应的德文词为形容词 leicht。我猜测这是德语条顿化为英语的过程中有人把 leicht 和 Licht 给混为一谈了。——作者注。

(phôs,光、明亮的)。在光子说确立以后基于单个光子行为的一些物理学现象或学科分支的命名多以 photo 开始，如光电子效应即为 photoelectric effect。将光电子效应中所采用的光源换成 X 射线，则部分光电子可能来自原子的内部能级，则测量光电子的动能可以获知样品中原子的内部能级的结合能。结合能是原子的特征，分析光电子的能量就能实现元素分析，这套方法就是 X 射线光电子能谱(X-ray photoeletron spectroscopy，简称 XPS)。与 photon 同源的科学名词有 phosphorus，即元素磷。Phosphorus 的本意为光明使者(bringer of light)，即启明星。磷元素之所以同光联系起来，是因为磷元素是典型的长荧光材料(phospholuminescent materials)，其吸收(阳)光要在长达数小时后缓慢地再发射(re-emit)。白天接受阳光的辐照，数小时后是到了夜晚，含磷物质再发射出黄绿色的、飘忽不定的微弱光芒，其恐怖效果浑然天成，故坊间将之同鬼火相联系。同光、光子相关联的现象或学科还有 photoluminescence(光致发光)，photonics(光子学)，等等，不再赘述。

图4 第谷的塑像(1946建)。这个仰望苍穹的姿态为许多物理学家所尊崇。

太阳每天从东方升起，为我们提供了源源不断的能量和思想启迪。记得温伯格(Steven Weinberg)有本书 *Facing up: Science and Its Cultural Adversaries*(汉译《仰望苍穹》)，其封面就是瑞典 Hven 岛上第谷(Tycho Brahe)的雕像(图4)。第谷仰望苍穹，记录了大量行星运行的观测数据；开普勒以数学和物理的目光审视这些数据，得出了行星运动三定律，开启了现代科学的篇章。今天的物理学家，当他们仰望太阳的时候，不仅会思考如何将太阳能转化成电或热来解决人类面临的能源问题，更会继续将思考深入到物质起源和宇宙演化等深层次问题上吧。或许在某个意想不到的物理问题上，太阳会再一次为我们扮演实验室的角色。至于光，关于光的本性我们还有太多太多的不明白，相信对光的理解一定会为我们带来更多的惊奇。

参考文献

[1] Jay M Pasachoff. Solar Eclipses as an Astrophysical Laboratory[J]. *Nature*, 459, 789-795 (2009).

[2] 曹则贤. 物理学咬文嚼字之五——谱学：看的魔幻艺术[J]. 物理, 36(11), 886-887 (2007).

[3] Einstein A. Über einen die Erzeugung und Verwandlung des Lichtes betreffenden heuristischen Gesichtspunkt[J]. *Annalen der Physik*, 322(6), 132-148 (1905).

熵非商——the myth of entropy[①]

之二十七

> 道可道,非常道;名可名,非常名。
> ——老子《道德经》
> 糟粕所传非粹美,丹青难写是精神。
> ——王安石《读史》

摘要 就不易理解和容易误解这一点来说,entropy 是非常特殊的一个物理量。Entropy 的本意是一个同能量转换相关的热力学广延量,中文的熵,或热温商,是对克劳修斯公式形式上的直译。Entropy 是一个具有深远意义的基础概念,量子力学以及后来的通讯理论都得益于熵概念之上的深入研究。

热力学(thermodynamics)是大学物理教育中不可或缺的一门基础课,我印象中这是一门教的人和学的人都倍感困惑的课程。我在德国乡间一所大学读书的时候,在机械系一间实验室的窗框上读到过这样的一段话,原文记不住了,大意是"热力学是这样的一门课:你学第一遍的时候觉得它挺难,糊里糊涂理不清个头绪,于是你决定学第二遍。第二遍你觉得好象明白了点什么,这激励你

---

① 常见中文将 myth 翻译成谜思,则 the myth of entropy 就成了"关于熵的谜思",但谜思确实不足以表达 myth 的含义。读者诸君不必细究这个题目,惟愿全文或于熵的理解略有助益。——作者注

去学第三遍；第三遍你发现好象又糊涂了，于是你只好学第四遍。等到第四遍，well，你已经习惯了你弄不懂热力学这个事实了。"我一向认为笑话也是来自生活的，所以看到这段话我会心一笑。别人怎么回事我不知道，反正热力学于我来说大约就是这么样的困难。况且，人家说这话的时候读的是自己的先辈克劳修斯（Rudolf Clausius）、玻尔兹曼（Ludwig Boltzmann）、普朗克（Max Planck）等热力学奠基人用自己的母语撰写的书，而我们读的却是物理教师用中文转述或编或凑的课本。你会发现中文热力学教科书热衷于在那儿来回捣鼓麦克斯韦（James Clerk Maxwell）关系式，但到底那些微分表示在什么情况下才是真正有意义的物理量，一个麦克斯韦关系表示的是什么物质体系的哪些物理量在什么条件下的关联，作者们似乎懒得理会。甚至各种自由能啊热力学势啊是针对什么样的体系提出的，是否都是基于同样地也需要证明和辩护的热力学第二定律，也是一笔糊涂账。至于一百多年前一帮子英国人、法国人、德国人是如何艰难地凭经验构造热力学的，热力学如何导致量子力学关键概念的产生和薛定谔（Erwin Schrödinger）方程的推导，热力学又是如何发展成了统计力学的，这些问题更是鲜有提及。而热力学就一直这样被恐惧着、误解着，它在整个物理学体系中的重要性也未能得到充分的强调。

如果要给热力学指定唯一的关键词的话，笔者以为最恰当的是 entropy（汉译熵）。熵是一个体系之作为热力学体系所特有的广延量，是热力学的灵魂。可以说，如果一个体系的物理学描述不出现熵这个物理量，它就不是一个热力学的问题。熵是和温度相联系的，实际上温度是熵关于能量的共轭，但温度并不总是可以定义的[①]。一般的印象是，所谓研究物质的热力学性质就是研究物质的某些特性随温度的变化，这里的一个未明言的假设（tacit assumption）是，我们关切的是一个同热库取得热平衡的体系，赫尔姆霍兹（Hermann von Helmholtz）自由能是描述体系的合适的热力学势[②]。这样做的好处是，温度是一个可操控的外部控制参数。温度一般会被混同于冷热的感觉，温度的概念比熵出现得早，但并不是说温度就比熵是更基本的。人们之所以把热力学性质看成是物理性质对温度的依赖而不是表达成同熵的关联，笔者揣测是因为人们还

[①] 设想将一盆热水倾倒到一盆冷水中，此时刻体系是不好定义温度的。——作者注。
[②] 确切地说应是内能 U 关于 ST 以及其它的共轭热力学量对（比如电场 E 和电极矩 P）作勒让德变换以后得到的恰当的热力学势，这排除了焓（enthalpy）这样的不含 U 关于 ST 的勒让德变换的一类热力学势。根据研究体系的不同，热力学势有很多。——作者注。

不习惯于面对熵这样的 emergent 的概念（见下文）。熵是一个非常独特的概念，就不易理解和容易误解这两点来说，在整个物理学领域，熵都是鲜有其匹的一个词。

Entropy 的概念是 1865 年克劳修斯正式引进的一个关于热力学体系的态函数，用来表述热力学第二定律，其本意是希望用一种新的形式来表达热机在其循环过程中所要满足的条件。考察一个闭合的过程，$\oint \frac{\mathrm{d}Q}{T} \leqslant 0$，其中 dQ 是流入系统的热量，$T$ 是绝对温度。对于可逆过程，有 $\int \frac{\mathrm{d}Q}{T} = 0$。这说明对可逆过程，从状态 A 到状态 B，不依赖于路径，有 $\int_A^B = \frac{\mathrm{d}Q}{T} = S(B) - S(A)$，所以说 S 是一个状态函数。实际上，无论循环是否是可逆的，在循环结束时，"工作介质"是恢复了原状的。针对一个热力学体系，总可以定义这样的状态函数 S，它是一个广延量，一个对气体、磁体、电介质来说是共性的东西。因为这个新物理量是同能量在物理意义上密切地联系在一起的（these words are so nearly allied in their physical meanings），克劳修斯参照能量（德语 die Energie）和转变（trope），构造了一个和能量字面上贴近的新词 entropy，意指这是一个描述能量转换的新概念。克劳修斯的原文中用它来表示"转变的内容"（Verwandlungsinhalt）[1]。Trope（希腊语 τροπή，transformation）这个词有转变、朝向的意思，由它构造出来的 isotropic（各向同性的）也是描述物质性质的常用词。此外，heliotropism（helio + trope，向光性，转向太阳）（图 1）和 geotropism（向地性）也有助于对 entropy 的理解。Trope 还有回转（turning）的

图 1　向日（heliotropic）葵是 trope 这个词的图解。

意思，这从 Tropic of Cancer（北回归线）和 Tropic of Capricorn（南回归线）两个词中可明显看出。

Entropy 一词传入中国，据文献说是在 1923 年 5 月 25 日。I·R·普朗克（原文如此）来南京讲学，在南京东南大学作《热力学第二定律及熵之观念》等报告，胡刚复教授为普朗克做翻译，首次将 entropy 译为熵[2]。其根据是公式 $dS = dQ/T$，因为是热力学概念，从火；此表达式又是个除式，为商，故名为熵！文献[3]中有"濮朗克教授（是否 Max Planck 待考）……讲'热学之第二原理及热温商（entropy）之意义'"的说法，但也未敢断言。笔者未能找到胡刚复教授翻译 entropy 的确切中文文献记载。此外，笔者印象中德国物理学家名普朗克的对热力学有贡献的科学家就是 Max Planck，虽然普朗克被认为是量子概念的创始人，但普朗克常数却是研究热力学的结果。笔者翻阅德国物理学会纪念普朗克诞辰 150 周年文集[4]和普朗克传记[5]，也未见提起 1923 年曾访问中国一事。Entropy 如何转变成了中文的"熵"，这一点还盼国内科学史家详加考证。

中文熵，或曰热温商，确实易让人联想到除式 $dS = dQ/T$ 而非能量转换的内在问题。此公式是计算工具，却不是 entropy 的定义。若由熵，或热温商，来理解 entropy，难免误入歧途。其根据积分公式而来的汉译有其历史的合理性，但从根本上来说却是错误的，似乎熵的定义或计算依赖温度的存在。熵是比温度更基本的物理量，对温度无从定义的体系，熵一样是可定义、可计算的。虽然历史上是由热力学第二定律导致了熵概念的引入，但热力学的叙述却可以从一开始就引入熵[6]。历史的发展方向常常和自洽理论的结构不一致，这一点应该不难理解。

关于熵的性质，应注意到首先它是一个广延量（extensive quantity），应有可加性（additivity）：考察一个具有 $N_1 + N_2$ 粒子的热力学体系，设想用一个虚拟的隔板（a virtual partition）将体系分割成粒子数分别为 N_1, N_2 的两部分，则熵的定义或算法必须满足 $S(N_1 + N_2) = S(N_1) + S(N_2)$。热力学的第一件要务是写出体系的内能 $U = U(S, V, N, P, M, \cdots)$，其中熵 S、体积 V 和粒子数 N 对应的强度量分别是温度 T、压强 p 和化学势 μ，是体系的内在性质；而电极矩 P 和磁矩 M 对应的分别是外加电场和磁场。理解熵的第二个要点是它是一个 emergent 物理量。Emergent 本意是冒出来的、突然出现的；emergent 物理量是指粒子数增多到某个临界值以上才出现的物理性质,同动量、能量这种对单个粒子也能很好定义的物理量相映衬。实际上,体积、压强也是 emergent 物理量,熵并不比体积或压力是 emergent 更难理解。对于少粒子体系来说,粒子在容积为 V 的约束空间中游荡,我们很少会把一个大的真空室当作是几个分子气体体系的体积。只当分子数足够多的时候在整个约束空间的每个小区域内的分子密度,或该空间区域被粒子访问的频率,都是抗涨落的(即涨落不对宏观性质产生可感知的影响),我们才把约束空间当作气体体系的体积。同样,对于几个粒子组成的体系,约束的表面会不规则地受到来自粒子的碰撞,但还没有压力的概念。只当分子数足够多的时候在整个约束面上的任意小邻域内单位时间得到碰撞的动量传输是抗涨落的,我们才把约束空间受到的碰撞笼统地用气体体系的压力来表征(图2)。热力学不习惯从一开始就用 S 作为与 V,N 等同身份的基础变量来书写,可能是人们还不习惯于处理熵这样的比体积更不直观的 emergent 物理量。但近几年来 emergent phenomenon[①](呈展现象)的研究得到广泛的重视[7],连引力也可从呈展现象的角度看待[8],相信从一开始就用 S,V,N 展开热力学讨论的书籍会很快面世。这样的热力学,如同有人对经典力学做过的那样,是用一张 PPT 就能说清楚了的。

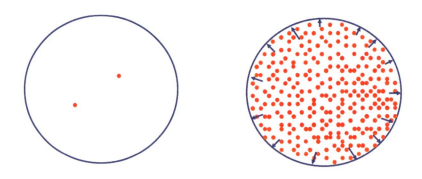

图2　气体的体积和压强,一样都是只当粒子数足够多的时候(右图)才是完好定义的物理量。

热力学很大程度上给人以经验(empirical)科学的印象,时至今日许多教科书都直白地表露这一点。为了给热力学奠立坚实的理性的基础,其中至关重要的一点是如何理解不可逆性或热力学第二定律,玻尔兹曼(Ludwig

---

① Emergent phenomenon 目前被暂译呈展现象。关于这个问题,将来在请教相关专家后再另文讨论。——作者注。

Boltzmann)为此进行了艰苦卓绝的探索[9]。篇幅所限,不能详述玻尔兹曼的工作,此处仅指出玻尔兹曼基于原子假设,把事件的不可能性(impossibility)表述成了相应体系状态的极小概率(improbability)。他的伟大之处在于在1872—1875年间给出了熵的定量表达,1900年普朗克将它写成我们现在熟知的形式 $S = k \log W$(图3),其中 W 应被理解为同体系热力学变量相恰的宏观状态数(W is the number of quantum states of a macroscopic system compatible with the thermodynamic variables prescribed for the system[10])。不过,这里有个误解。用在这里的 W 是德语概率 Wahrsheinlichkeit 的首字母,状态数和某个状态出现的概率是倒数关系,故此公式中的 W 是

图3 维也纳中央公墓树立的玻尔兹曼的胸像。

理解为状态数还是概率问题不是太大,只相差一个负号。后来出现的吉布斯(J. Williard Gibbs)熵、香农(Claude Shannon)的信息熵(见下文),其定义都是基于概率的概念,所以都有一个负号。因为利用状态数有其便利的一面,为避免混淆,一些统计力学书中把熵公式写成 $S = k \log \Omega$ 的形式,用 Ω 表示同宏观状态相恰的微观状态数。这个熵公式的美妙之处在于,若体系的状态数或几率具有可分解性(factorizability),这在经典热力学和古典概率中是得到满足的,则熵应可加性,这是熵作为一个热力学的广延量必须具备的性质。考察这部分内容时,笔者有了"物理学唯赖天成"的感觉。熵公式是为了应付计算阶乘,factorial,的麻烦,被鬼使神差地通过近似引导到对数函数的形式上的。而经典概率的可分解性,factorizability,恰恰通过对数函数保证了熵的可加性。奈何天意乎?

而这般得窥天机的工作,是要耗费心血甚至要以生命为代价的。玻尔兹曼的工作建立在原子论的基础上,而1900年前后人们还没有能力看到原子,对原子论的怀疑或责难也算情理之中的事情,这里面尤以马赫的名言"Haben Sie mal Atom gesehen(您见过原子吗)?"为代表。1906年,饱受压抑之苦的玻尔兹曼自杀身亡。巨星陨落,为后人留下无限的哀思。80年后,人类终于能够从图像上分辨出单个原子。

图 4 普朗克和他的著作《热力学教程》。

热力学长期被看作是一门普通物理课,对近代物理中的量子力学、固体量子论等同热力学的渊源却强调不足。许多人印象中,普朗克是量子力学的创始人,实际上他把一生都献给了热力学(图 4)。2008 年,德国物理学会纪念普朗克诞辰 150 周年纪念文集之一的题目就是《献给热力学的一生(Ein Leben für die Thermodynamik)》(见文献[4],p.39)。爱因斯坦因对相对论、量子力学的贡献闻名于世,实际上他关于布朗运动和金刚石比热的工作已尽显大家风范,后者开启了固体量子论这门学科。热力学才是一门高深的、又要求修习者具有天分的学科!

有一种论断,认为提出量子论并非普朗克的本意,所以一直有"普朗克:违背自己意愿的革命家(Max Planck:Revolutionär gegen Willen?)"的说法[4]。不考虑意愿的问题,就具体的工作来说,普朗克从假定的熵与内能的关系式出发拟合黑体辐射公式(辐射能量密度分布对温度的依赖)确是神来之笔。记黑体辐射在频率 ν 处的单位体积平均能量为 U_ν,假设

$$S_\nu = -\frac{k}{h\nu}U_\nu \ln\frac{U_\nu}{eh\nu} \tag{1}$$

其中 h 是一未定常数,要求 $U_\nu/(h\nu)$ 为无量纲量。由 $\frac{1}{T}=\frac{\partial S_\nu}{\partial U_\nu}$,可得 $\frac{1}{T}=-\frac{k}{h\nu}\cdot\ln\frac{U_\nu}{h\nu}$,这实际上就是维恩公式(Wien's law)$U_\nu = h\nu\exp(-h\nu/(kT))$。这当然只能同黑体辐射谱的高频部分拟合,但这个假设的熵的形式之二阶微分

$$\frac{\partial^2 S_\nu}{\partial U_\nu^2} = -\frac{k}{h\nu U_\nu} \tag{2}$$

却给了普朗克以重大启发。如果式(2)右侧的表示在 $\nu\to 0$ 时,分母上的 $h\nu$ 渐变为 U_ν,问题就可能得到解决。普朗克把式(2)改写成 $\frac{\partial^2 S_\nu}{\partial U_\nu^2}=-\frac{k/(h\nu)}{U_\nu(1+U_\nu/(h\nu))}$(原文如此。不知作者为什么不写成简单且一目了然的形式 $\frac{\partial^2 S_\nu}{\partial U_\nu^2}=-\frac{k}{U_\nu(h\nu+U_\nu)}$。此处又是开关函数的成功应用范例[11]),立即得

到了 $U_\nu = h\nu(\exp(h\nu/(kT))-1)^{-1}$，换算成能量的谱密度，就是

$$e_\nu = \frac{4\pi\nu^2}{c^3}\frac{h\nu}{\exp(h\nu/(kT))-1} \tag{3}$$

这个公式很好地拟合了黑体辐射的实验数据。这个公式公开几天之后，Kurlbaum 就得出了 $h = 6.65 \times 10^{-34}$ Js。这时的"h"就是一个常数，它的量子力学意义是后来被赋予的。注意，公式(3)同现在的黑体辐射公式相差一个常数 2，因为那时人们没认识到光子有自旋，更不理解光子的自旋为 1 为什么意味着存在两种（左旋和右旋）而不是三种模式。有趣的是，1924 年，玻色（S. N. Bose）推导黑体辐射公式就暗含了光子有两种（以上）模式[12]，所用方法就是玻尔兹曼曾采用的计算将 N 个全同粒子分配到不同状态上之可能状态数的那一套。

玻尔兹曼的熵公式是物理学史上最伟大的构造之一，是经验的热力学同其理性基础统计力学之间的桥梁。这个公式不仅仅属于热力学和统计力学，它的对外延伸同样给出了令人震撼的结果。熵公式的延伸，或曰借用，之一是量子力学的薛定谔方程。1924 年德布罗意提出了物质波的概念，论文在 1925 年被传到了瑞士苏黎世。德拜（Peter Debye）认为既然物质可以是波，是波则需要个波动方程。薛定谔（图 5）接受了这个任务，于 1925 年的圣诞节到瑞士达沃斯小镇度假兼工作，由此完成了构造出量子力学波动方程的伟大工作。不过，在其 1926 年发表的两篇论文里[13,14]，薛定谔的"那些推导过程其实根本不是推导，而仅是一个似乎可以接受的论证①"[15]。薛定谔本来是从相对论出发的，但因为当时对电子自旋的认识还缺乏，故没能走通。薛定谔转而从老师玻尔兹曼的熵公式出发来构造波动力学。将公式 $S = k \log W$ 中的状态数 W 替换成另一个量 ψ 来描述波，$S = k \log \psi$，然后反过来写成 $\psi = \exp(S/k)$，然后再写成 $\psi = \exp(S/(i\hbar))$ 的形式。这里虚数"i"使得该式变成了波动函数，引

图 5　维也纳大学摆放的薛定谔胸像。容易看出同玻尔兹曼塑像的相似性。是对师承关系的隐喻还是源于同样的维也纳设计风格？

---

① 为准备 2008 年夏季的量子力学系列讲座，笔者仔细地阅读了这两篇论文。不得不说的是，在仔细阅读了这两篇论文以后，我个人认为薛定谔推导波动方程时的跳跃可能依然是量子力学的硬伤。——作者注。

入 $\hbar = h/(2\pi)$ 就和量子搭上了关系。作为 exp 函数的变量，$S/(i\hbar)$ 应该是无量纲的，这样看来，S 就应该是某种作用量。而经典力学里面本来就有关于作用量(不过那里不叫作用量，而是被笼统地用数学语言称为**正则变换**的生成函数[16]，且碰巧也是用符号 S 表示的)的 Hamilton-Jacobi 方程 $H + \partial S/\partial t = 0$，这样后续的推导也就能回到经典力学了，由此就凑出了所谓的薛定谔波动方程 $i\hbar\psi = H\psi$。所以，**就薛定谔方程而言，笔者看不出有什么和经典力学精神相异的东西**[①]。

热力学的另一个延伸是由香农于 1948 年做出的[17]。参照 1878 年吉布斯给出的熵表达式 $S = -k\sum_i p_i \ln p_i$，其中 p_i 是微观状态"i"在系统涨落中出现的几率，香农提出了信息熵(一种关于事件发生的不确定性的度量，a measure of uncertainty)的定义 $H = -\sum_i p_i \ln p_i$，它反映了"发生概率越小的事件其发生包含越多的信息"的思想。香农信息熵的定义让信息的定量化成为可能，成了通讯理论的基础。

热力学第二定律将熵推到了作为热力学系统演化方向判据的位置：对于一个孤立的体系，体系的熵恒增加。熵增加意味着系统可能的状态数的增加，因此直观上熵增加就和系统的无序联系了起来。但是，熵同无序度之间的关系却存在误解。所谓熵增加对应状态数的增加，但状态数是相空间里的概念，并不必然地同坐标空间里的、视觉上的从有序到无序的变化(图 6)相一致。熵增加在坐标空间中可能表现出有序来，比如一定条件下小水珠会聚集成大水珠。另一个值得注意的现象是，系统某个自由度上的熵的减小可能换来系统总熵的增加，但那个自由度上熵的减小所对应的有序，因为视觉上较明显容易让人误以为整个体系变得有序了。比如由棒状单元组成的系统，象类似细火柴棒的丝状液晶(nematic liquid crystal)，水面漂浮的竹排(图 7)，夏天广场上躺着纳凉的人群，这些体系没有位置有序(positional order)但可以自发地表现出长程的取向有序(long-range orientational order)，因为沿着长轴方向的取向有序可以在横向方向上换来更大的活动自由，这显然是符合热力学第二定律的。这种连江

[①] 笔者 1984 年秋开始学习量子力学课程，记得上来就是 $i\hbar\psi = H\psi$，完全不知道这方程还可以是凑出来的，也完全不知道这方程和理论力学课是一脉相承的，也不知道薛定谔自己时常按照经典的扩散方程来类比地看待他的方程。这门课是如何过的，我一直不能回忆起来。——作者注。

上放排的老乡都知道的事实,即体系一个自由度上熵的减小会换来其它自由度上熵的大增,却被一些科学家冠上了"熵驱动的有序(entropy-driven order)"这样一个误导性的名称,实在匪夷所思。

图6 从有序到无序作为自发过程的例子。

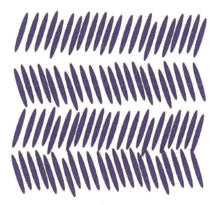

图7 水面漂浮的竹排(左)和丝状液晶模型(右)。沿着长度方向的有序换来横向更大的活动自由,但特定自由度上的自发有序对应的仍是体系的熵增加。

熵增加过程被认为是体系的自发过程,它规定了时间的箭头。是不是熵减少的过程绝对不会发生呢?有一种观点认为答案是否定的,否定来自庞加莱(Henri Poincaré)1890年发表的循环定理(recurrence theorem)[18]。考虑一个占据有限体积、能量有限的系统,庞加莱循环定理说,无论你的初始态如何,只要你等足够长的时间,系统会回到任意靠近这个初始态的一个态。既然是相空间的构型经过一个过程回到原点,则必然既有熵增加的时候,也有熵减小的时候,这和熵增加原理似乎存在不可调和的矛盾。笔者以为这个所谓的矛盾有关公战秦琼的味道。庞加莱循环定理中描述经典力学运动的时间，同牛顿绝对时间一样是个数学的参数（重要的是，不同理论中的时间是否同一是个可存疑的问题[19]。至少，我们还没有绝对温度意义上的绝对时间），在这个力学体系里，没有引入熵这个呈展的广延量，至少是未指明如何引入的。因此这个矛盾根本不成立！笔者这个观点是否正确，请方家指教！实际上，力学描述如何引入熵这个概念，而后才能共同建立起对体系的热力学描述，是理解统计力学的一个非常关键的问题。遗憾的是，这一点在教科书里很少有人交代，笔者也一直未能读到热力学、统计力学奠基人在这方面的描述。笔者注意到，统计力学自 Hamiltonian 力学出发（请读者回顾一下正则系综的内容），是在构造配分函数 $Z = \sum_i \exp(-\beta E_i)$ 时手动添加进（inserted by hand）熵的共轭量温度（$\beta = 1/(kT)$）的。这个配分函数的对数联系着体系的 Helmholtz 自由能 F，而熵是由公式 $S = (\partial F/\partial T)_V$ 才给出的[20]。这个做法，即熵作为温度 T 的共轭量后给出，至少形式上会给人以熵的引入依赖于温度的存在的印象。事实当然不是这样。

熵这个概念虽然今天已被人们运用到了许多学科中去，但在关于热力学的文本中人们对熵感到生疏的历史痕迹依然还在。象玻尔兹曼常数，人们习惯用的物质比热，本质上都是熵。在相变和临界现象的实验研究中，常见人们测量比热却不从熵的角度深入讨论问题就是这种生疏感的表现。物理学研究固然需要以易测量的物理量来求得事实的佐证或应用的实施，但对于内涵的理解，还是应该建立在基础概念上。熵的概念是一个丰富的矿藏，笔者未能窥其奥秘之万一，且一篇短文也不足以描绘神龙之首尾。匆匆收笔，留待有机会时再论。

补 缀

1. 所谓"普朗克"1923 年访华一事一直困扰着我，期间我曾托人到南京寻找原始资料未果。本文付印以后，自然科学史所的朋友来信指出，1923 年访华的"普朗克"应为 Rudolf Alois Valerian Plank（1886—1973）。Plank 出生于乌克兰，后曾在 Dantzig（原属东普鲁士，现属波兰）工业大学担任热学教授，在德国 Karsruhe 工业大学担任机械学教授，1956 年曾任美国哥伦比亚大学客座教授。Plank 长期致力于热力学研究，1949 年创办《制冷技术》杂志，其 1925 年获得 Karsruhe 工业大学教授职位所作的升职报告的题目就是《熵的概念

(Begriff der Entropie)》。在一篇题为《我们不可以忘却德国"深度制冷之父"(Vergessen wir den deutschen "Vater des Tiefgefrierens" nicht!)》的文章(*Tiefkühl Report*, 11 (2008) p.8)中,我找到了这样的一句话:"他(Plank)那时甚至已经同中国有了联系(Und er knüpfte damals schon Verbindungen sogar bis nach China)",可算是 Plank 曾来华的比较可靠的证据。

再后来,冯端先生托人来信,指出他书中的"I·R·普朗克",其中的"I"实际上德语 Ingenieur(工程师)的首字母(德国有在名字前加上 Prof. Dr. Ing. 头衔的习惯),可能当时的文献就造成了讹错。可以这样猜测,Plank 来华时的名帖可能是 Prof. Dr. Ing. Rudolf Plank,其全名被国人给理解成了"I·R·普朗克"。

关于 Rudolf Plank 访华的细节,《物理》杂志 2010 年第 8 期有一篇文章做了详细论述。

2. 2012 年,本文入选《岁月留痕——〈物理〉四十年集萃》,笔者应邀专门撰写了一段回顾,照录如下:

Entropy 变成熵的考证

初学热力学,知道了熵这个概念,后来又学了 entropy/Entropie,但对西文的 entropy 如何转化成了中文的熵,倒也没当作一回事。然而,期间慢慢感觉到,从熵,即热温商,$\Delta Q/T$,去理解 entropy 是有问题的,于是有了要理清 entropy 概念如何传入中国的想法。读冯端先生《熵的世界》一书,中有"1923 年,I·R·普朗克来中国南京讲学,著名物理学家胡刚复教授为其翻译时,首次将'entropy'翻译成为'熵'"一段。普朗克的字样易让人想起提出量子论的普朗克,但那人德语原名为 Max Planck,且 Planck 的传记中从未提及他来过中国一事。于是,我向刘寄星教授请教 I·R·普朗克为何人,刘寄星教授让我找赵凯华教授《北大物理九十年》一书,发现那里有"濮朗克教授(是否 Max Planck 待考)与 1923 年 5 月 29 日至 6 月 1 日在北大理学院大讲堂和国立工业专门学校讲'热力学之第二原理及热温商(entropy)之意义''Nernst 热论'……"的字样,可见赵凯华先生对此事也不知情。托朋友查南京的老档案,未果。后来,我同科学史所方在庆研究员说起此事,方在庆研究员用翻阅德国电话黄本的方法,检索发音接近普朗克的物理学家的姓名,找出了 1923 年访华的普朗克为 Rudolf Alois Valerian Plank(1886—1973)。Plank 出生于乌克兰,后曾在 Dantzig(原属东普鲁士,现属波兰)工业大学担任热学教授,在德国 Karsruhe 工业大学担任机械学教授,1956 年曾任美国哥伦比亚大学客座教授。Plank 长期致力于热力学研究,1949 年创办《制冷技术》杂志,其 1925 年获得 Karsruhe 工业大学教授职位所作的升职报告的题目就是《熵的概念

（Begriff der Entropie）》。后来，我在 2008 年的深度制冷杂志（*Tiefkühl Report*）上找到了关于 Plank 的介绍，其中有"Und er knüpfte damals schon Verbingdungen sogar bis nach China（他那时甚至把关系建到了中国）"一句，算是 Rudolf Plank 来华的重要证据。冯端先生一书中的"I·R·普朗克"，应是当年的报导错把头衔"Prof. Dr. Ing."中的 Ing.（Ingenieur，工程师）当成名字造成的。我把这些内容报告给了刘寄星教授和赵凯华教授，他们觉得这件事算是有了着落。后来，刘寄星教授还专门委托首都师范大学研究历史的同仁翻出了 1923 年的老报纸，研究了 Plank 1923 年在中国的活动，结果发表在《物理》杂志 2010 年第 8 期上。至此，entropy 如何变成熵的考证活动，终于尘埃落定。

关于 entropy 如何变成熵的这段考证经历，让我有一个感慨，就是关于如何在中文语境中严格正确地表达和理解物理学，我们还缺的太多。象 Rudolf Plank 这样被称为"深制冷之父（Vater des Tiefgefrierens）"的著名物理学家，我们竟然根本不知道此人且长期满足于不知道此人，说明我们的物理学，包括物理学研究和物理学教育，确实欠缺点儿什么。当然，entropy 有比熵更多的内容，需要我们仔细体会。

——曹则贤（2012 年 1 月 19 日）

参考文献

[1] Clausius R. Über verschiedene für die Anwendung bequeme Formen der Hauptgleichungen der mechanischen Wärmetheorie[J]. *Poggendorffs Annalen*, 125, 353 - 400, 1865.
[2] 冯端，冯少彤. 熵的世界[M]. 北京：科学出版社，2005.
[3] 沈克琦，赵凯华. 北大物理九十年[M]. 北京：北京大学出版社，2003.
[4] 德国物理学会. *Journal der Physik*，*März*，2008.
[5] Heilbron J L. *Max Planck*[M]. Hirzel, 2006.
[6] 曹则贤，热力学系列讲座，中国科学院研究生院，2009.
[7] Laughlin R B. *A Different Universe*[M]. Basic Books, 2005.
[8] James P Sethna. *Statistical Mechanics*：*Entropy*，*Order Parameter*，*and Complexity*[M]. Oxford University Press, 2006.
[9] Flamm D. Ludwig Boltzmann and his Influence on Science[J]. *Studies in History and Philosophy of Science Part A*, Vol. 14（4），255 - 278, 1983.

[10] Cusack N E. *The Physics of Structurally Disordered Matter：An Introduction*[M]. Adam Hilger，Bristol，1987.

[11] 曹则贤.物理学咬文嚼字之二十三：污染掺杂各不同[J].物理，38(5),356-360,2009.

[12] Bose S N. Plancks Gesetz und Lichtquantenhypothese[J]. *Z. Phys.* ,26，178-181,1924.

[13] Ervin Schrödinger. Quantisierung als Eigenwert Problem[J]. *Annalen der Physik*，79,361-376,1926.

[14] Ervin Schrödinger. Quantisierung als eigenwert problem Ⅱ[J]. *Annalen der Physik*,79,489-527,1926.

[15] Graham Farmelo. *It Must Be Beautiful：Great Equations of Modern Science*[M]. Granta Books,2002.

[16] Herbert Goldstein. *Classical Mechanics*[M]. Addison-Wesley Publishing Company,1980.

[17] Claude Shannon. The Mathematical Theory of Communications[J]. *Bell System Technical Journal*，27，379-423，623-656,1948.

[18] Arnold V I. *Mathematical Methods of Classical Mechanics*[M]. 2nd edition，Springer-Verlag,1989.

[19] 汪克林，曹则贤.时间标度与甚早期宇宙疑难问题[J].物理，2009,38(11).

[20] Chowdhury D，Stauffer D. *Principles of Equilibrium Statistical Mechanics*[M]. Wiley-VCH,2000.

之二十八

温度:阅尽冷暖说炎凉

> 饮水鱼心知冷暖,濯缨人足识炎凉。
> ——[唐]罗隐①
>
> 温度测量的历史是科学发展史的组成部分
> ……
> ——Thomas D. McGee

摘要 感知冷热是生命必备的能力,因此冷热概念的出现远远早于热力学这门学科,也就难免纠缠不清。热、冷、火在英文物理文献中都有多重表述,而温度也是非常不易正确理解的物理学基本概念之一。

一、世事总关炎凉

茫茫宇宙中一粒微不足道的尘埃——地球——上诞生了生命。注意到地球的平均温度约为 15 ℃,生命的物质基础之一是水,而水的凝固点为 0 ℃,以及生命作为一个远离平衡态的耗散体系需要不断获得能量而地球的能源是来自太阳的辐照等几个事实,就可以多少理解生命所选择的温度窗口(必须处于

---

① 罗隐可算深知人间冷暖,一句"我未成名君未嫁,算来都是不如人"道出古今多少人的椎心之痛。——作者注。

环境温区的高端)以及对冷暖的敏感[①]。可以说一切生命最重要的感觉能力是对冷暖的感知(对许多高级动物来说,视觉或者听觉是备选项),过去中国人甚至将知冷知热看作是一个人作为好的配偶所必备的品格。在中文语境里,温和、温暖、温柔等贴近我们体温的词汇都让人感到非常温馨,在其它文化中大概也应如此,毕竟"环球同此凉热"[②]。

冷热的概念在人体发育的早期就应该建立起来了。给婴幼儿喂奶喂饭,一开始由大人掌握冷热,而后就要教孩子自己明白冷热。舒适的温度,应该是体温附近不大的范围,它首先是生理的需要,其后慢慢成了心理的需求。我们一个人一生中最需要理解的现象也许就是世态炎凉,人情冷暖!人类自愚昧中走过来,在其科学努力中自然会将很大的精力放在理解冷暖现象上。于是,我们发展了热学、热力学,而这其中要理解和量化的一个重要概念是冷热程度,即温度。

二、混乱的字面

冷热是我们身体的感觉,因此我们关于冷热现象相关的词汇一定比热力学这门科学出现得早,也就容易想象存在某些概念上的夹杂不清。再考虑到英语的复杂来源,以及热力学在德、法、英几乎同时发展的历史现实,可以想见英文科技文献中与热有关的词汇会有许多不同的面目。首先,热力学关注的基本量是热量(liàng),是能量的一种特殊形式。中文里热如今既是具体的名词(溶解热),也是抽象名词,代表"热的"这种感觉、这件事(旅游热),也是形容词(热心肠);相应地,德语里"热的"是 heiβ,而具体名词热, die Wärme,对应的形容词却是温暖,warm;英语里"热的"一词,hot,来自德语 heiβ,但是词形变化丰富:"热的"这种感觉、这件事为 hotness,热量则是 heat。德语形容词 warm 传入英语后,其对应的名词 warmness,是温暖的感觉,却没有热量的意思。汉语科技名词中涉及热的还有热解(裂解)的说法,是对 pyrolysis 的翻译。Pyros 来自希腊语 πήρος,是火的意思。同样与火同源的字还有 fever(发热、发烧),德语为

[①] 许多动物为了找寻温度合适的外部环境不得不每年都作长距离的迁徙。人类的策略是发展出了取暖和乘凉的科学与技术。热力学和电动力学能很好地解释趋炎附势现象,因此也应该是社会学的理论基础。——作者注

[②] 语出毛泽东《念奴娇·昆仑》,作于 1935 年。——作者注

das Fieber。如果知道中文的"热"字,从火,是形声词,这一点就很好理解。

热学作为一门学科在德语里为 Wärmetheorie,英文为 heat theory,此为热力学的前身。热力学,thermodynamics(thermo + dynamic),来自希腊语。但是,希腊语 θερμós(thermos)的意思恰恰是"温的",形容词"热的"是 καντós(kantos)和 ζεστós(zestos)。说到热量,英文中也用 calorie(汉语直接音译卡路里,或干脆"卡"),谈论营养保健、运动塑身的人喜欢用"卡路里"代表热量。Calorie 这个词来自拉丁语 calere,意思是 to be warm, glow, glow with heat。Glow with heat(热而发光)就是白炽灯的原理,后文我们会看到这个问题在近代物理学中举足轻重的地位。Calorie 在希腊语中也是"热的"意思,比如热辐射体(radiator),希腊文就是 σώμα καλοριφέρ(caloric body)。在罗曼语族的语言中,"热的"一词都和 calorie 相仿佛,如这句西班牙语"La **temperatura** es una magnitud referida a las nociones comunes de **calor o frío**(温度是度量热或冷的量)"中的 calor。

为了表征冷热的程度(degree of hotness or coldness),人们引入了 temperature 的概念。冷热的程度不是热度也不是冷度,而是温度,如 temperature 的本意。Temperature 的同源动词 temper 为调和的意思,如 to temper critism with reason(批评中加入说理),to temper paint with oil(用油调漆)。形容词 temperate 的意思是温和的,如 a temperate reply(温和的答复),a temperate climate(温和的气候),等等。Temperate 若指冷热程度,其近义词有 tepid,mild 和 lukewarm(舒适、惬意)。莎士比亚最著名的十四行诗 *Shall I compare thee to a summer's day*? 的起始两句

> Shall I compare thee to a summer's day?
> Thou art more lovely and more temperate.[①]

其中的 temperate 指的就是好脾气、温顺、温婉的意思。此外,拉丁文 temperaturae 本意有不过分的意思,比如关于美之标准的冷冰冰的严格对称性与其说是要达到的标准,勿宁说是一种在其基础上要偏离的标准:"但这偏离**不可过分**(temperaturae),所谓在绝对的对称性中有目的地、偷偷地塞入一些细

---

① 大意是:可否将你比作晴朗的夏日? 你却是更加秀丽、温婉! 此诗流传的汉译被称为再创作,已与翻译无关。——作者注。

微的变化"[1]。

热的反义词是冷。关于冷,虽然英文的冷,cold,coldness,也在英文物理文献中时常见到,但很多时候用到的是其它形式的词。比如 refrigerator(冰箱)、refrigerating machine(制冷机),这里的冷,fri,来自拉丁语系,法语形容词为 froid,西班牙语为 frío。相应地,冷在希腊语中为 κρηος(cryos),是极寒冷(chilly)的意思,但是在现代物理学文献中极寒冷也不足以说清楚它是多么的冷了。Cryo 出现在 cryostat(低温恒温器)、cryopump(冷凝泵)等词汇中,这里的冷可是由液氮或液氦维持的,cryogenic refrigerator 里的温度远比家中冰箱里的更低。有时为了有所区别,人们在表达"冷的"概念时会选择不同词源的词,如冷原子物理英文为 ultracold atomic physics,低温物理则写成 low-temperature physics,《低温物理》杂志因为要显得很有学问,还要写成拉丁文 physica temperaturae humilis。

在量热设备上,文字也是比较混乱。Thermos 是"温的",thermometer 是量温的器材,汉译温度计;但还有一个词为 thermoscope,按说也是温度计,但有人为了以示区别将之译为量温器、测温器。其实,这里的区别是,meter 的本意是测量,强调刻度;scope 的本意是看,带 scope 的测量器材强调的是观察,可能并不要求一定落实到一个数值。当然这话也不对,如今遍布各地防流感的数字式红外 thermoscope 就是简单地蹦出一个数字。显然,人类制造的第一个量温器材只能是 thermoscope,因为它还没有刻度。关于 meter 与 scope,以及 metry 与 scope 之间的细微差别,请参阅笔者此前的讨论[2]。此外,还有一类近似地利用黑体辐射性质的温度计 pyrometer,有人将之翻译成高温计。这个翻译有点过,因为有些 pyrometer 也只是用来监视人类的体温变化(见下文)。测量热量的设备是 calorimeter,汉译量热计,用于测定化学反应、状态变化或溶解过程所产生的热量。

三、温度的物理

温度是物理学中七个基本量之一,单位为 Kelvin,以英国物理学家 William Thomson 的官爵,即 Lord Kelvin 命名。在许多物理学生的头脑里,温度是个最基本的物理量,一个可测量量。1994 年夏季一个无聊的下午,笔者在德国 Kaiserslautern 大学物理系图书馆翻阅一本名为 *Heat Transfer* 的书时,忽然明白温度是不可测量的。它的所谓测量都要依赖一个我们未明说的、有时甚至是根本不知道的某个物理学定律,且测量的是其它的可测量物理量。而即便不知道那个定律我们依然能够制造温度计并籍此逐步地建立起热力学,则是在笔者为中国科学院研究生院准备 2009 年暑期课程时才认识到这一点的,此时笔者在大学和研究所已经混了 27 个年头。由于温度是对大粒子数体系的平衡态演生(emergent)性质作统计描述时才能引进来的一个量,笔者有时甚至想说温度就不是个物理的量;研究少体问题的物理学家基本上是发烧的时候才从护士的嘴里听到这个词的。而热力学之晦涩难懂,多半是因为这些应该明确指出而又鲜有人指出的事实。诚如 McGee 指出的那样,"温度是最难清晰定义的物质的一般性质(The concept of temperature has been the most difficult of the common properties of matter to define clearly)"[3]。

当我们凭借身体感知冷热从而对环境的温度做出判断时,我们更多的是在谈论一个传热学的问题。热流流向我们的身体,我们感觉是热的,我们就断言外界温度高;热流自我们身体流出,我们感觉是冷的,我们就断言外界温度低。不过这个感觉不足以要求外界有物理上严格定义的温度,且热流的强度必须被限制在一个很小的范围,过大的注入或流出的热流都可能损坏我们的感觉器官,从而得出混乱的判断。当人体,比如脚,被冻得非常厉害时,也会有热的感觉,确切地说是麻痒的感觉,且那种麻痒的感觉不是整体性的,而是如同第二类超导体内的磁通涡旋,或者半导体晶体里的位错线那样的分布。有时,即便是处于同一环境中的两个物体,假设都比我们的手冷,其中吸收热量快的物体,比如金属,也会给我们更冷的感觉。也就是说我们的手这样的温度计是依靠热流方向甚或热流的速率来判断冷暖的。一切感知温度的器件,都可能存在类似的问题,至少它不能帮助测量者断言待测体系有完好定义的温度。

热力学告诉我们,针对一个处于平衡态的体系,我们才能定义其温度为 $\frac{1}{T} = \left(\frac{\partial S}{\partial U}\right)_{N,V,\cdots}$,即温度是由体系在粒子数、体积以及其它广延量都保持不变的前提下的熵-内能关系决定的。自统计力学的观点看来,这个关系是基本(fundamental)的。虽然,温度可以作为物体冷热程度的度量(temperature is the degree of hotness or coldness of a body),但冷热(热流的方向和速率)却是更基本的,且不保证一个完好定义的温度的存在。

四、温度测量的逻辑基础

温度测量涉及复杂的物理现象。如何测量温度,虽然未得到充分强调,也算是一门学问(thermometry),而且是一门复杂的、困难的学问。任何尝试测量温度的人都应该清楚地了解测温的原理以及满足特定目的所采用之具体测温方法[3]。

温度测量的逻辑基础是热力学第零定律:"若体系 A 和 B 分别同体系 C 处于热平衡,则 A 和 B 之间也处于热平衡。"据说该定律是 1920 年由 R. H. Fowler 提出的,从时间上看,第零定律出现晚一些,算是对热力学三大定律的补充。既然是补充,说明有其必要,并不是如字面上那样看起来几乎是废话。所谓的热平衡,我的理解是即两体系间单位时间内、且不管多长时间间隔内的净交换热量为零。两个体系分别同第三个体系处于热平衡,细节上却可以是以不同的传热方式,以不同的单向能流交换着热能(图1)。这样,热平衡如果用热量交换的词汇来描述的话,就太不经济了。热力学第零定律首先表明此问题可以进一步引向深入,定义一个新的表征热平衡的物理量,这就是温度①。这才是第零定律的关键。有了这个逻辑基础,温度概念的引入就显得顺理成章了,温度计的使用就得到了原理上的保障(一个测温

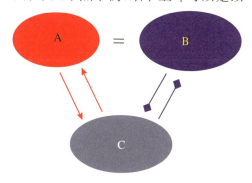

图1　热力学第零定律图示,注意不同体系之间的热平衡细节上的差异。

物质同待测体系建立了热平衡,假设此过程交换的热量与待测体系的总热量相比可忽略不计,则根据测量测温物质某个物理量所换算得到的温度值可看作是

---

① 为了给中学生讲清楚热力学第零定律是重要的定律而不是废话,我举了这样一个例子:若你同两个同学分别在交往中在财物方面基本上是有来有往的(财物往来可以表现为送小礼品、借钱、请客等不同方式),即一段时间内往来的财物若都换算成钱的话谁也不亏欠谁,那么我们可以不管具体交往的细节而引入一个新的概念,家境,来描述大家的家庭经济情况。我们会说,若你的家境和那两个同学的家境差不多,则那两个同学的家境相比起来也差不多。用家境概念所作的描述比罗列小朋友之间交往的细节更经济、更有表现力、更能抓住问题的实质。这就是热力学第零定律这类看似废话的定律之威力所在。——作者注。

待测体系的温度。当然,有些温度计不需要和待测体系建立热平衡),而且对两个独立的热力学体系,可以通过测温过程建立起温度的比较而无需要求它们之间建立热的交流。热力学第零定律同其它第零定律一样注重的都是为该学科打下坚实的逻辑基础。

五、温度计与温标

我们有冷热的感觉,有将冷热量化的需求,问题是如何将温度量化,注意冷热是感觉而非视觉上的判断。如果要将冷热量化为可以言说的事物,就需要一个将冷热转换成视觉效果的物件,即温度计。1594 年,伽利略读到了 Hero 的手稿 Pneumatics(成书于公元前一世纪),从而发明了利用气体压力(体积)随温度改变的原理、由一种液体的升降来显示冷热程度的 thermoscope(图 2)。如今市面上的玩具爱情温度计就是利用的这个原理。另有文献说伽利略于 1600 年左右发明的 thermoscope 是这样的装置:密封的玻璃管内注入一定量的透明液体,其中浸泡着比重不同的小物件。当温度升高(下降)时,液体的密度会减小(增加),小物件的悬浮位置就有变动(图 2)。

图 2 原始的 thermoscopes。左图中利用的是气压随温度的变化,观察的是液体的升降;右图中利用的是液体密度随温度的变化,观察的是固体悬浮物的升降。

仅有视觉上的冲击是不够的,只有实现了对温度的粗略测量以后,温度的概念才能够被定义(…Only after crude methods of temperature measurement were developed could the concept of temperature really be defined!)[3]。这是科学发展的一个有趣范例,印证了关于科学是一艘行驶在大海上的船、而我们只能在这艘船上对它进行修补的比喻。在正确地理解温度之前,我们已经有了量化温度的努力和实践。要得到量化的温度,就要解决如何量化以及为什么可以这样量化的问题,虽然理解后一点是"马后炮"式的。

在热力学史上,测温是从测量离我们的体温不太远的温度开始的,且都是采用线性温标,即假设测量依赖的物理量(或现象),如气、液、固体的热胀冷缩①,随温度在感兴趣的范围内是线性变化的。这样对两个参考点赋值就足以确定一套温标和温度计。从 1744 年到 1954 年,0 ℃②被选为水的凝固点,而 100 ℃ 是水的沸点(习惯性的百分制思维,所以深度科学性欠缺一点),当然是在一个大气压(注意,是奥地利维也纳的大气压!)下的凝固点和沸点(图 3)。

图 3　水的凝固点(冰水共存)和沸点分别被定义为 0 ℃ 和 100 ℃。

与摄氏温标类似的温标还有一些。问题是,在我们能定义和理解温度之前确立的这些温度测量的方法学(thermometry),其正确性有保证吗?如果有,又是如何得到保证的?注意到,温度测量利用某个可测量量 x 对温度 T 的依赖关系 $x = f(T)$,而这个关系先前我们是不知道的。但是,只要该物理性质对温度的依赖 $x = f(T)$ 是"乖的"③,则总可以利用逆关系 $T = \tilde{f}(x)$ 在某个参考点 x_0 附近采用物理量 x,配合关系式 $T = T_0 + \alpha(x - x_0)$,来测量温度。此线性关系近似的正确性是由依赖关系 $x = f(T)$ 的"乖"而不是由其具体形式决定的,

---

① 有少数物质体系在某些温度范围内是热缩冷胀的。——作者注。
② 符号℃来自瑞典人 Anders Celsius 姓的首字母 C。Celsius 于 1742 年建议了这套温度标准。℃在汉语中读作"摄氏温度"。另有一套在航班上常听到的温标是华氏(Fahrenheit)温标。——作者注。
③ "乖的",英文为 well-behaved。相变点或临界点附近某些物理量对温度的依赖关系就是不乖的。典型的例子有液氦在 λ-点的比热随温度的变化。——作者注。

这就是为什么在我们弄懂温度的物理之前就能有不错的温度计的原因。注意到公式 $T=T_0+\alpha(x-x_0)$ 中的参数 α 是通过选择参考点的温度值确定的,因此这样的温标是有随意性的。

温度是冷热程度的表征,而物体之间冷热程度的差别体现在热接触时的能流收益,因此相比于温度值所表示的关系,热流才是更基本的。若我们将相互之间热平衡的系统归为一个类,处于不同的系统类按热接触时发生能量流的方向排序,能量流的方向指向温度低的体系。此时,任何能正确地给出系统类顺序的温度标签都是物理上好的温标(temperature scale)(图4)。当然,同上述我们采用的只适合于局部温区的有限温标(temperature standard)不同,我们这里讨论的是对温度全局上的标度问题。对于温标的选择来说,给出正确的系统类序列(能流方向)是第一位的,而确立具体的数值是第二位的。要做到后一点还需要依赖其它的物理事实或规律;且根据不同规律定出的温标(scale,请不要混同于讨论摄氏温标同华氏温标不同时所涉及的温度 standards),相互之间的变换关系一般是非线性的。这样的温标很多,但我们期望一个具有某种"绝对"意义的温标,方便、或者说利于物理学获得一个自洽的面貌是我们对这样的温标的期待[4]。这样的温标应是基本(fundamental)的,即测量温度时所选取的测量量对温度的依赖关系只涉及基本物理常数而不包含任意的校准常数[3]。

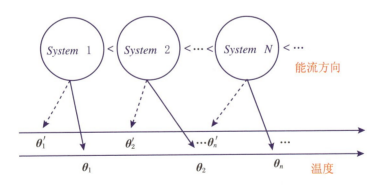

图4 平衡态体系之间热接触时能流的方向与温标的设定[4]。体系($\theta_1,\theta_2,\cdots,\theta_n,\cdots$)和体系($\theta'_1,\theta'_2,\cdots,\theta'_n,\cdots$)都正确地给出了平衡态体系热接触时的能量方向,因此都是好的温标。它们两者之间应有相同的拓扑,但两者之间值的换算一般是非线性的。

此时,讨论一下时间和温度的一个共通的侧面是有趣的。在拥有一个可接受的温度理论之前,我们的温标和温度计是混乱的;在我们能建立起可接受的时间理论之前,也没有具有基本时标的计时器。在讨论他的广义相对论时,爱因斯坦用实在的、经典的"米尺""时钟"和"观察者"等概念,这是他囿于常识的地方。这样的表述有历史的因由,却是误导性的(许多人的相对论水平永远地被定格在"米尺""时钟"等概念上了),故为人所诟病[5]。

六、绝对温度与绝对温标

所谓的温度测量,一直是用某种物质体系的某个物理量,比如水银温度计中水银柱的高度,来表征温度的,其前提条件是该物理量在给定的温区内随温度单调地变化(不存在能测量所有温度的温度计)。但单调性不足以确定对变化的定量描述,故历史上曾出现多种依赖不同物质的不同物理性质的针对不同温区的温度计,曾引入不同的经验温标[3]。纷乱的温标反映的是对温度纷乱的认识和定义,这说明关于温度一定有某些深刻的物理我们还没有把握。热力学发展史上引入的经验温标虽然都满足了所采用的物理量在工作范围内随温度单调变化的要求,但物理量随温度变化的定量关系的确立显然应服务于建立一个自洽的热力学体系;哪怕仅是为了测温的统一,也需要一个独立于具体物理量的温标,使得不同的温度计可相对于一个统一的、最好是适用于所有可能出现温度值的物理体系(原理)加以校准。

1703 年,法国人阿蒙东(Guillaume Amontons)发现降低温度时,瓶子里的气体压力也下降。温度越低,压力越低。但气压不可能为负,则按照理想气体的状态方程,(按照理想气体方程定义的)温度降到零也就不能降了。阿蒙东推测这个温度在 -240 ℃。这是绝对温度的早期概念。后来,开尔文爵士引入了绝对温标,即体系所处的温度应这样取值,使得工作在 T_1 和 T_2 上的理想热机,其效率为 $\eta_{\text{carnot}} = 1 - T_1/T_2$。注意,是我们选择了 $\eta_{\text{carnot}} = 1 - T_1/T_2$ 这样的简单形式的效率公式,通过对能量(流)的测量,决定了所谓的绝对温度。

这个公式注定了 $T > 0$。理想气体定义的绝对温标,和开尔文的绝对温标有相同的拓扑,且可以证明它们之间只差一个比例因子;理想气体定义的绝对温标在测度上有任意性,反映在状态方程 $pV = kT$ 存在待定常数 k 的事实上。值得注意的是,开尔文绝对温标是物理学家的选择而不是物理的选择,详细讨论见文献[4]。绝对温标暗示了绝对零度不能达到,因此衡量极低温技术水平就表现为一个不断趋近于零的数字,利用激光冷却技术如今人们已经能把原子气体冷却到 n K 的水平了。

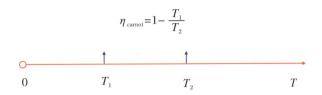

图 5 绝对温标的完整图像：正半实数轴，其上测度的选择使得在温度 T_1 和 T_2 上工作的可逆热机，效率可表示为 $\eta_{\text{carnot}}=1-T_1/T_2$。

1900 年，普朗克通过猜测的熵与内能的关系，给出了（理想的！）黑体辐射公式，即能量谱密度对温度的依赖关系，$e_\nu = \dfrac{4\pi\nu^2}{c^3}\dfrac{h\nu}{\exp(h\nu/(kT))-1}$ [6]。这个公式当然是严格的数学表达，对应一个温度的不再简单地是个数值，而是一个分布函数。同上述绝对温度定义一样，这里温度的确定还是通过能量测量实现的。对于具体的一个辐射体，比如宇宙[①]，它的辐射能量密度谱估计不是象这个数学公式那么完美，但重要的特征（features）却不会有太大的偏离（图 6）。这样，我们只要将 ν-e_ν 曲线美化成符合上述公式的形式，就能定义一个绝对温度。宇宙背景辐射、星体温度就是这样确定的。对黑体辐射公式的近似定义了绝对温度，或者说黑体辐射理论为我们提供了一个绝对温度计的数学基础，测量黑体辐射谱的设备就成了普适的温度计，且这种绝对温度计是远程的。利用此原理的绝对温度计之一，大型射电天文望远镜（图 6），为天体物理、宇宙学、引力理论的研究提供了巨大的帮助。

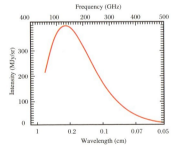

图 6 绝对温度计和它的理想测量结果，即满足普朗克公式的辐射强度随波长（或者频率）的变化。

大型射电天文望远镜这样的绝对温度计太昂贵了，目前已有多种不太严格的——只测很窄范围内的波谱，或者其依赖的判据或计算也不严格——绝对温

---

① 宇宙的背景辐射为什么可以看作是黑体辐射，我可不懂。——作者注。

度计供实验室和日常生活中使用。这类温度计英文为 pyrometer。例如,有一种灯丝消失光学测温仪(the disappearing filament optical pyrometer):通过一个红色(几乎单色)的滤光窗口将待测的白炽光源和仪器内置的灯丝(校准过的)发出的辐射一起比较,当辐射源的强度和灯丝的强度一样时,灯丝的像消失了,由此可以判断辐射源的温度就是内置灯丝的当前温度。这类温度计一般用于接近 1000 ℃ 的高温测量,误差较大。还有一类测量红外波段发射谱或发射率(emissivity)的红外测温仪,英文为 infrared thermometer 或 infrared radiation pyrometer 或 radiometer,由于其输出是蹦出一个表示温度的数字,因此也叫 infrared thermoscope(图 7)。由于 emissivity 依赖于物体的温度,也依赖于物体表面的状况,因此这类温度计需要严格校准。

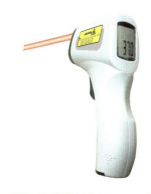

图 7 数字式红外 thermometer 或者 thermoscope 或者 pyrometer。量温变成了直接读取仪器显示出的数字。

七、温度测量的假象

前述我已经阐明,温度作为一个统计性质的强度量,是不可以被直接测量的。所谓的温度测量,是通过对其它(广延)物理量(受热影响)的测量得以实现的。其它的物理现象被当作温度的指标,所得的温度值可能会因为某些事故得到不精确的、甚至错误的结果。首先要注意的一点是,物质体系受扰动后达到新的温度状态可能是需要某个特征时间的,而一个反应很快的测温装置,比如电阻温度计(resistor thermometer),会瞬间就给出一个温度值而不管体系是处于什么状态。许多研究相变的文章给出的结果之所以出入较大,我怀疑与测温有关。其它的错误根源包括测温点同温度计(比如热偶温度计)的探头所在地并不是原来设定的地点,或者转换或显示部分的电路出了问题(比如热水器显示温度的电路因为水垢过早地亮灯指示水开了),等等。如果认定油锅冒气泡就代表高温的话还有受骗的可能(此时人的常识扮演了温度计的角色),因为加入低温分解气化的物质,比如硼砂,很容易在低温下就让油锅翻腾不已。旧社会流氓斗狠,就有人用过这招表演下油锅。

八、负温度

"语不惊人死不休"并不是诗人特有的态度。物理学家们为了博取不朽的名声,在提出新概念的时候一样是出语惊人。比如热力学定律强调了绝对温度零度是不可能达到的,但如果愣达到了呢,又或者让您误以为比它还低呢,那该是多么轰动呀。"负温度"就是这样的一个概念。配上象这样的句子"负温度的体系比任何正温度体系都热(Rather, a system with a negative temperature is hotter than any system with a positive temperature)",简直太后现代了。

其实,所谓的负温度涉及的是激光工作介质或者磁场中分裂的核自旋这样的仅有几个能级(实际上是两个)的体系,因为外在泵浦(pumping)的原因,体系中的高能级以较大的比例被占据,即出现粒子数反转(population inversion)。所以,如果硬要用玻尔兹曼分布之类的描述,即认定密度算符 ρ 由式

$$\rho = \frac{\exp\left(-\frac{H}{kT}\right)}{\text{Tr}\exp\left(-\frac{H}{kT}\right)}$$

给出的话,H 是体系的哈密尔顿算符,则 T 应取负值。注意到粒子数反转是由外界的泵浦和能级的性质,比如能级间的衰变速率,所共同决定的,假设体系有三个能级的话,按照上述定义甚至能得到三个不同的负温度。这当然有点尴尬。而若将负温度限定在两能级体系的话,直接用占据状态描述就行了,引入一个温度参数除了新闻效应以外还能有什么益处?类似负温度之类的概念物理学上还有一些,读者诸君遇到时不妨一笑置之。

九、多单元热力学体系的温度

若一个体系虽然其整体上不是处于热平衡态,自然用单一温度参数描述是不恰当的,但组成它的子系统却是各自近似地处于平衡态,则对这样的体系可以针对子系统定义出一组温度来表征其热力学特性。平衡态的等离子体,如果不是太严格的话,还有鸳鸯火锅(图8),就是这样的热力学体系。对平衡态等离子体,可以根据离子能量分布和电子能量分布分别定义离子温度和电子温度。如果也用Kelvin温标的话,一般气体的离子温度,近似地可看作是主导等离子体同环境交换热量的参数,并不比室温高多少。但是,电子温度要高得多,一般在 105 K

以上，这样的等离子体被称为 non-thermal plasma；若是等离子体内电子和离子是处于热平衡的，则是 thermal-plasma。Non-thermal plasma 有人将之翻译为非热等离子体，有人则随手使用低温等离子体这个译名。利用激光等更具选择性的离化工具可以使得气体中中性原子和离子的温度保持很低，比如维持在 1 K 温度的水平，这样的等离子体被称为 cold plasma 或 ultra-cold plasma。

图8 鸳鸯火锅和气体放电，典型的具有两个近似热平衡子系统的热力学体系。

十、结束语

温度作为一个统计参数，它与其定义所依赖的统计一起才构成对体系大体上的科学描述。看到一个温度值，要把它同关联的物理量的分布联系起来，这也是电子温度常常用能量单位给出的道理。对于整体上严重分化的、非平衡的体系，简单地给出依赖某个整体性质（热辐射的强度；某个电阻置身其中所表现的电阻值）错误地换算出来的温度值其实是误导性的。这正如对贫富严重分化的社会，"算术平均"后的工资水平或消费增长速度只会掩盖社会的真实，这种学问的出现既可能是因为某类学者学术功底之不足，更可能是因为该类学者献身热情之过头。

本文关于温度的讨论基本上是技术层面的，此时我特别想重温以前的一句话，即关于任何一个物理学概念都有太多我不懂的内容。其实温度是物理学最关键的基本概念之一，在量子场论、抽象代数的层次上讨论温度或可触及温度内涵的皮毛。比如，绝对零度是不可达到的，但绝对零度的状态却被假设是存在的，且是量子场论处理固体以及其它物理问题时的起点，被当成某种意义上的真空态。这个处理方式引起的不仅仅是哲学的争论,还涉及一些基本物理量的深层联系。这个话题水太深,远超笔者能力之外。为免读者诸君以为我故弄玄虚,特摘抄一句供欣赏:"Temperature is the only fundamental way of getting around the problem of relativity of motion(温度是解决运动相对性难题的唯一的根本出路)"。怎么样,令人惊诧乎?

补缀

文章付印后,刘寄星老师发来几句评论,照录如下:

这篇文章有趣,使我想起一件往事。记得1959年北京大学物理系理论物理教研室曾响应党的号召开展了对王竹溪所著《热力学》的批判,批判该书"宣扬唯心主义""理论脱离实际"等。批判王先生"宣扬唯心主义"的证据之一是他在该书绪论中的第一段话:"热学这一门科学起源于人类对于热与冷现象的本质的追求。由于在有史之前人类已经发明了火,我们可以想象到,追求热与冷的本质的企图可能是人类最初对自然界法则的追求之一。"令人敬佩的是,王竹溪先生并未在这种批判面前后退,在1960年1月出版的该书第二版中,虽然增补、修订了不少内容,上引的那段话竟一字未改,照样放在绪论第一段。曹则贤可能不知此事(那时他可能还没有出生吧?),但这篇文章体现了王先生这段话的精神,所以我觉得有趣,真理看来是批不倒的。

文中对于"负温度"提法的讽刺挖苦,可能太过,估计当时Purcell等人提出这个概念时,并非要"语不惊人死不休",而是Boltzmann分布指数上取了负号,逼得他们说出"负温度比正温度更热"的话来。但曹氏之说也有些道理,别有风格,留待引起讨论也好。

作者注

如果只讨论两个能级上的占据数,就没有什么分布的问题。Boltzmann分布这种作为高温近似的分布函数,其涉及的能级数目应该是宏观大数目的。而对于略高于绝对温度零度的费米子体系(玻色子体系),则在费米能级(最低能级)之上只有少数几个能级被占据,恐怕不足以给出一个可信的分布函数。反过来,对应少数几个粒子占据零星的几个能级,依据费米统计或玻色统计给出的所谓温度,本人愚见,怕也是dubious(不足为信)的。

参考文献

［1］Thomas Mann. *Magic Mountain*［M］. Knopf，New York，1939.
［2］曹则贤.物理学咬文嚼字之五——谱学:看的魔幻艺术［J］.物理,36(11),886-887,2007.
［3］Thomas D McGee. *Principles and Methods of Temperature Measurement*［M］. John Wiley & Sons,1988.
［4］汪克林,曹则贤.时间标度与甚早期宇宙疑难问题［M］.物理,38(11),769-778,2009.
［5］Brown L M，Pais A，Pippard SB. *Twentieth Century Physics*［M］. CRC Press，1995.
［6］曹则贤.物理学咬文嚼字之二十七:熵非商 — the Myth of Entropy［J］.物理,38(9),675-680,2009.

之二十九 探针、取样和概率

Οἶδα οὐκ εἰδώς(我知道我不明白)!
——Plato in *The Apology*

摘要 Probe、sample、prove、try、probability 等词汇常见于科学文献。它们之间有一些微妙的联系,但在汉语译文层面上却可能被掩盖了。理解它们之间的联系或许有助于在阅读西文文献时得到更多的信息,比如在理解 EELS 和 SPM 所表示的一类分析技术时。

人类依赖当前已有的知识理解遇到的新问题与新现象,如果这种理解是令人满意的(比如没有逻辑上的矛盾,或者数值上同预期没有什么大的差异),则这样的理解就可被纳入已有的知识体系。而如果在当前框架内做不到这一点,人们就会在已有的知识(架构)基础上,构造一些新的见解或理论体系,再试着(try)达成某种理解;如果发现有偏差或错误之处(error),则检讨差错从而对原有的见解或理论体系进行修订①,然后再从头来过,直到取得令人满意的结果。这即是所谓的试错过程,英文为 trial and error 或者 trial by error 。当然 trial

---

① 如果所需对旧知识的修正太多以至动摇其根基,那该算作是一场认识上的革命。然革命不过是更彻底些的修正而已,其需求和实现的可能深深地根植于和充分地表现在旧体系里,比如狭义相对论之于经典力学。——作者注。

and error 不只是针对获取知识,它还是解决问题、确定方案的一种普遍采用的方法。

这里说到的 try 和 trial,取其 to put to the proof;test 的意思[①],即汉语所谓的"试、试验、测试、尝试"的意思。与这个意思近似的有一些很有意思的词都出现在物理学和数学文献中,它们之间意义上的重叠与微妙差别若仅从汉语译文上很难看出来。Try 作为动词"尝试"在德语里的对应是 probieren,德国人常说的"probiere mal"就是"just try it(试一试)"。同 probieren 同源的德语动词还有 proben,是排练、练习的意思。这个动词,probieren 或者 proben,其名词形式为 die Probe(样品、练习),传入英文就采用了简单的 probe 形式。在英文中,probe 既是名词又是动词,其本身以及由其拓展而来的词汇充斥物理学文献。

Probe 作为动词,中文简单地翻译为探测,似乎忽略了点什么。在"to probe the structure of Minkowski space in more detail, it is necessary to introduce the concepts of vectors and tensors"一句中,probe 的意思是探究、to make a searching examination,因此翻译为"为了从细节上探究 Minkowski 空间的结构,有必要引入矢量和张量的概念"或许合适。而在"Lepton and quark are structureless at the smallest distances currently probed by accelerators(轻子和夸克在当前加速器能探测的距离上是无结构的)"这句中,"加速器能探测"在中文语境下似乎有点别扭。

这就是因为 probe 仅仅被翻译成探测,有些内容未被同时传达的缘故。Probe 不仅仅是探测这个动作,它还是一种较特殊的探测方式,一种依赖某种外来的(易操控、易测量、或者有较可靠认识的)信号,从该信号或该信号的变化中提取关于待测对象信息的探测方式。

Probe 这种探测方式,中国古人早就聪明地运用过。战国时齐王的大太太死了,后任拟从齐王的七个贴身姬妾中选出。相国田婴为了能向齐王推荐齐王自己中意的新夫人,就买了七个耳环——其中一个比其它的要好一些——献给齐王,由齐王分给了姬妾们。第二天田婴看到那个特殊的耳环戴在了某位姬妾

[①] Try 的本意是分离,比如通过加热把油从猪肉中榨出来、提炼金属等,多用 try out 的形式。——作者注。

的耳朵上了,于是就提议齐王立那位女士为夫人,于是君臣皆大欢喜①。这个计策采用的就是 probe 技术,所用的 probe 就是耳环,具体的探测过程是观察 probe 的去向。这种狡猾的诡计及其变种如今也常能在一些场合见到。

上述的例子阐述了用 probe 方法探测的精髓。设想我们要探测一个固体样品(我们下文会谈到样品在德语中是 die Probe)的化学或结构信息,可利用的能携带信息的载体无外乎离子、电子、光子、中子之类的微观粒子,问题是这些信息载体从哪里来?一种是信息载体来自样品内部,可以是自发发射的(spontaneous),或是受到外界激励后才发射的(excited),比如在电子束照射下发出 X 射线荧光。还有一种是,外界的信息载体,比如一束电子或离子,到达样品表面或内部,而后离开该样品。分析信息载体(的变化)可得到关于样品的信息,所用的信息载体束就是 probing beam。这样的分析技术,包括用一种类型的粒子束激发另一类检测信号的(这种情况下 probing beam 指激发用粒子束),都称为 probe analysis,probe spectroscopy 或者 spectrometry。前面提到的所谓"probed by accelerator",就包含了加速器本身提供了至少一束 probing beam 的事实,因此,简单地翻译成"加速器探测到粒子结构"实际上是漏掉了一些关于实验细节的信息。

上述方法中涉及的电子束、离子束等作为 probe 常常被翻译成"探针"(相应地,那些谱学方法就被译为探针分析、探针技术或探针谱),用"针"这个词以强调其小(典型的是微米大小的束斑),但是这种添加额外限制词的翻译习惯的危害是很大的,它给本来就混乱的关于 probe 的翻译带来更多的麻烦。首先,probe 在一些探测设备中指深入或连接到待测对象的小部件(相对来说是小的),如对高压取样并分压的高压测量探头(high-voltage probe)(图 1),或者只包含几个电极测量样品电阻特征的 conductivity probe(测量土壤电阻特征的被译为探头,测量薄膜电阻率的被译为探针),这些 probe 都是宏观大小的,未必有"针"的形象。此外,在空间探索事业中用到的 space probe,固然相对于空间(space)任何人造设备都有深入空间的形象,且同空间相比也是"针"那么小,但这种场合下 probe 还是被翻译成探测器。Space probe 把探测信息转化成数字信号传给地面上的研究者,形象上等同于一个人类伸出去的 probe,但它们

---

① 原文见《战国策·齐策三》:"齐王夫人死,有七孺子皆近。薛公欲知王所欲立,乃献七珥,美其一,明日视美珥所在,劝王立为夫人。"——作者注。

一般是大个头的设备。比如,美国航天局计划 2015 年发射的太阳探测器(solar probe)就重达半吨,其离待探测的太阳表面的距离约为 660 万公里(图 1)。为了强调利用电子束、离子束的 probe analysis 能够利用束斑之小达成微区分析,人们会在 probe 前面加个 micro,称为 microprobe(微探针)。电子探针技术利用电子束本身经历的能量损失过程或激发的 X 射线荧光达到分析样品化学成分的目的。此技术发展于 20 世纪五六十年代。

图 1 大块头的 probes。左图为实验室用高压探头(high-voltage probe),右图为美国航天局计划发射的太阳探测器(solar probe)(图片来自 NASA/Johns Hopkins University Applied Physics Laboratory)。

电子能量损失谱(electron energy loss spectroscopy,EELS)技术作为电子探针技术中一个有趣的成员值得多费些笔墨:将一束单色的电子束照射到固体样品上,则此一 probing beam 中绝大部分电子会反射回来,反射电子中的一部分会经历一些同样品中(上)的某些存在之间的相互作用,表现为损失了一部分能量。图 2 为普适的能量损失谱。不失一般性,图谱的基本特征包括一个对应零能量损失的主峰(弹性峰)和叠加在不高的背景上的一些特征能量损失峰。取决于初始 probing beam 的能量,出现的特征峰可能源于电子束同样品间不同的相互作用过程,因而会揭示样品的不同特征(注意,只有当入射束的能量同某个特征过程的典型能量值般配的时候,该过程才会被大量激发而被探测到)[1]。当 probing 电子束的能量为几百 MeV 时(这要在加速器上才能实现),原子核内部的能级(典型值为 MeV 量级,$^{12}_{6}$C 原子核的前三个激发态的能

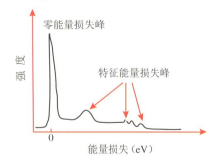

图 2 典型的电子能量损失谱。

级就分别是 4.4，7.7 和 9.6 MeV）被激发造成入射束的能量损失。此类能量损失谱证实了原子核是有内部结构的。当 probing 电子束的能量为几十至几百 keV（透射电镜用的电子束能量常常是 200 或者 400 keV）时，是大量的原子内层芯能级（keV 量级）被激发，因此能量损失谱上 keV 水平上的特征能量损失对应的是样品中原子内能级的激发。由于原子内能级是原子的特征，因此该类电子能量损失谱可以用作对样品的元素分析。如果初始电子束的能量只在 keV 量级（扫描电镜常用 5 keV 能量的电子束），主要的能量损失峰为能量十几或二十几 eV 的等离子体激元（plasmon），根据该峰的峰位可以计算样品中价电子的浓度，直观上可以判断样品是导体还是绝缘体。如果入射电子束能量为 20 eV 左右，则能量损失主要由与吸附在固体表面上的原子、分子有关的振动、转动能级引起，典型能量损失值为 0.1 eV 量级。利用这种能量损失谱，其能量分辨率如今能达到 1 meV，能够研究原子在固体表面的吸附位置、吸附分子的构型等内容。这个领域的权威是 H. Ibach，笔者印象中有将这种可作为 surface probe 的能量损失谱称为 Ibach EELS 的说法，未知确否，不过以 Ibach 命名的此类能量分析器却是有的。

科学上利用 probe 的技术来自大自然和日常生活。人类依赖多种感觉来感知环境，并开发多种工具拓展感觉能力。动物也会利用和故意强化某些感知能力。啄木鸟、多种水鸟的长喙是 probe（图 3），蛇的舌头、盲人的手杖也是 probe。"黑夜之中，只听得笃、笃、笃……一声一声自远而近地响着，有人用铁杖敲击街上的石板，一路行来……（金庸《鸳鸯刀》）"，就是一个盲人利用机械探

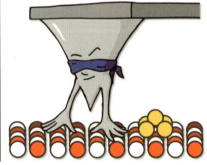

图 3　啄木鸟（左图）以及许多生活在湿地、浅滩的鸟类都靠长长的喙作为探针觅食；扫描探针技术（右图）是将某一类探针安装在能够精确移动的悬臂或底座上，探针的工作原理提供表面上某点的信息，移动探针可获得该信息在表面上的分布。这两者有某些共同点，比方使用敲击模式（tapping mode）工作。

针的工作场景。利用各种可能的 probe 原理，人们自 20 世纪八十年代已经研制出了一类扫描探针技术（scanning probe spectroscopy）（图3），包括扫描隧道显微镜、原子力显微镜、近场光学显微镜、扫描霍尔探针显微镜等，具体探测的信号包括隧穿电流、振荡频率的漂移等。扫描探针技术肇始于 1981 年发明的扫描隧道显微镜，它利用隧穿电流对电子态密度和势垒宽度的灵敏依赖，使人类实现了"看"原子的梦想。扫描隧道显微镜倒是用到了金属"针尖"，不过其对应的名词是 tip（图4），针尖以及安装针尖的压电陶瓷底座一起构成 probe。利用 probe 技术可以研究样品的许多性质，化学的、力学的、物理的，具有原子或者原子状态分辨能力的扫描探针谱技术极大地促进了科学技术的发展。此外，探针的功能当然不限于 probing，而且还有操控（manipulation）的能力（图5）。扫描探针搬运原子、光镊子移动大分子都是基于同样的考虑。

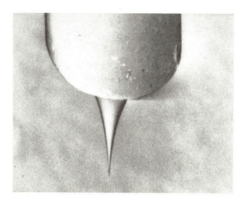

图 4　典型的 STM 使用的金属针尖（tip），其顶端甚至被要求为原子级尖锐的。

 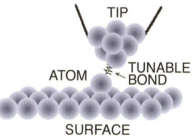

图 5　Probe 不仅探测，还能操控。水鸟的喙能捡起小螃蟹（左图），扫描隧道显微镜的 tip 能移动原子（右图）。

利用 probe 技术研究样品的性质，有趣的是，probe 在德语中本身就是样品、样本的意思，例如 eine Probe vom Blut（血样），Probenvorbereitung（样品制备），等等。考虑到扫描隧道显微镜的发明人、研发 EELS 技术的许多大家都是说德语的，知道这一点也许是有益的。样品，英文常用 sample，但 sample 也是动词。sample，也即 example，来自拉丁语，名词形式为 exemplum，动词形式为

eximere，本意为取出（to take out），这近似地也正是 try 的本意。Sample（取样），或者 take for example，就是自某个整体中取出一部分，因此 sample 可以是某个整体或群体之一小部分，这样品是被寄予了能代表全体的希望的。比如，为了检查火柴是否合格，当然不能把所有生产的火柴都划一遍，实际采用的是随机抽取一些样本（此过程为 random sampling）加以检验；为了研究南极冰层所记录的气候变迁的信息，当然不可能把整个冰盖到处给切开来看，实际的做法是选择一些地点钻探取出冰芯样本（ice-core sample）（图6）。取样（sampling）的做法是为了用少量的成本从局部获取关于整体的信息。地质钻探也属于 probing skills 的一种。

图6 利用钻探这种 probing 技术获得的冰芯 sample。

补充一点，汉语中的样品、样本有时对应的西文词是 specimen。Specimen 这个词同 spy, spectre 同源，是看、观察的意思。笔者印象中这个词多用于生物学、医学方面的样品，如尿样（urine specimen）、血样（blood specimen）、植物标本（plant specimen）等，可能因为历史上对这些样品的研究手段只是观察而已。

许多读者可能早已注意到，西文中 p, v, b 之间经常会客串①。将 probe 的字母"b"替换成"v"，我们就得到了 prove，其本意为试探以求证实（to test, to show, to establish to be true），同 try 的意思很近。实际上，probe 与 prove 都来自拉丁语 probare。其相关的形容词为 probable，名词为 probability。在刚才谈到取样时，笔者压住了指出它是概率论这门科学中的专业词汇的冲动。概率论，英文为 probability theory，如果我们知道了 probability 的动词形式为 probe, prove，不知是否对这门科学的内容和方法有会心一笑的理解？注意，将 probability 随手翻译成概率是不负责任的，它只在落实到(0, 1)之间的某个数值或被表达为某个比值时才是概率。很多的时候它的意思就是"可能性"；比如 the probability of resolving a single atom（分辨单个原子的可能性），关注的就

---

① 似乎字母间的近亲关系可以追溯到波斯语及梵语。比如写成西文的古印度数学家 Mahavira，中文译法就是摩诃毗(pi)罗。具体内中关系如何，应参阅文字方面的专著。——作者注。

是"行还是不行"的问题。

本文中笔者分析了probe,prove,sample,try,probability以及相关词汇的血缘关系和用法,可以看到这几个词(try除外)之间存在词源上的微妙关系。因为历史的原因,中文翻译不能顾及到它们之间的内在联系,因此也妨碍了我们理解这些词汇作为科学专有名词所表达的科学内涵。比如,探针(probe)技术的工作方式就是to probe,亦即to test,to prove。Probe的敲击模式(tapping mode)就是一个sampling过程,而象扫描隧道显微镜这个最先出现的扫描probe技术,实际探测的就是电子隧穿的probability。由此,笔者想起了Michael Polanyi的一句话:"No statement can carry conviction unless it is understood, and all understanding is tacit(大意是,任何表述只在被理解了才传达信念,而所有的理解都是默认的)"[2]。当我们阅读的时候,我们的理解很多时候恰恰依赖于我们知道多少那些字词当其时未能明确表达的意思。而翻译,如果未能照顾到那些原有的默认的(tacit)意思,其所带来的理解上的损失,想必有一些吧。

 补 缀

关于probe一词有before a probing finger的说法,可见以手触摸是probing方法的鼻祖。

参考文献

[1] 曹则贤.材料化学分析的物理方法[J].物理,33(4),282;33(5),372(2004).

[2] Michael Polanyi. Tacit Knowing: Its Bearing on Some Problems of Philosophy[J]. Rev. Mod. Phys., 34, 601(1962).

之三十 载

> 只恐双溪舴艋舟，载不动许多愁。
> ——［宋］李清照《武陵春》

在《荷（hè）》一文中[1]，笔者曾讨论了 load, charge, discharge, vector, convection 等与承载（卸载）、负担、携带相关的词，当时限于眼界，多有不周全处，一直觉得实在是有补充的必要。粗略想来，相关的词汇还有很多，包括 carrier, support, bearer, vehicle, atlas, 等等，且它们也被广泛地用于物理学和数学等诸多领域。这些词应用语境繁复，意义难免有混淆夹缠的情形，中文词对词的翻译更是难以承载其原有的意思。因此，专门追加几句讨论，庶几有助于消解一些误会（misunderstanding）。

物理学第零定律说我们生活在三维空间中①，但就生活而言，我们大多时候是待在一个二维的曲面上——无时无刻不作用在我们身上的地球引力一直努力要将我们拉向地心，是地表的支撑阻止了地球引力的作用，这使得我们能够安稳地停留在一个局域是平面的闭合二维曲面上。倘若我们往上蹦跶而没

---

① 存在关于 11 维时空甚至 26 维时空的理论，但它们远离经验，更远离我的理解能力，这里不论。——作者注。

有获得支撑的话,最终还是要摔下来的——一切不停蹦跶者都不妨牢记这个令人沮丧的事实。这种对坠落、堕落的恐惧和无奈,使得我们习惯于寻找支撑,有时甚至需要的仅是道德的、哲学上的自我辩解、自我安慰式的支撑。没有支撑的感觉是窘迫的,没着没落的总是让人心里不踏实。董永遇到个送上门的仙女,也会因为"上无片瓦遮身体,下无寸土立足迹"的窘境而畏葸不前(黄梅戏《天仙配》)。如何在这个世界上有个立足之处,怕是很多人的焦虑之焦点。物理学家们在构造世界的图景时,也时常会考虑支撑、承载的问题,不如此内心似乎难得安宁。这一点,如果细读物理学史应该能有所体会。

我们安稳地立足于大地,一个紧迫的科学问题是,大地是如何被支撑(supported)的?在包括中国、埃及、美洲等古老文明的传说中,大地都是立于巨龟之背的。《列子·汤问篇》有"使巨鳌十五,举首而戴之……五山始峙而不动"的说法,而《淮南子·览冥训》则云:"女娲……断鳌足以立四极……"。乌龟之所以成了宇宙最早的唯象模型(phenomenological model),可能是因为龟有圆穹形的背甲和宽平的腹甲,这与古人"天是圆穹形的而地是平的"的观察结果相吻合。大地被置于巨龟之上,可以"峙而不动"了,这让古人多少感到安心。虽然如今人们对宇宙的认识已经深入了许多,但巨龟驮负大地的形象,作为曾经的唯象模型,依然见诸文献或许多人的脑海之中。在霍金的《时间简史》一书中提到一则轶闻,说是一个著名科学家(有人说是罗素)有一次给公众讲解天文学。他向公众描述了一通地球如何绕着太阳转,而太阳又是如何绕着由大量星星组成的银河系之中心转。讲座结束时,一个小老太太从报告厅的后面站起来,说:"你讲的都是胡扯。世界就是一块驮在巨龟背上的(supported on the back of a giant tortoise)平板。"那个科学家给了个居高临下的微笑,反问道:"乌龟又是站在什么上的?"小老太太回答:"你很聪明,年轻人,非常聪明。(这个世界)一路下去都是乌龟(图1)。"可见,光有一个支撑(support)本身是不够的,只有一路无限地支撑下去(数列极限的概念),才会让我们最终感到踏实。这是一个小老太太都知道的道理,或者仅是要面对的诘问。

乌龟的支撑解决了大地稳定性的问题,但是天空呢?想想不时有流星划过、还时不时出现几颗彗星的天空,着实让古人平添不少恐惧。天也该是稳定的吧?为了从心理上安慰自己,中国古人的解决方案是认为有八根天柱(擎天柱),在大地的四角将天空撑起。《山海经》云:"昔者共工与颛顼争为帝,怒而触不周之山,天柱折,地维绝。"这里的不周山是天柱之一,其它七根天柱是哪几座山,笔者寡闻,就不得而知了①。古希腊人是勒令一个名叫 Atlas 的巨人(Titan)承载天球(heaven)(图2)。这样,任何肩负重担的人(any person who carries a great burden)就是一位可怜的 Atlas。Atlas 一词后来转意指地图集(a book of maps)②,地图集的封面常常是肩扛地球的巨人 Atlas 形象。再后来,任何关于某特定主题的 tables, charts, illustration 的集子都叫 atlas,如 an anatomical atlas(解剖图册),the atlas of bird migration(鸟类迁徙地图。单张图,这里似乎不用成册)。将 atlas 译成图册(集)、图表册(集)算是勉强合适,但 Atlas 的承载形象在汉译过程中却完全丢失了。

图1 小老太太的宇宙观:一路下去都是乌龟。

图2 肩扛天球的巨人 Atlas。

Atlas 支撑天球的形象并不能解除西方人的忧天。天球不会掉下来,但陨石还是时常降落的。那么,离我们很近的行星会掉下来吗?开普勒、牛顿、拉普拉斯等人关于经典力学的工作算是解除了西方人的疑虑:天上的东西,除了一些筋疲力尽的陨石,没什么会掉落到地球上,至少不会故意地、一定要掉落到地球上来。偶尔的行星撞击被转化成了碰撞这样的高等问题。有趣的是,西方的

---

① 安徽西南部有山名天柱山,即皖山,安徽省之简称皖就是由此而来。——作者注。
② 将 map 译成地图是不太合适的。Map 来自拉丁语 mappa,围嘴、布片。小孩的围嘴,或者尿片,其上的图案给了我们地图的最直观的启发。Map 在数学上被翻译成映射。不知 mappa 是否有多片能拼凑(曲面)全局的意思(想象一下孩子一夜尿了两泡),这个意思在微分几何中表现得更深刻。——作者注。

忧天开启了经典力学、宇宙学等现代科学,同样是在这块天幕下的杞人的忧虑①,在中国却成了今日依然应用于日常表述中的嘲讽,笔者不知如何解释为什么会这样。

上述论及的 Atlas 肩负、巨龟驼负的形象,涉及的支撑、承载的对应英文词为 support。Support,来自拉丁文的 sub + portare,本意就是从底下往上支撑。作为专用名词,support 出现的一个领域是催化研究,指的是承载催化剂的材料或结构。因为,对催化反应来说,催化剂的表面积是一个重要的参数,而催化剂本身时常是贵重的材料,就算不贵重,我们也希望用尽可能少的量呈现足够大的面积。这时,support 的引入就变得必要了。当然,催化剂载体并不仅仅增加反应面积,象 CeO_2 这样的载体还通过价态改变 $Ce^{4+} - Ce^{3+}$ 维持金属催化剂附近的氧压。针对具体的反应和催化剂,设计出合适的 support,是材料科学之于催化方面的一个重要应用。此外,support 也出现在数学中,比如 support of a function(函数的支撑[集]),指的是让函数不为零的所有点的集合,或者该集合的闭包。

英文中另一个表示支撑、承载的动词是 carry,名词是 carrier。上述的催化剂的 support,有时也叫 carrier。当然,承载、携带涉及的对象可以完全是虚的,如"History carries lessons of the past to the future(历史将过去的教训带到未来)"。提到 carrier,人们容易想到的是 aircraft carrier(航空母舰),即航空器的载体、携带者(图3)。正象长途奔袭的航

图3　Aircraft carrier,飞行器的载体。

空器需要 carrier 一样,许多物理对象,或实或虚,也都需要一个适当的 carrier;翻检一下物理学史,我们会发现当人们不能为某个现象或概念找到合适的 carrier,其因此而承受的焦虑也令人唏嘘(见下文)。

动词 carry 或者名词 carrier 是物理学中的常见词,几乎随处可见。不妨随

---

① 杞人忧天,原文见《列子·天瑞》:"杞国有人,忧天地崩坠,身亡所寄,废寝食者。"此外,西方童话《Henny Penny(小母鸡潘尼)》中的忧天小鸡(Chicken Little),因为一颗橡子砸到头上,误以为天要塌了,于是惊恐万状,到处嚷嚷。——作者注。

手摘录几句:"Empty space and time are carriers of coordinate frames(空旷的时空是坐标系的载体)""The identification of the quantized energy (momentum,charge,etc.)of the field with the quantized carrier of the field energy (momentum, charge,etc) is still a big question(如何将场之量子化的能量(动量、电荷等)同场之能量(动量、电荷等)的量子化载体等同起来,这仍然是个问题)",以及"In quantum mechanics,every quantum of electric charge carries with it a complex wave function with a phase…(量子力学中,每一个电荷都携带着一个拥有相位的复波函数……)",等等[2]。为了照顾汉语的习惯表达,carrier 或 carry 可能会被翻译成不同的词汇,而这让我们在阅读汉语物理文献时可能会错过原来概念上的关联。

电荷和时空在物理学中都可扮演 carrier 的角色。物理学史上一个奇特的 carrier 是 ether(以太)。Ether 是古希腊时就引入了的一种物质概念[3],到了近代电磁波被发现时,比照连续介质之于声波、水波的角色,ether 被赋予了电磁波的介质或曰载体的意义。其后,电动力学的发展到了狭义相对论出现的阶段,很大程度上是因为爱因斯坦的极具洞见的辩解,以太的概念已经没了寄身之所,只好放弃。以太概念的放弃对于习惯运动要有载体的经典物理学家来说,无疑是一件让人迷茫若失的痛苦选择(图4)。其实,因为总是渴望为某事物(性质)安排个载体,以太的概念在近代还时不时被人引入物理学的讨论。

图4 迷失在以太海中的玻尔兹曼、普朗克和洛仑兹。以太海干涸了,老先生们的焦虑神色各异(from Max-Planck Institut für Wissenschaftsgeschichte)。

电荷(electric charge)是一些基本粒子的内禀性质,它可被看作是电子、质子等粒子携带(carry)的一种性质;反过来,电子、质子可以看作是 charge carrier。从字面上看,charge carrier 可汉译为载荷子。按说,携带电荷的所有粒子——质子、电子、离子、离化的团簇等——都是 charge carrier,但是这里有一层容易忽略的含意是,charge carrier 是指能移动的(mobile)电荷载体。能移动的电荷能产生电流,我猜测这是 charge carrier 被翻译成载流子的原因。在离子溶液或者熔液中,charge carrier 是以阴离子和阳离子的形式出现的,都对电导有贡献。在固体中,按照能带理论,如果能带是半满的,则只有费米能级附近的一部分电子才是 mobile 的,所以金属中只有电子这样的带负电荷的载流子。若能带是全满的,一部分被激发到导带中去的电子是当然的载流子;而处于价带中的大部分电子因为可挪动的空位的出现(traveling vacancies in the valence-band electron population)也获得了一定的迁移能力。不过由于电子多而空位少,价带中电子的迁移要艰难一些,其对电导的贡献可以等价地看作来自带正电的空位(hole)①之迁移。这就是一般固体物理或半导体物理教科书中所谓半导体中存在电子和空穴两种载流子的说法的原因。有趣的是,在谈论固体热性质时,却鲜有提及空穴贡献的说法,大家不妨想想为什么。

载荷子(charge carrier)所携带的电荷是基本电荷(电子的电荷)的整数倍。夸克携带的电荷为 1/3 或 2/3 个基本电荷,但夸克不存在自由状态,且都是存在于带整数倍电荷的粒子中的。关于如何理解夸克带 1/3 或 2/3 个基本电荷的问题,比如当作一个代数问题,这个问题笔者不懂。Roger Penrose 似乎知道我们大部分人都不能深入理解这个问题,所以也只是约略提及。携带分数电荷的载荷子(fractional charge carrier)最早出现在 Laughlin 于 1982 年构造的关于分数量子霍尔效应的理论中,在过去几年里陆续有实验声称观察到了分数电荷,除了分母是奇数的,还有携带 1/4 电荷的载荷子的报导[4]。不过,这里所谓的携带分数电荷的载荷子都是准粒子。

与 carry 意义非常接近的英文动词是 bear。我们常说的 be born(出生),born 就是 bear 的过去分词。动词 bear(born)同生产相联系,很可能是因为孩子都要在母腹中被随身携带数月而来的一种比照说法,试比较 fruit-bearing trees(硕果累累的树)和 women of child-bearing age(育龄妇女)。孩子出生后

---

① 空位不仅等价地带一个正电荷,而且其波矢和那个缺失的电子也是相反的。——作者注。

不妨仍然附在妈妈的身上,所以 baby-bearing 是怀着孩子还是背着孩子要视具体语境而定,但 carry a baby 基本上是抱(扛)着孩子的意思。Bear 同 carry 一样,也常见于物理学文献中,例如:"Space as the bearer of the reference frame(空间是参照系的载体)""Schrödinger…regarded waves as the bearers of the atomic processes(薛定谔把波看作是原子过程的载体)",等等[2]。

面目同 carry 相差较大但意义接近的重要科学词汇是 vector。Vector 来自拉丁语 vectus,动词原形为 vehere,其本意就是 to carry(携带),所以 vector 是载体、携带者的意思,例如 vector biologicus(生物性媒介物)和 vector mechanicus(机械性媒介物)。象蚊子、苍蝇、臭虫等都是典型的携带病原体的寄主(disease vectors,或译媒介,带菌体),而 viral vector 则是经改性后能将外来基因物质带入细胞的病毒,在这些词中 vector 都不失 carrier 的本意。在数学和物理中,vector 指的是有方向的量,与标量(scalar)相对应。Vector 被当作有方向的量,可能是因为 vector 也指 compass heading(罗盘上的指向,其标记方式如 NE(东北),NEbE(东北偏东 11.25°),SbW(南偏西 11.25°)等),粗略地指定目标可以用一个 compass heading 和一个距离(Each step consists of a compass heading and a number of paces)。所谓的 compass heading 形如箭头,数学上表示 vector 就用带箭头的 (arrowed) 线段表示,汉译矢量是相当传神的。作为矢量的 vector 随处出现在物理学的文献中,但用汉语的"矢量"理解阅读这些文献的时候,是不是会损失一些意义呢?

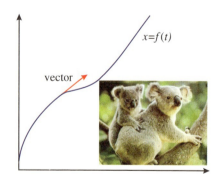

图 5 Vector。

矢量的引入,为物理学的讨论配备了一个有力的工具。但在一些文献中,矢量的不正确的应用却容易引起误解。比如,许多文献或说在曲线 $x = f(t)$ 上,t 为时间,任意一点的切矢量与在该点的速度有关。这个切矢量在各点上是不同的(图 5),给人以速度(矢量)不断变化方向的感觉;而实际情形是,这条曲线描述的是沿一个方向(x 方向)的运动,速度方向一直就没变。这与把曲线 $x = f(t)$ 错误地理解为运动轨迹有关。

来自动词 vehere 的英文名词,除了 vector(vectus)以外,还有 vehicle

（vehiculum），一般理解为载体、载具（车辆）的意思。这个词同 vector 一样，应用广泛，要从其基本的 to carry 的角度来理解。各种各样的依据具体情形的汉语翻译（载体，载液，赋形剂，溶剂）把它们之间的根本联系给弄丢了。象糖浆，药物加入其中供服用，糖浆就是 vehicle；色素溶于水或油从而制成漆，水或油就是 vehicle。而有时，vehicle 所表示的载具是抽象的，如"music as the vehicle for one's ideas（音乐是思想的载体）"。有些 vehere 的变形一眼不易看出来，如 convection，本意还是（被）携带的意思。Convection 作为一种热交换方式，被错误地译为对流，实际上它指的是物质从一个地方到另一个地方，也同时将粒子体系的内能构成带了过去。这种由具体物质携带着能量而造成的体系间的热传递（transmitting，不是交换），是单向的，不要求有"对着流"的过程。这一点，在"Any conservative substances admixed in a moving fluid is transferred relative to a fixed coordinate system, first through convection with the fluid …"一句中比较明显，"through convection with the fluid"就是"被液体裹挟着"的意思。

综合本文和此前的《荷(hè)》一文，读者可见在西语文献中表达承载、携带、支撑等意思的词汇很多，相互间也有一定的关联。这些词汇根据其具体的应用语境被翻译成了可能字面上不相关联的汉语词，可能会为正确理解原意带来一定的麻烦，请读者诸君注意。此外，承载物（carrier）与被负载的（charged，geladen）之间，并不就象水与舟那样是截然不同的两种事物，而可能是浑然一体的，不太容易作 ontological 与 epistemological 的切割，在理解基本粒子及其内禀性质之间的关系时尤其应考虑到这一点。

补 缀

1. 在 Frank Wilczek 著 *The lightness of being*（Basic Books，2008）一书中，讨论了 charge 和 churge（仿 charge 造的词）两个概念。电荷（electric charge）是有屏蔽作用的，所以间距越远作用越弱。而为了解释夸克囚禁而引入的假设性的事物（hypothetical thing）churge，则有反屏蔽（antiscreening）的性质，其作用力在近距离上是弱的。
2. 在英语中 laden 这个德语词直接用作形容词，是 loaded, burdened 的意思，如 "A desert laden with huge tracts of gypsum（充斥大片石膏矿的沙漠）"。
3. 英语中有 theory-ladenness of observation 的说法，指实验观测自带理论一事。

参考文献

[1] 曹则贤. 荷[J]. 物理, 37(10), 746(2008).

[2] Cao T Y(曹天予). *Conceptual Developments of 20th Century Field Theories*[M]. Cambridge University Press (1997).

[3] 曹则贤. 缥缈的以太[J]. 物理, 37(7), 534(2008).

[4] Dolev M, Heiblum M, Umansky V, Stern A and Mahalu D. Observation of a Quarter of an Electron Charge at the $\nu = 5/2$ Quantum Hall State[J]. *Nature*, 452, 829 (2008).

外篇一 作为物理学专业术语的 Plasma 一词该如何翻译？

物理学概念，其内涵和外延随着物理学的发展是不断演化的。与此相对应，一个概念其纯粹字面上的意思也是活的、变化着的。考虑到不同语言之间词语的语义没有完全意义上的对应，如果我们在翻译一个物理概念时加入了对当时物理内涵的理解，而这个概念所代表的物理内容又迅速发展着，则当时的翻译会显出它的不适宜来。更重要的是，它可能强加给初学者对相应物理内容的错误认识。Plasma 就是这样的一个词。

Plasma 源自希腊语，和塑料（plastic）一词同源，取的是"能成型"的意思（plassein, to form）。所以，本意上 plasma 有别于气体或水那样的流体。Plasma 本意之一为一种透光的绿色石英（plasma = green chalcedony）（图1）。这里，plasma 描述的是该晶体的透光但不透明的外观。

在变成物理学专业术语以前，plasma 最普遍的意思是指血液中的流体部分，不包括血球和血小板。但是，它也指淋巴液、分泌的奶水以及肌肉里的体液，等等。医学和生物学的中文翻译中，不加区分就随意地将之翻译成血浆者，如果不多，怕也是难以避免的。

图1　一种称为 plasma 的绿色石英 green chalcedony。

将中性的气体在电极间部分地离化，请大家注意是只需要部分地离化，此时形成的包括中性气体原子或分子、电子和不同离化度的离子的这样一种物质状态称为 plasma，有时人们将之称为物质的第四态。对于简单的 plasma，其中的电子和离子的密度在 plasma sheath（等离子体鞘）以外的内部区域在微观的意义上大致相等。因此，国内将之翻译成等离子体，强调了上述这一物理性质，现在已为大家广泛接受。但请注意，这个中文译名包含了对当时 plasma 物理内容的理解。对初学者，这个概念可能意味着：(1) plasma 里电子和离子密度相等；(2) plasma 似乎和中性物质无关。实际上，中文等离子体作为对完全电离的气体放电（gas discharge）的描述可能更贴切一些。

然而，plasma 一词也包含那些即便在宏观的尺度上其电子密度和离子密度也不相等的物质存在。比如半导体 p-n 结区就是这样的存在，好的半导体界面上甚至能获得二维的自由电子气。显然，将这些语境下出现的 plasma 一词翻译成等离子体就明显误导读者。此时，如采用台湾地区的做法，将之翻译成电浆，就显得合理得多。电浆承袭了先前血浆的翻译理念，强调了该物质作为半流体（semifluid）的存在（当然，这并不确切），并指明其与电（电荷，电离）有关。其适用范围明显比等离子体要宽泛一些。

可是，同等离子体的译法一样，电浆也在翻译时添加了对 plasma 的限制，因而也相应地为自身带上了镣铐。在电中性粒子是主体或者电荷不是所关切的物理性质的那种 plasma 中，电浆的译法就显得节外生枝了。比方说，原子核被破坏时会产生质子-中子 plasma，这里质子带电荷，而中子是不带电荷的，这里整个体系和局部只有正电荷，但电荷不是要关切的性质。又比如，在加速器中高速碰撞的金离子会产生一个"火球"，可衰变成上千的粒子，从而显示夸克-胶子 plasma 存在的迹象。此时，plasma 表示的是夸克-胶子混合且相互强烈地约束（夸克禁闭）的那样一种大约可形象化为浆体的一种存在。夸克带 1/3 基本电荷，而胶子不带电荷。在这两种语境中，电浆的说法都欠妥，因为这里讨论的中心就不在电荷上，而是强相互作用。

那么，该如何翻译 plasma 一词，使之能忠实地反映其在英文使用的真实语境而不因中文翻译造成对其当时所指之物质存在的错误理解呢？作为权宜之计，我建议使用"浆体"这个译法。一方面，它是 plasma 忠实的原意，另一方面在提及它作为物质第四态时和气体、液体、固体并列也显得整齐划一。此外，它也可以理解为继承了等离子体和电浆这些从不同侧面来看有一定合理性的译法。当然，"浆体"的译法初听起来可能显得怪怪的。更合适的译法还需要我国广大物理学工作者细细斟酌。

谨以此文作引玉之砖。

(原文发表在《物理》35 卷 12 期，1067(2006))

后 记

此篇文章发表后才有了开设《物理学咬文嚼字》专栏的念头。因此，它可以看作是这个文章系列的前驱。

补 缀

1879 年 8 月 22 日，英国的 Sir William Crookes 发现了一种"辐射性物质"，将之命名为"物质第四态"（见下图）；1928 年朗缪尔（Irving Langmuir）首用 plasma 一词。

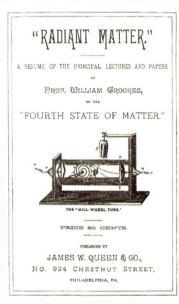